KB168628

건축과의 대화

오래된 건물의 목소리를 듣다

Architectural Voices

Copyright ⓒ 2007

All Rights Reserved. Authorised translation from the English language edition published by John Wiley & Sons Limited. No part of this book may be reproduced in any form without the written permission of the original copyright holder, John Wiley & Sons Limited.

이 책의 한국어판 저작권은 John Wiley & Sons Inc.와 독점 계약한 도서출판 대가에 있습니다.
저작권법에 의해 한국 내에서 보호를 받는 저작물이므로 어떠한 형태로든 무단 전재와 복제를 금합니다.

건축과의 대화

오 래 된 건 물 의 목 소 리 를 듣 다

데이비드 리틀필드·사스키아 루이스 저
이준석·신춘규·온영태 역

Architectural Voice
Listening to Old Building

CONTENTS
차례

추천글

알랭 드 보통 Alain de Botton

존 러스킨John Ruskin은 언젠가 '좋은 건축물은 두 가지 일을 해야 한다'고 말한 적이 있다. 첫째 우리 몸을 보호해주는 일, 둘째 매우 중요하며 상기해야 할 필요가 있는 모든 것에 대해 우리에게 일상적으로 말을 거는 일이 그것이다.

이 책 『건축과의 대화*Architectural Voices*』의 중심에는 러스킨의 이러한 생각이 자리 잡고 있으며, 이것이 이 책의 독창성과 가치를 담보하는 힘이 되고 있다. 여전히 기술이 만든 거대한 물품이라는 것 말고는 다른 어떤 것으로도 건축물을 논하기 어려운 이 시대에, 이 책은 우리로 하여금 건축물이 하는 말, 즉 건축물의 이야깃거리에 주목하게 한다. 건축물은 민주주의나 귀족정치에 대해, 소탈함이나 거만함에 대해, 환대나 적대에 대해, 그리고 미래에 대한 공감이나 과거에 대한 동경에 대해 말한다.

본질적으로, 건축 작품은 우리에게 그 주변과 내부에서 가장 적절하게 펼쳐지는 삶에 대해 말한다. 건축은 우리에게 그 안에 사는 사람들의 마음속에서 지속적으로 고양되는 어떤 분위기에 대해 말한다. 건축은 우리를 따뜻하게 해주고 기계의 힘을 빌려 우리를 도와주는 동시에, 특별한 사람이 될 수 있게 손을 내민다. 건축은 행복의 구체적인 모습에 대해 말한다. 그렇기 때문에 어떤 건축물이 아름답다고 하는 말에는 단순한 미적 호감을 넘어선 무언가가 있음을 시사한다. 거기에는 지붕, 문손잡이, 창틀, 계단, 가구 등을 통해 그 구조물이 진작시키고 있는 삶의 특정 방식에 대한 이끌림을 함축한다. 어떠한 건축물이 아름답다고 느끼는 것은 우리가 좋은 삶이라고 생각하는 것이 물질적으로 명료화된 것에 마음을 빼앗겼음을 의미한다.

이와 비슷하게, 건축물이 우리에게 무례하게 다가오는 경우가 있다. 이는 개인적이고 은밀한 시각적 기호에 거슬려서가 아니라, 우리가 이해하고 있는 정당한 존재감에 반하기 때문이다. 이는 건축의 마무리에 관한 논쟁에서 함께 다루어지는 숙연함과 사악함을 설명하는 데 도움이 된다.

이 책의 강점은 순전히 시각적·기술적인 것에서 벗어나 건축물이 발현하는 가치 쪽으로 논의의 초점을 바꿔준다는 것이다. 그리하여 건축작품의 외관에 대한 논의를 인간 그리고 사상 및 정치적 의제에 대한 논의로까지 확장시킨다는 점이다.

무엇이 아름다운가에 대한 논의는, 무엇이 현명하고 옳은가에 대한 논의보다 풀기가 쉽지 않다. 하지만 잘 생각해보면 그것보다 어렵지도 않다. 우리는 윤리적 태도나 법적 입장에 대해 변호하거나 공격하는 것과 마찬가지의 방식으로 아름다움에 대한 한 가지 생각을 옹호하거나 공격하는 법에 대해 배울 수 있다. 우리는 어떤 건축물이 우리에게 말하는 것에 기초하여 그것이 호감이 가는 건축물이거나 공격적인 건축물이라고 믿는다. 그리고 이를 통해 건축물을 이해하고, 이를 대중적으로 설명할 수 있게 된다. 말하는 건축물이라는 개념은 우리를 건축적 난제의 한가운데 자리하게 도와준다. 그것은 우리가 기대어 살아가기를 바라는 가치에 대한 문제이다. 그저 우리가 어떻게 보이기 바라는가를 넘어서 말이다.

역자 서문

preface

흔히 건축을 인간의 삶을 담는 그릇이라고 한다. 이는, 건축 본연의 가치가 사람들의 삶을 충실히 담아내는 데 있으므로 좋은 설계를 하려면 인간의 삶에 대한 이해의 폭을 넓히라는 말이기도 하다. 이 책은 인간의 삶을 담는 그릇으로서의 가치에 관심을 갖는 그릇으로서의 효용을 다한 건물의 가치에 대해 말하고 있다. 그릇으로서의 효용이라는 수단적 가치에 중점을 두고 보면, 건물은 그 쓰임과 함께 운명을 같이하는 단순한 물체에 지나지 않는다. 때문에 효용을 다한 건물에서 사람들이 떠나고 나면, 건물은 그저 새로운 주인의 처분을 기다리는 폐기물 취급을 당하게 마련이다. 여기에 건물 스스로 자신의 운명에 개입할 여지는 없다. 오래된 건물은 자신의 몸에 남겨진 여러 흔적이나 상처를 통해 우리에게 끊임없이 말을 걸어오고 있다는 것이다.

이 책에는 스무 개 남짓한 오래된 건물이 그 건물에 살았던 사람들의 삶에 대해 들려주는 흥미로운 이야기가 실려 있다. 건축가들이 다가서서 귀 기울이면, 죽은 듯이 엎드려 있던 오래된 건물은 깨어나서 자신의 이야기를 들려주기 시작한다. 총포상, 사창가, 교회, 주물공장, 방공호 등이 포함된 스무 개 남짓한 건물은 모두 미학적, 기술적으로 뛰어나다거나, 건축사적으로 의미가 있다거나, 기억할 만한 중요한 역사적 사건과 관련되어 있다거나 하는 건축학적 관심사와는 거리가 먼 것들이다. 그저 평범하달 수밖에 없는 이 건물들은 건축학적 수사 대신 좌절과 희망, 소탈함과 거만함, 친밀감과 적대감, 부당함과 정당함, 숙연함과 사악함, 나태함과 치열함 등 자신이 담았던 사람들의 삶의 분위기에 대해서 이야기한다. 그리고 건축가들은 이들 오래된 건물이 새로운 용도에 맞게 고쳐 지어진 후에도 그것들이 겪었던 삶의 이야기를 계속 할 수 있도록 배려하면서 작업한다. 이런 과정을 거쳐 건물들은 다시 살아나서 우리가 고양하고자 하는 삶의 가치에 대해 이야기를 계속할 수 있게 되는 것이다.

1960년대 소위 근대화가 시작된 이후, 무수히 지어졌던 별 특징 없는 건물들이 이제는 볼품없다는 이유로, 새로운 용도에 맞지 않다는 이유로, 낡았다는 이유로 멸실되거나 개조되고 있다. 근대화의 엄혹한 시절을 같이 했던 수많은 건물들이 그곳에서 치열히 살았던 사람들의 삶의 이야기와 함께 사라지고 있는 것이다. 익숙한 풍경의 한 자락을 차지하고 있던 점점 사라져 가는 크고 작은 공장들과 서민아파트, 달동네를 그대로 붙잡아 둘 수는 없겠지만, 그것들이 들려주는 치열한 삶의 이야기는 그 건물에, 그 장소에 담겨 오래도록 이어지게 하는 방도를 찾아야 한다. 이는 미래 세대의 보다 풍요롭고 행복한 삶을 위해서 우리 건축이 해야 할 일이기 때문이다. 이 책이 이 일에 일조했으면 한다.

대표 역자

서론

데이비드 리틀필드 David Littlefield

그래서 침묵은 사정에 따라서는 말을 할 수 있다네!

–『사계절의 사나이A Man for All Seasons』, 로버트볼트Robert Bolt, 1966

세계 최초의 철골 건물로 알려진 이 공장은 지은 지 2세기가 지나자 비가 새고, 썩고, 금이 가면서 조용히 땅속으로 무너져 내리고 있다. 한때 산업의 중심부였던 영국 중부에 자리 잡은 이 건물은, 많은 나이와 공장으로 가동되던 동안 함부로 취급당하면서 입은 수많은 상처로 힘들어 하고 있다. 건축가들은 지금은 비어 있는 이 건물을 살려내 건강을 회복할 수 있게 돌봐줄 필요를 느꼈다. 따라서 이 공장에 대한 실측과 촬영, 정밀 조사와 함께 철저한 의료적 검진이 이루어졌다. 가볍게 만지고, 응시하고, 귀를 기울여 보는 일도 함께 이루어졌다. 명상의 대상이 된 것이다. 건축가들은 이 건축물에 그들의 시간을 투자한다. 이 건축물을 폐기된 엔진 조각이나 애리조나의 햇살 아래 있는 옛 런던브리지처럼 분해하고 닦아 재조립하는 것은 설득력이 없어 보인다. 생명공학을 적용하거나 원래 있던 벽돌과 철을 강철과 유리의 대위법으로 교체하는 것 역시 마찬가지다. 건축가들은 공장의 부드러운 속삭임, 그 고통의 비명과 좌절에 귀를 기울이면서 좀처럼 하지 않던 질문을 제기한다. "건축물이 원하는 건 무엇일까?"

이 책은 하나의 탐색이다. 의도적으로 대답하기보다는 많은 질문을 던지고 있으며, 기억과 연상 그리고 은유라는 움직이는 모래밭 위에 세워졌다. 이 책은 아마도 전과는 다른 방

▲ 건물은 자아, 사회, 신분 등을 표현한다. 영국의 한 시골집인 콜스힐 공방의 연장 더미 한가운데 벽에 쓰여 있는 이글은 1938년 메리 여왕이 이곳에 방문했음을 보여준다.

▶ 건물의 목소리는 거기에 있는 것(줄 맞춰 놓인 의자)과 거기에 없는 것(모임)의 혼합을 통해 생겨난다. 이스트 런던의 해크니에 있는 성 바나바스 교회는 그 스스로 박물관이 되었다. 이제는 교회가 아니지만, 교회의 목소리는 우연히 이곳을 둘러보게 된 사람들의 마음속에서 힘차게 살아난다.

식으로 건축을 보여줄 것이며, 목적지를 제시하기보다는 길을 안내하는 이정표를 모아 놓을 것이다. 이 책은 건축이 내포하고 있는 확실치 않은 것에 관심을 두고 있다. 이러한 주제는 무게와 치수 등 절대치를 정하는 일, 즉 의도한 바의 실천과 상대적 정밀성으로 간주되는 것들보다 더 일반적이다. 이 책은 건축물의 쉽게 보이지 않는 곳들을 들여다보고 무엇이 이러한 구조들에 생명을 불어넣을 수 있는지를 탐색한다.

이어지는 모든 관찰과 주장은 건축물이 구조재의 조립물 그 이상이라는 점, 건축물이 단지 구성·용적·형태에 머무르지 않고 그것을 뛰어넘는 그 무엇이라는 하나의 믿음에 바탕하여 서술된다. 즉, 이는 건축을 숫자에 맞춰 색칠하는 것이라고 보는 관점에서 벗어난 것이다. 모든 건축물은 상상력의 산물이며, 일단 디자인을 시작하면 상상력은 그 역할을 멈추지 않는다. 모든 건축물은 어느 정도는 심리적 실체이며, 나아가서는 심리적 투영물이라고도 할 수 있다. 모든 건축물은 우리의 자아, 사회, 지위, 유산, 가치 등의 개념을 붙잡고 있는 골격, 즉 이념의 표현이다. 시간과 공간의 조정자로서의 건축물은 그저 거기에 있는 것이 아니라 우리 마음속에서 매우 힘차게 살아가고 있다. 우리는 건축물로부터 받은 것을 끊임없이 처리하고 소화·흡수하고 있으며 다시 그 모습을 떠올린다.

"황공하게도 대자대비하신 쿠빌라이 황제에게 높게 지은 요새 도시 자이라에 대해 설명하고자 합니다."라고 이탈로 칼비노Italo Calvino는『보이지 않은 도시들Invisible Cities』에서 쓰고 있다. "나는 계단처럼 위로 향한 도로에 단이 몇 개나 되는지, 어떤 종류의 아연판이 지붕에 덮여 있는지에 대해 말할 수 있지만, 그것이 아무런 의미가 없다는 것을 잘 알고 있습니다. 도시는 이러한 것들이 아니라 공간의 크기와 과거의 사건, 가로등의 높이와 교수대에 매달린 도둑의 흔들거리는 발이 땅바닥에서부터 떨어진 거리 사이의 관계로 이루어진 것이죠. …… 기억으로부터 이런 파동이 흘러 들어오게 되면 도시는 스펀지처럼 그것을 빨아들여 팽창합니다." (이탈로칼비노,『보이지 않은 도시들』, 빈티지, 런던, 1997, p.10)

우리는 의미를 가진, 아니면 적어도 형용사를 가진 건축물이 어떤 독자성을 획득할 때까지 투자를 한다. 교회는 신성하다. 사창가는 불쾌하다. 스톤헨지는 이해되지 못해 의문을 불러일으킨다. 한 건축물이 어떤 '목소리voice'를 축적하기 시작한다는 것은 이런 역량 속에서 확대되는 것이다. 이러한 목소리들은 직설적인 상징주의보다 더 깊숙하게 파고든다. 이는 여행의 달콤한 기대와 철도역을 동일시하는 것, 일하는 건축물을 상업적 성공과 동일시하는 것, 폐허를 죽음과 동일시하는 것 이상의 일이다. 이것은 차라리 하나의 인격체로 건축물의 이미지를 재구축하는 것이다. 즉, '만약 건축물이 말을 한다면 뭐라고 할까? 그것은 어떻게 들릴까? 그것은 귀를 기울일 만한 것일까?'

이와 같은 질문들은 건물을 새로 고치거나 늘려 짓는 일, 또는 건물을 해석하는 일을 시작하려는 건축가들에게 특히 중요한 것이다. 건축가들은 너무나도 자주 자신들의 역할을 의인화된 말투 속에서 본다. 즉 건축가의 역할은 '시술을 하고, 새 생명을 불어넣어' 낡은 건축물의 '혼'과 '마음'을 회복시키는 일이라는 것이다. 이러한 일들은 작업이 진행되는 동안, 아마도 마취 상태의 건물에게 가만히 엎드려 순종할 것을 요구하는 생생하고 단호한 행위일 것이다. 그러나 '목소리'로 건축물을 환원하여 인격화하면 이러한 권력 구조는 역전되지만, 이는 오직 잠정적인 것일 뿐이다. '청취'의 행동은 건축물 스스로의 재발명 속에서 건축

▲ 건물과 공간은 공간적 좌표 그 이상의 것이다. 리즈의 라운드 주물공장 안에 있는 이 방은 질감과 빛, 색채, 냄새에 관한 장소다.

물 자신을 행위의 주체로 만든다. 그러니까 건축가는 이들이 뭐라고 하는지 듣기 위해서 고되게 작업을 하고 있는 것이다. 건축가 폴 데이비스Paul Davis의 말대로 '그것은 선입견을 가지고 건물 내부를 둘러보는 일이 아니라, 건물이 스스로 당신에게 말하게 하는 일'이다(256쪽 참조). 이는 언어 습득과 아주 흡사한 방식으로 이루어지며, 고도의 집중력을 필요로 하는 행위다. 즉 겹겹의 목소리를 듣고 그중 어느 것이 일리가 있고 어느 것이 이해 가능한 구문으로 되어 있는지, 어느 것은 그저 잡음에 지나지 않는지를 판단하는 제어되지 않은 작업인 것이다. 우리가 주의를 기울여 열심히 듣는데도 어떤 건축물들은 벙어리처럼 보인다. 그러나 이러한 빈 목소리에 호기심을 갖는 것은 노력할 만한 가치가 있다. 그러나 청취는 여전히 정통적인 것에서 벗어나 있다. "물체나 건물의 잠재적 표현력에도 불구하고 그들이 말하는 것에 관한 논의는 찾아보기 어렵습니다. 우리는 인격적, 은유적, 도발적 의미를 탐구하는 것보다는 역사적 염원이나 문체상의 수사를 고찰하는 것을 더 편안해 하는 것 같습니다. 건물이 말하는 것에 관해 이야기를 나누는 일은 아직은 어색하죠."라고 소설가이자 철학자 알랭 드 보통은 자신의 책 『행복의 건축*The Architecture of Happiness*』(해미시 해밀턴, 런던, p.97)에서 말하고 있다.

대개 이러한 대화는 건축물을 소유한 입주자가 이야기하는 것에 집중한다. 그런데 흥미를 끄는 것은 로만 폴란스키Roman Polanski의 심리극 〈세입자*The Tenant*〉에서처럼 입주자와 건물이 한계에 몰리면서 서로가 하나가 되기 시작할 수 있다는 가능성이다.

사람이 살고 있는 공간은 사람에게서 떨어져 나온 것들로 채워진다. 여러 세대에 걸쳐 입주자들이 남긴 피부 각질의 먼지들, 머리카락들, 숨결, 습기, 열과 신체 분비액 등이 결합되어 인간의 흔적이 만들어진다. 그리고 이는 다른 사람들에 의해 추적되며 시간을 두고 서서히 사라져가 하나의 흔적으로 남는다. 오래된 공간 안에서 살아본 경험이 인간의 잔재를 감지한다는 생각이 흥미롭다. 이전 거주자들의 온기와 기름기, 숨결 등은 미미하게나마 그 장소의 조직을 바꾸어왔을 것이다.

건물에 대한 점유가 지속되면 그 건물은 잘 낡은 외투처럼 더 인간적으로 변한다. 이를 〈세입자〉에서는, 파리의 아파트에서 사는 주인공과 그 아파트(건축물) 간의 생경함이 어느 한쪽으로 치우치지 않고 어우러지고 그러는 동안 아파트의 벽에서는 치아가 돋아나는 것으로 표현했다. 건축의 기하학이나 설익은 치수가 지니는 힘과는 별개로 방문객을 휘감아 서정적이며 시적인 감흥을 불러일으키는 사람 이외의 것들이 남긴 흔적들, 예를 들어 요리 냄새, 기계유, 비둘기 분비물, 거푸집, 습기, 세정액, 헌책의 곰팡내 등도 건축물에 배어든다. 런던 빅토리아에 있는 구 왕립 우편분류사무소의 주방에서는 건축물을 비운 지 한참이 지난 뒤에도 고기 부스러기를 떠올리게 하는 냄새가 났다(222쪽 참조). 건축물의 목소리는 방문객에게는 유별나게 들리기 마련이지만, 객관적으로는 그곳에 존재하는 것과 이것들이 마음속에서 처리되어 간직된 것의 통합이라 할 수 있다.

커트 보네거트Kurt Vonnegut[1]는 소설 『제5도살장Slaughterhouse 5』(1969)에서 폭격에 앞서 미국인 전쟁 포로가 드레스덴에 도착한 장면을 이렇게 묘사하고 있다.

박스카의 문이 열리자 많은 미국인들이 보았던 것 가운데 가장 사랑스러운 도시의 모습이 출입구에 담겨 있었습니다. 스카이라인은 복잡하고 도발적이며 매혹적이고 엉뚱하기도 했습니다. 빌리필 그림(『제5도살장』의 주인공)에게 그것은 마치 천국에 관한 주일학교 영화 같았죠. 박스카 안 그의 뒤에 있던 누군가가 말했습니다. "오즈"라고.

1 미국의 수필가이자 소설가로 풍자, 블랙코미디, 공상과학 장르를 한데 엮고 삽화를 곁들이는 작가로 유명함

건축물과 도시의 목소리는 기록된 증거, 개인적이며 문화적인 기억, 연상과 양식, 크기, 물질성, 질감, 빛 등과 같이 딱딱한 건축적 사실과 감정적 반응 사이에서 헤맨다. 그것은 점점 이해할 수 없는 복잡한 혼합체가 된다. 의도나 건축적인 면에서의 장점 또는 역사적 중요성에 대한 적합성에서보다 집중화된 용어들 속에서 건축물들을 살펴보는 것이 좀 더 간단한 일이다. 예를 들어, 교회의 경우 이러한 범주들에서 저항해 모든 수준에서 동시적으로 경험하기를 바란다. 방문자의 태도나 행태에 실제적인 영향을 주는 방식으로 잘 지어진 교회는 빛과 소리의 통제, 전망, 양감, 리듬의 연출과 같은 건축적 수단이 안배돼 있다. 잘 지어진 교회는 페이스가 느리고, 목소리가 낮으며, 눈길이 높다. 그리고 존경의 마음을 우러나게 한다. 사회적, 문화적, 개인적 함의가 담긴 종교적 성상을 지니게 되면 구축의 문제를 초월하게 된다. 또 이것은 교회에 기대하는 것이다.

런던 정치경제대학 도시 프로그램의 학장 로버트 테이버너Robert Tavernor 교수는 유년시절의 한 교회를 이렇게 회상한다. "내가 가장 좋아하는, 마음을 '떨리게' 하는 건축물은 유년시절로부터 온 것인데, 특히 고딕 성당이 그런 건축물이었습니다. 동네 성당에 남게 되었을 때 나는 놀랍게도 그곳에 자진해서 머물렀습니다. 나는 어둠과 냄새, 특정한 빛, 소리 등 그 장소에 있었을 때의 느낌을 기억합니다. 교회 음악도 그 장소에 특별한 마법을 걸었으며, 그것은 전혀 놀라운 일이 아니었습니다. 사람들이 그 장소에서 천 년 동안 예배를 드려왔다는 것을 실감하게 했습니다. 거기에는 경외감이 있었습니다."

테이버너에게 있어 건축물의 목소리를 듣는다는 것은 일종의 사심 없음과 건축물의 물리적 특성에 대한 감수성이 요구되는 매우 개인적인 사건이다. 이는 한 사람의 뿌리를 찾으려는 인간의 근원적인 욕구에서 비롯된 과정일 수도 있다. 오래된 건축물은 종교 유적과 같은 방식으로 탐색될 수 있다. 이 구체적인 표현은 오랫동안 단절된 세대들로부터 물려받은 중요하고 가치 있는 것이기 때문이다. 오래된 건축물은 당신 자신을 과거와 동일시하는 과정일 뿐 아니라 앞으로 닥칠 과거의 일부이다. 그리고 미래 세대의 시선으로 당신 자신을

▲ 성당은 방문자의 마음속에 경외감을 심어주기 위해 설계되었다. 브리스틀의 임시 주교좌성당은 충격을 불러일으키기까지 한다. 그러나 그곳에 있는 심상치 않은 낙서들이 사회적 변화와 종교의 위상에 대해 큰소리로 떠들고 있다.

그려보는 과정이며, 건축물의 연대 속에 당신 자신을 자리매김하는 과정이기도 하다. 이런 의미에서 당신은 건축물의 목소리를 듣고 그것의 일부가 되기도 하는 것이다. 테이버너는 한 장소에 대해 반듯하게 통일된 기억은 아니지만 개인적인 기억들의 수집품과 재료, 형태, 질감, 소리에 대한 응답, 예를 들어 돌의 냉기나 빛의 질로 건축물에 대한 한 사람의 경험을 상상하고 있다.

기억의 방아쇠가 당겨질 때마다 그것은 새로운 경험으로 갱신되었다. 건축물에 대한 우리의 감수성은 회상과 재해석의 합성물인 것이다. 건축물들은 끊임없이 변화하는 마음의 연상 작용을 통해 서로 망처럼 짜여졌다. 장소는 기억의 흔적들에 의해 연결되었다. 교회, 은행 홀, 해안 총포대, 심지어는 엘리스Ellis 섬의 미국 이민센터에 이르기까지 다양한 건축물들은 말하자면 반향의 연상 작용을 통해 함께 엮어질 수 있었다. 테이버너는 이렇게 이야기한다. "당신은 일련의 시각적 신호와 단서, 냄새 전체에 대해 깨어 있습니다. 그 하나하나들은 이를테면 '행복' 또는 '불행'에 대한 기억의 방아쇠를 당길 수 있습니다. 나는 행복한 건축물이나 불행한 건축물 또는 악마적인 건축물이 있다고는 생각하지 않습니다. 건축물의 목소리는 아주 설득력이 있을 테지만 그것은 결국 당신이 듣고 있는 내부의 목소리, 곧 당신 자신의 목소리라고 할 수 있습니다."

만약 한 건축물에 대한 개인의 반응이 사실이라면 한 장소에 대한 사회적 반응 역시 사실일 것이다. 여러 건축물들이 연상 작용을 통해 효과적으로 중첩되면 건축물에 대한 생각이 송두리째 바뀌게 된다. 건물은 더 이상 건물이 아닌 게 되고, 한 사건이나 생각의 3차원적 표상으로 남게 된다. 교회는 이러한 현상의 가장 완벽한 예라고 할 수 있는데, 이러한 현상은 실제로 이런 식으로 만들어지는 것이다. 뉘른베르크, 아우슈비츠 등 제2차 세계대전과 관련된 주요 장소들은 이러한 경향의 진전된 예들인 한편, 독일의 신고전주의 건축은 알랭 드 보통의 말대로 '나치가 좋아했다는 불행'(2006, p.96)을 겪었기 때문에 혐오감의 주제가 되는 것이다. 살인자나 살인 사건의 경우 역시 한 장소를 완벽하게 다르게 만드는 힘을 지니고 있다. 이 경우 사회는 완전히 없애지 않으면 멈추게 할 수 없을 정도로 소름끼치는 목소리를 듣게 된다. 영국에서는 이안 헌틀리와 프레드 웨스트라는 악명 높은 아동 살해범들의 집을 철거했다. 뿐만 아니라 거기에서 벌어진 사건에 대한 기억을 삭제시키기 위해 깨진 건물의 돌무더기를 비밀리에 가져다 가루로 만들었다. 이것은 과도한 반응이자 그 건물 내의 다른 목소리들에 대한 가능성을 무시하는 일이었다. 건물이 유일하고 분명하며 모호하지 않은 목소리를 갖게 되는 것은 드문 일이지만 어느 목소리든 추적이 가능한 것은 대개 철거로 증폭된다. 뉴욕의 트윈타워와 세계무역센터가 부재를 통해 그 자리에 있었을 때보다 훨씬 큰 존재감을 갖는 것처럼 말이다.

이렇게 사회적으로 합의된 연상과 철거들은 은연중에 건축적인 목소리가 그리 이상한 것이 아니라는 생각을 내비친다. 건물이 말을 한다는 것은 '이상하게' 들릴지 모르지만 우스운 일은 아니라는 알랭 드 보통의 생각은 분명 옳은 것이다. 그 건물을 지우는 것이 그곳에서 일어났던 사건을 지우는 데 도움을 줄 것이라는 희망이나 부적절한 복수의 감정 때문에 그 집을 파괴하는 것은 어처구니없는 일이다. 이러한 철거에 함축된 것은 사람과 건물의 관계에 대한 한결 더 복합적인 관점의 공감이다. 이 책의 씨줄과 날줄을 통해 그 길을 찾고자 하지만, 대답하기 어려운 질문이 하나 있다. 건물의 목소리는 단순히 은유적 장치인가 아니면 건물과 분리해서 확인이 가능한 현상인가? 그러니까, 건물은 듣는 사람이 없을 때도 계속 말을 할까? 상상컨대, 건물은 칼비노Calvino의 도시 자이라Zaira처럼 기억과 사건, 인간의 존재를 빨아들인다. 그리고 미묘하며 감지하기가 쉽지 않은 변성을 겪는다. '이는 가능한 이론이다. 그리고 모든 이론들이 그러하며, 이는 해가 되지 않을 것이다'라는 생각에 역사학자이자 작가인 피터 애크로이드Peter Ackroyd는 어느 정도 공감하고 있다. 한편 건축가이자 저널리스트인 피터 머레이Peter Murray는 이 개념이 진실의 중요한 요소임을 깊이 확신하고 있다(89쪽 참조). 또한 매튜 에밋Mathew Emmett(330쪽 참조)은 오랜 시간 한 장소에 부과된 물리적 음향이 보이지 않는 소리 풍경의 일부로 남을 수 있는지 의문을 나타내기도 한다. 이러한 생각들이 과학적 검증을 견딜 만큼 탄탄한지 여부는 논란이 될 수 있으므로 이는 신념의 문제인 것이다.

이러한 발상은 저주나 귀신 씌우기 같은 것으로 구현된다. 저주와 귀신 씌우기라는 전술은 한 장소의 본성과 거주자의 행태 사이의 긴밀한 관계를 창조하는 공포물 작가들에 의해 흔히 전개되었던 것이다. 이러한 거주자의 행태에서는 한쪽이 다른 한쪽에게 그 성격을 강요한다. 대개, 이러한 이야기에서 유죄 여부에 대한 것은 의도적으로 애매한 입장을 취한다. 한 건물의 삶이 잔인하고 사악한 행동을 통해 변형되었던 것일까 아니면 사람들을 절망과 광기로 몰아넣는 장소 안에 어떤 다른 사람이 존재하는 것일까? 이는 사람의 삶과 건물이 믿기 어려울 만큼 뒤얽혀 있음을 강조하는 것이며, 닭과 달걀의 문제와 같은 것이다. H. G. 웰즈Wells의 단편소설『붉은 방*The Red Room*』을 보면, 화자는 그 자체가 독자적으로 존재한다고 느낄 만큼 실감나는 두려움을 경험한다. 그 방에 잠복해 있는 공포가 두려움인 것이다. 스티븐 킹Stephen King의 소설을 바탕으로 한 스탠리 큐브릭Stanley Kubrick의 〈샤이닝*The Shining*〉은 이러한 모호함의 좀더 복잡한 예다. 〈샤이닝〉에서는 무시무시한 유령들, 경관의 웅대하고 장엄함, 빈 공간 안에서의 고립 등이 서로 공모하여 실제이기도 하고 상상된 것이기도 한 공포를 만들어낸다.

이러한 담화들이 강력한 것은 이러저런 일이 생긴다는 줄거리의 사실들 때문이 아니라, 그런 사실들 밑에 흐르는 의미심장함 때문이다. 건축적인 말로 하면, 건물은 거기에 존재하는 것만으로 설득력이 담보되는 것이다. 이집트의 피라미드, 중세의 성당, 맨해튼의 타워들은 '의지의 승리'를 대변하며, 그것을 만든 자의 목소리는 이러한 건축물들을 통해 전해지는 것이다. 이는 단순히 또 하나의 완전히 다른 언어인 양식이나 상징을 인식하는 차원이 아니라, 이 건축물의 건설에 들어간 노고에 대한 평가를 하는 것이다. 이는 관계되어 있지 않지만, 이러한 장소들을 방문하는 사람들이 직관적으로 듣게 되는 이야기들이다. 여기에는 분명하지 않음에도 들어야 할 이야기들이 있다. 희미하게 상상하거나 추측할 수밖에 없는 이야기들이지만, 오로지 그것들이 분명해질 때에만이 건물의 목소리는 증폭될 것이다. 런던의 소호Soho에 있는 건물의 특이성은 유곽이라는 용도가 그림으로 드러날 때까지 완전히 이해할 수 없는 것이었다(61쪽 참조). 지금은 사라지고 없는 채털리 위트필드Chatterley Whitfield 탄광의 연극도 구술 역사가 상연되기 전까지는 이해되지 못했다.

스토크 온 트렌트Stoke-on-Trent 근처의 채털리 위트필드는 한때 영국에서 최고의 생산량을 자랑하는 탄광이었다. 최초로 연간 석탄 생산량 1백만 톤을 돌파한 탄광이기도 했다. 이곳의 건물들은 위험과 육체노동, 공동체 의식을 암시하지만, 오직 개인적인 설명[2]을 통해서만 슬픔과 노래, 놀이 장소로서의 모습을 드러낸다.

2 스토크 시 의회와 잉글리시 헤리티지의 의뢰로 2000년에 역사학자 데이비드 서든David Souden이 수집한 것. 이는 채털리 위트필드의 복원과 보존 계획의 일부다.

나는 그 탄광에서 형을 잃었는데, 이것은 그들이 사람을 경멸하던 방식이었다. 나는 욕장을 들렀다 왔기 때문에 몸에 달랑 수건 한 장을 두르고 있었다. 감독 하나가 내 곁을 덜거덕거리며 지나갔다. 그는 "갱구 쪽으로 가봐. 네 형이 죽었어."하고는 걸음을 재촉했다. 이것이 그들이 그 사건을 내게 알리는 방식이었다. 그리고 그들은 석탄 채굴 작업을 멈추지 않았다. 나는 평범한 장소에서는 사람들이 죽었을 때 어떤 일이 벌어지는지 모른다.

해리 알랜 Hary Allen

광부들 가운데 많은 이들은 교회나 예배당에 다니고 또 성가대에도 속해 있었는데, 그들은 갱구 욕장에서나 근무 교대를 할 때면 노래를 불렀다. 찬송가는 아름다웠다.

시드 벌튼 Sid Boulton

누가 당신의 등을 씻어줄 것인가를 아주 조심스럽게 정해야 했어. "내 등을 밀어줘."라고 말하면 당신도 그 사람의 등을 밀어줘야 하니까. 어떤 사람은 때밀이 솔을 가지고 있었지. 그 녀석은 당신이 사내가 맞는지 알아보려는 듯 정말 깊이 파고들었지. …… 어떤 녀석은 당신이 비명을 지르는지 보려고 브릴로 패드(가는 철사로 만든 수세미의 상표명)를 가져왔어. 또 어떤 녀석은 당신의 등을 밀어주고는 등 한가운데에 커다란 점을 흔적으로 남겼지.

폴 셰럿 Paul Sherratt

여기서 위험한 것은 건물의 목소리라는 생각이 감상주의의 영역으로 빠져든다는 것인데, 이는 한 건물의 역사적 장점들에 대한 어떤 숙고 안에 잠복해 있는 함정이다. 그러나 건축적인 경외에 담긴 역사와 기억의 가치는 언젠가 주목할 만한 어떤 일이 일어났다는 사실이 아니라 주목할 만한 사건이 지속될 것이라는 사실에 있다. 이런 것이 '진품' 건물이라고 불렸던 것이다. 진품의 건물은 도면이나 컴퓨터 모형의 정밀성 안에 살지 않으며 입주자가 없는 새로 완성된 구조물에도 살지 않는다. 진품 건물은 삶을 지속적으로 받아들이는 어떤 것이다. 진품 건물은 그 자신의 역사로부터 성장하며 그 때문에 더 생기 넘치지만 그렇다고 그 자신의 역사에 속박되지는 않는다. 이러한 역사는 의미 있는 개입의 파열음에 자리하며, 어떤 목소리라도 소멸시키기 때문이다. 우리는 역사와 우리가 마주치는 목소리들에 주의를 기울여야만 한다. 그러지 않으면 일련의 시적 단서들로 시작한 것은 건축가 로버트 아담 Robert Adam이 '박제로부터의 야생 연구'라고 했던 것처럼 지적 속박으로 끝나게 된다. 채털리 위트필드의 슬픔과 기쁨을 밝혀내는 것으로 충분할 뿐 그것을 기념할 필요는 없는 것이다.

이 책은 오래된 건물들을 폭넓게 살펴보고 있다. 그 가운데 많은 건물이 방문 당시 재개발의 꼭짓점에 있었다. 모든 건물은 나름대로의 목소리를 지니고 있다. 어떤 것은 크고 힘차게, 어떤 것은 부드럽거나 아니면 거의 들리지 않게 말한다. 모든 사례에 있어 건축가들은 이들 건물을 개척하면서 듣기 위한 여지를 남겨두었다. 거기에는 그들이 들으려고 노력하는 것이 무엇이고 건물들이 어떤 메커니즘으로 말할 수 있는지에 대한 어떠한 동의도 거의 없는데도 말이다. 그래도 한 건물의 목소리가 상상, 은유, 연상, 기억, 감각적 경험, 정서적 반응, 그리고 딱딱한 건축적이고 역사적인 사실들의 융합(일종의 연금술처럼)을 통해 천천히 나타나게 된다는 데는 대부분 동의할 것이다. 이 혼합은 건축가와 건축물에 따라 다르고, 혼합된 성분들의 비율도 아주 다양할 것이다. 그럼에도 불구하고 중요한 것은 건축가들이 그들의 계획 속에 오래된 공간들의 목소리를 듣기 위한 여지를 남겨놓는다는 것이다. 이러한 공간들은 건축가들로 하여금 그 장소에 스스로를 몰입시키게 하고 조금은 그들을 순종적으로 만든다.

작가인 피터 애크로이드는 이 책의 저자들에게 동조하여 "[건물은] 단순히 둔중한 돌멩이의 조립물이 아니라 인간의 거주와 인간의 행위에 강하게 영향을 받습니다."라고 썼다. 그러면서 그는 이렇게 말하였다. "예를 들어 어떤 건물은 인간의 의지와 이상주의의 수단으로서 도덕적 가치를 갖고 있습니다. 어떤 건물은 신성함으로 주물되었고, 어떤 것은 이윤추구에 바쳐지기도 합니다. 각각은 모두 세월을 통해 벽돌이나 돌처럼 구조물의 일부로 통합되어 그 일체성을 획득하는 것이죠."

만약 건축이 벽돌이나 돌처럼 단순한 것이라면 이는 정말 재미없는 주제일 것이다.

▼ "성당은 신성하고 유곽은 불쾌하다." 붉은색 전구가 한때 유곽이었다가 호텔로 재개발 예정인 런던 소호의 한 건물 천장에 매달려 있다.

라운드 주물공장

요크셔 리즈

데이비드 리틀필드
David Littlefield

- 1790년대 기업가 매튜 머레이에 의해 지어졌으며, 2004~2007년 BDP 건축사무소가 재개발했다.

폐허의 멋에 대한 찬양과 낭만은 어느 책에서의 다음과 같은 상투적 표현에 빠질 위험이 있다. "녹과 주물 문양의 복합성과 독특한 아름다움, 오래 비어 있던 건물의 잔해 속에서 의미의 감각들을 모두 상실한 공공장소의 물건들('회의실' 표지판 같은)을 응시할 때 생기는 전이, 이 완전한 정적." 폐허가 되고 버려진 건물들은 대개 이러한 것들로 주목을 받는다. 그리고 이러한 건물들은 천천히 일어나는 폐기 과정이 방해받지 않고 그대로 진행된다는 판타지에 매료된다. 물론 이것은 대개 헛되고 무의미한 환상이다. 쇠락이 진행되도록 그냥 내버려두면 건물은 결국 조각조각 부서져 폐허가 될 것이다.

▲ 세월의 손때가 묻어 칠이 벗겨지고 윤이 나는 라운드 주물공장 계단의 주물 난간 지주

건물이 폐허가 된다는 것은 철학적 문제다. 건물이 아무것도 하지 말라는 요구에서 수리에 대한 요구가 생기는 분기점을 넘어서게 되는 것은 언제일까? 폐허는 그 나름의 매력과 울림을 지니고 있으며, 지

리즈 도심 근처에 있는 라운드 주물공장은 1790년대에 고정식 및 이동식 증기기관을 제조하기 위해 기업가 매튜 머레이Mathew Murray가 지은 건물이다. 건물군은 그 뒤 1세기에 걸쳐 확장·개조되었다. 처음 조성되었을 때, 이 단지는 버밍햄Birmingham에 있는 볼턴 앤드 와트Boulton & Watt 사의 관심을 끌었다. 볼턴 앤드 와트가 소유하고 있는 판권의 디자인을 머레이가 도용할지도 모른다고 생각해서, 볼턴 앤드 와트의 산업스파이 하나가 이 새로운 경쟁자를 감시하려고 크로스 키즈Cross Keys 주점에 숨어들었다.

그 주점은 아직 거기에 있다. 1875년 원형의 라운드 주물공장은 불타 무너졌으며, 지금은 황동의 둥근 테두리가 건물의 흔적으로 남아 후대의 빅토리아식 구조물 밑에 들어가 있다.

이 단지는 제2차 세계대전 후 쇠퇴기에 접어들었으며, 1980년대가 되자 금속 파쇄, 자동차 수리, 도장 등의 상점들이 모여들었다. 1990년대에는 지역의 작은 설계사무소인 리간 밀러Regan Miller 사가 재개발 계획을 세워 개발자들의 관심을 끌었다. 그러나 리간 밀러가 수행하기에는 너무 큰 사업이라고 판단한 개발회사 CTP 세인트 제임스는 1999년 BDP를 이 일에 끌어들였다.

현장 공사는 신속하게 두 단계로 구분되었다. 1단계는 사무실, 아파트, 카페, 바 등 복합적인 용도의 내부를 제공했는데, 디자인과 미디어 회사들이 재빨리 이를 차지했다. 1단계의 주 건물에는 지역개발청 요크셔 포워드Yorkshire Forward의 지원을 받아 새 사업을 위한 미디어센터가 들어섰다. 사업 부지에서 가장 오래된 건물을 공략할 2단계는 좀 더 많은 사무소들의 공간을 추가하여 개발의 공공성을 더욱 뚜렷하게 부각시키게 될 것이다.

난 3세기 동안 엔트로피와 바니타스[1]의 상징으로 읽혀져 왔다. 황폐화된 건물은 폐허와 동일한 방식으로 운용될 수 있으나 거주 가능성이 아직 남아 있으므로 폐허라고 하기에는 부족하다. 여기에는 폐허는 결코 의도적으로 창조될 수 없다는 생각도 깔려 있다. 시적인 귀족들의 광적 탐닉이 만들어낸 폐허는 논외의 것이지만, 폐허는 전쟁, 파국, 사회적 격변이나 서사적이고도 어쩔 수 없는 방치의 결과인 경우가 많다. 건물은 사람을 위해, 또 사람에 의해 지어진다. 사람들의 필요에 부응하는 것이 건물의 일이며, 한 건물을 억지로 폐허로 만드는 것은 가장 근본적인 목적을 전도시키는 일이다.

1 7세기 네덜란드 화가 피테르 클라스가 그린 정물화로 세속적 삶의 짧고 덧없음을 상징함

후기 산업 경제는 우리에게 빈 건물을 많이 남겼는데, 그중 많은 건물이 앞서 말한 특성들을 드러내고 있다. 잉글랜드 북부는 특히 빈 창고, 방앗간, 엔진 공장들로 특징지어지는데, 아마 리즈Leeds가 이런 부지의 가장 좋은 집합처일지도 모른다. 영국 최초의 공장 개발을 위한 기획형 건축 중 하나가 1790년대에 시작되었는데, 바로 리즈 중심부 근처에 있는 라운드 주물공장Round Foundry 단지였다. 이곳의 건물들은 개발회사인 CTP 세인트 제임스St. James의 손에 들어가면서 수십 년간의 남용과 방치에서 서서히 회복되었다. 필연적으로 개발회사는 투자 대비 이익을 극대화하기 위해 열심히 일할 것이다. 그러나 역사적 건물들의 요구에 민감하면서도 당당한 사람인 BDP 건축사무소의 켄 모스Ken Moth는 차분하게 이렇게 말한다. "그들은 이 건물의 역사적 성격과 가치를 알고 있겠지만 상업적 수익은 챙겨야 하죠. 그러지 않는다면 그들은 사업가가 아니라 박애주의자가 되니까요. …… 일반적으로 보존은 잘못 이해되고 있습니다. 많은 사람들은 보존이 변화를 막는 것과 관련이 있다고 생각합니다. 하지만 그렇지 않아요. 보존은 변화가 필요할 때 변화를 관리하는 것과 관련이 있습니다."

이 글을 쓸 때 라운드 주물공장 부지는 이미 부분적으로는 개발되고 있었다. 1단계는 완료되었고, 공장 건물과 서비스 도로, 안뜰로 이루어진 이 초기 산업시설의 밀집지는 사무실, 카페, 아파트로 이루어진 복합 용도의 개발지가 되어 있었으며, 네 개의 건축회사가 그곳에 사무소를 설치했다. 그러나 아직 겨우 2단계가 시작되었을 뿐이다.

2단계에는 볼품없이 큰 데다 한 쌍의 공장 창고 건물 옆에 놓여 있는 가내수공품 같은 조지안 양식의 건물이 포함된다. 천대받고, 남용되고, 끔찍한 초벽질 시멘트 바닥으로 된 이 초기 공장 주택은 의지할 데가 없는 건물이다. 이 건물의 상태는 에드거 앨런 포Edgar Allan Poe의 1839년 소설 『어셔가의 몰락*The Fall of the House of Usher*』을 읽고 연상되는 이미지가 오히려 좋게 느껴질 만큼 최악이었다.

"그것의 두드러진 모습은 심하게 낡았다는 것이었습니다. 나이 들어 바랜 빛은 굉장했습니다. …… 그러나 이 모든 것은 특별히 다르게 낡았다고는 할 수 없는 것이었습니다. 석조는 조금도 떨어져나간 부분이 없었습니다. 그런데 부서져 내리는 각 석재들의 상태와 아직도 완전한 이 부품들의 결합 상태 사이에는 생뚱맞은 불일치가 있었습니다. 한편, 외부 공기의 흐름으로부터 방해받지 않은 채 방치된 둥근 천장 안에서 오랫동안 삭은 오래된 목조는 외양만 보면 완전하다고 생각되었습니다. 이러한 전반적 퇴락의 표시에도 이 건물은 불안정한 징후를 거의 드러내지 않았습니다."[2]

2세기 전 이 건물들은 시대착오적 표현을 빌리자면 '백열 기술'[3]의 선두에 있었다. 그러나 이 건물들은 전통적이면서도 실험적이었다. 노출 목재 지붕 트러스는 조지아 시대 목공의 좋은 예인데, 나무못의 사용과 주요 부재의 배열 방식에서 아주 오래된 목공 전통의 후예임이 분명하다. 또 보이는 것이 최초의 천장 기중기들 중 하나라면 어딘가 다른 곳에도 이런 게 남아 있을 것이다.

2 *Tales of Mystery and Imagination, from the Stories of Edgar Allen Poe*, Usborne Publishing, London, 2002, p.68

3 1960년대 영국의 윌슨이 선거 캠페인에서 사용한 정치적 수사로 영국을 침체에서 건져줄 첨단의 기술인 IT를 상징하는 말

▲ 라운드 주물공장의 옛 관리센터 내부의 '개인 전용' 표지가 붙어 있는 회의실쪽 문은 그저 쇠락과 공허를 향해 길을 내주고 있다.

이 공장은 고정식 및 이동식 증기기관 제조를 위해 1790년 매튜 머레이가 설립하여 생산 공정 합리화의 진행 과정을 보여주는 현장으로 인식되었다. 머레이는 버밍햄의 증기기관 제조기업인 볼턴 앤드 와트가 차지하고 있던 최고의 자리를 위협하기 시작했으며, 1812년 세계 최초로 철도에 사용되는 증기기관을 생산해 상업적인 성공을 거두었다. 머레이의 혁신은 그의 건물로 확장되었다. 이 건물은 강한 열에 견딜 수 있게 구조재로 철을 사용했다. 한편, 가는 철재봉을 이전에는 본 적이 없는 방식으로 사용해 건물을 하나로 묶었다. 또 한쪽에서는 공장에서 생산되는 증기로 근처에 있던 머레이의 집을 따듯하게 했다.

그러나 이 건물에 대해서는 알려지지 않은 것들이 많다. 머레이는 서류 작업을 거의 하지 않았기 때문에 어떤 건축적 결정을 했는지에 대한 궁금증은 경쟁 관계에 있던 볼턴 앤드 와트의 보다 방대한 기록들과 그 결과물에서 추정해볼 수 있다. 그러나 모스와 산업고고학자 팀은 그들의 머리를 긁적이곤 했다. 지붕으로 곧장 올라가는 돌계단이 있는데, 이는 한때 용도를 알 수 없는 층이나 옥탑이 하나 더 있었다는 것을 말해준다. 모스가 가장 규모가 큰 건물 외부에 있는 볼트로 결합된 커다란 철제품 하나를 가리키며 묻는다. "이건 도대체 뭐란 말인가?" 또 내부로 들어온 그는 의외의 조적조 하나를 짚고 말한다. "저 내물림 구조는 뭘 하는 거지? 단서가 하나도 없어." 부지 어디엔가 있다가 1875년에 불타서 없어진 원형 건물, 라운드 주물공장마저

▼ "이 문은 폐쇄될 것임." 오랫동안 비어 있던 라운드 주물공장에는 아직도 잠긴 문이 있는데, 이와 같은 공고문은 지금 보아도 권위를 잃지 않고 있다.

▲ 라운드 주물공장 안에 있는 주요 개방 공간들에 대한 짜깁기 사진. 여기는 합성 목재 지붕과 석조의 육중한 벽이 있으며, 농가 헛간같이 에워싸인 공간이다.

도 수수께끼다. 왜 그것이 둥글게 만들어졌는지를 확실히 아는 사람은 아무도 없다.

오늘날 이 부지에 있으면서 개발되지 못한 건물은 슬프고 노쇠해서 말을 하지 못한다. 이 건물은 마음의 상처로 기억과 언어능력을 상실했다. 그리고 이 때문에 고통받아온 사람처럼 이해하기 힘들다. 규모가 가장 큰 건물은 현재 비둘기의 운동장이 되었고 질펀하게 깔린 새똥에서 암모니아 냄새가 풍긴다. 사람이 거주했던 흔적은 거의 남아 있지 않다. 한 더러운 창턱 위에는 볼트 앤드 너트 사Bolt & Nut Supplies Ltd.에서 발행한 외설적인 그림의 1999년 달력 한 장이 찢겨진 채 놓여 있다. 이따금 눈에 띄는 표지판은 가파른 계단을 조심하라고 일러준다. 거품이 빠진 지 오래된 플라스틱 음료수 병도 먼지를 잔뜩 뒤집어쓴 채 놓여 있다. 삶의 흔적들은 더 오래된 것이다. 커다란 침엽수 나무토막이 1층 바닥에 쌓여 있는데, 나무토막 하나하나에는 갈겨쓴 글씨의 흔적이 남아 있고, 거기에는 1세기도 더 된 발트해 목재상의 선적 정보가 담겨 있다. 그러나 그것은 마리 셀레스테Marie Celeste 호와 같은 것은 아니다. 이 건물은 먼저 전체적으로 발가벗겨지고 난 다음 버려졌다. 인간의 온기는 오래 전에 잃어버렸다. 산업 생산의 열기와 소음으로 채워졌던 이 공간의 이미지를 다시 그려내려면 정말 많은 애를 써야 할 것이다.

모스는 오래된 건물을 방문할 때마다 건물을 만져보는 것을 좋아한다. 이렇게 하는 데는 보존 전문가로서의 견실한 전문가적 이유도 있겠지만, 그는 건물을 만져봄으로써 한때 그곳에 살았던 사람들을 한결 가깝게 접할 수 있다고 생각한다. 그는, 건물은 '역사의 뼈대', 즉 과거에 대한 이해를 진전시켜주는 틀이라고 말한다. 모스는 과거를 그렇게 흥미롭게 만들어주는 것은 거기에 살았던 사람들이며, 그 사람들에 대한 최선의 이해와 접속을 제공하는 것은 죽은 사람들이 남겨놓은 것을 몸으로 체험해보는 것이라고 생각한다.

"하나의 종으로서 우리는 매우 경도된 시각을 지니고 있습니다. 나는 한 건물을 만져보는 행위가 그 건물에 대해 좀 더 깊은 이해를 가능하게 한다고 느낍니다. 당신은 거기에 살아본 모든 사람들에 대한 느낌을 얻게 될 것입니다."라고 모스는 말한다. "이 벽돌 하나하나는 누군가가 만든 것입니다. 부드러운 진흙이 있었고, 누군가가 그것을 틀에 넣어 찍어냈으며, 누군가는 이를 가마에 넣었을 것이고, 누군가는 이를 마차에 실었을 것입니다." 모스는 이러한 일들에 대해 미신적이지 않으며, 만지는 행위에 신비감을 덧붙이려 하지도 않는다. 그러나 그는 한 건물의 인간적 속성에 대한 감수성이 '건물에 생명 불어넣기'를 위한 하나의 동기부여라는 것을 믿고 있다. 그래서 그는 얼룩과 모자란 부분, 긁힌 자국을 발견한 그대로 놓아둔다. ("우리는 그것을 예쁘게 만들려고 하지 않는다. 그것은 그 자체인 것이다.") 왜냐하면 건물은 거기에 살았던 사람들이 어떻게 살아왔는지를 알 수 있는 좋은 표현이기 때문이다.

이러한 이유로 벽돌 한 장 한 장을 날라 한 건물을 다른 곳으로 옮겨 다시 짓는 일은 시간 낭비라 할 수 있다. 애리조나주 터코마호의 런던브리지는 템스강의 런던브리지가 아니다. 이렇게 하면 건물의 형태는 확실히 보전되고, 공간의 질은 얼마간 존속된다. 그러나 하나의 건물은 이 책 전체의 요점대로 그것이 지닌 공간의 합 이상이다. 해체되어 재건축된 건물에는 냄새, 켜켜이 쌓인 먼지와 그 밖의 잔존물이 사라지고 없을 것이다. 햇빛은 전과는 달리 건물로 비쳐 들어올 것이고, 주변 여건과의 관계도 사라질 것이다. 고고학적인 가치 대부분을 상실할 것이며, 건물이 차지하고 있는 부지의 땅조차 다를 것이다. 모스는 말한다. "건물은 하나의 실체입니다. 그것을 끌어내 어딘가 다른 곳으로 옮기게 되면 그것은 이미 같은 것이 아닙니다. 건물은 그 자리에 고정되어 있는 장소이고 지구 표면의 일부입니다."

그러나 한 건물의 생명이 시들기 시작하는 시점이 있다. 건축가 폴 데이비스는 에너지를 잃어가는 건물에 대해 말하고 있지만(256쪽 참조) 건물에게는 단순한 방치만으로 충분할 것이다. 부재의 카탈로그에 없어지는 것들을 기록해둘 수 있다. 예를 들면 열의 부재, 사람과 음식 냄새의 부재, 기능의 부재, 가구가 사라지면 생기는 인간적인 척도 등의 부재가 그것이다. 이러한 요소를 제거하면 건물은 거의 무의미한 상태가 될 것이다. 연장되는 방치 기간에도 기하학의 힘 또는 경관과의 생동감 있는 관계, 깊이 새겨진 신화를 통해 어떤 목소리를

▲ 원래 견고하고 기세등등한 장소였던 라운드 하우스는 이제 노후화되고 있는 표면, 땜질된 주물 제품, 염분, 균열, 벗겨진 칠 등을 자신의 특징으로 삼게 되었다.

계속 유지시키는 건물도 몇 채 있다. 라운드 주물공장 부지에 있는 개발되지 않은 건물에는, 목소리는 물론 생명도 존재하지 않는다. 한 광차에서 피살자가 발견되었기 때문이다. 이는 계약자들이 일을 중단하는 데 있어 강력한 하나의 이유가 되기도 했다. 라운드 주물공장에서 모스가 한 일은 건물의 목소리를 청취하는 일을 줄이는 것이었다. 그리고 건축적 구조 작업의 진행을 통해 그가 재창조할 수 있는 목소리에 대한 상상의 작업을 더 많이 하는 것이었다.

"라운드 주물공장의 건물들은 한때 격렬한 일, 석탄 타는 냄새, 뜨거운 기계유, 그리고 소음과 땀으로 가득 차 있었죠. 거기서 만들어진 물건은 비싸고 기술적으로도 앞섰으며 아름다웠습니다."라고 모

▶ 한때 매튜 머레이의 증기기관 공장을 관리하던 핵심부였다가 버려진 이 가정집 같은 건물에는 세월의 빛바램이 역력하다.

스는 말한다. "주물공장은 1세기 반 동안 사용된 뒤 가동을 멈췄습니다. 그리고는 이곳은 자동차 보디 숍이라든가, 타이어 매장, 간판 공장 등 좀 더 소극적인 용도로 사용되었습니다. 석탄과 기름 냄새는 분무칠로 대체되었고, 망치 소리 대신 트랜지스터 라디오 소리가 들어 앉았습니다. 이 미진한 용도마저 사라진 뒤, 결국 건물은 생기를 잃고 썰렁하고 조용해졌죠. 이 단계에서 건물은 자연적으로 또는 방화로 인한 화재로 파괴되거나, 오래된 허섭스레기로 철거당하기 쉬운 매우 취약한 상태에 있었습니다. 이 도전은 …… 건물을 방치 상태에서 회복시키고, 새것과 오래된 것 모두를 표현하는 방식으로 새로운 용도에 적응하게 함으로써 이 건물들과 그들의 기억을 살려내는 것입니다."

모스는 미리 정해진 작업 방법을 쓰지 않는다. 그는 프로젝트마다 나름의 상황을 반영한다. 눈에 띄게 손대는 것을 최소화해 발견되는 대로 보전하는 것을 목표로 하기 때문에, 어떤 경우에는 광범위한 수

▶ 건강과 안전에 관한 법조문들이 자세히 담겨 있는 찌그러진 박판 포스터가 리즈의 라운드 주물공장 구조물과 어우러져 있다.

리가 끝난 뒤에도 무엇을 했는지 알기 어려울 때가 있다. 콘위Conwy의 플라스 모Plas Mawr가 이 경우에 해당하는데, 모스는 이것이 엘리자베스 시대의 타운하우스를 영국에서 가장 잘 보존하는 것이라고 말한다. 그는 이 건물과 변경의 부재, 역사의식, 인간 존재의 무게에 압도되어 감히 시작하기 어렵다고 의뢰인에게 솔직히 인정했다. 수리가 시작되기 전 건물을 주의 깊게 조사하고 배우는 데 거의 1년을 보냈다. 수리에는 수세기 동안 감춰져 있던 건물 일부를 조심스럽게 드러내는 일도 포함되었다. 천장을 안전하게 하기 위해 마루판 아래로부터 400년 동안 싸인 더께를 벗겨내야 했지만, 미래 세대 고고학자들의 관심을 끌도록 방 하나에는 그 더께를 있는 그대로 남겨두었다. 라운드 주물공장은 발견한 그대로를 보전하는 프로젝트는 아니다. 그 대신 오래된 것에 새로운 '켜를 입히는' 프로젝트다.

"내가 그 안에 들어간 최초의 사람임을 알고 있는데, 그것은 놀라운 일입니다. 그것은 투탕카멘의 묘를 최초로 뚫고 들어간 하워드 카

최근 수년간은 간판 제작자들이 라운드 주물공장을 사용해왔다. 벽돌 벽에서 떨어져 나간 칠 표피에는 손으로 칠한 오래된 흰색 위에 파란색 스프레이로 뿌려 덧칠한 얇은 층이 도포돼 있다.

터라도 된 기분이며, 당신은 이로부터 일을 돌이킬 수 없게 바꾸어 놓으려고 한다는 느낌을 받을 겁니다. 한 건물이나 장소를 바꾸어 놓을 때, 당신은 거기에 있는 특별한 내용과 의미를 존속시켜야 합니다. 역사적 장소는 우리의 선조가 만든 것, 그들이 알고 있던 장소로, 과거 물질적 문화의 일부입니다. 그리니치Greenwich의 국립해양박물관에 가면 당신은 넬슨 제독을 죽인 구식 소총을 볼 수 있을 것입니다. 그 위에는 아직도 넬슨의 금색줄이 놓여 있습니다. 당신은 그것을 보고 실제 사람과 사건을 연결 짓게 될 겁니다. 그것이 역사적 환경이 하는 일이고, 이것으로 우리는 그때와 연결됩니다."

라이플메이커

런던 소호

사스키아 루이스
Saskia Lewis

▲ 화려하고 아름답게 세공된 존 윌크스 앤드 선의 라이플

어두웠다. 그들은 런던 소호의 비크 스트리트Beak Street 79번지 건너편에 서 있었다.

"어디예요?" 그녀가 그를 쳐다보며 물었다.

"저것이 당신의 화랑입니다." 그가 말했다.

그녀는 길 건너를 쳐다보고는 다시 그에게 눈을 돌렸다.

"저 지저분하고 낡은 건물이요? 이게, 라이필마카라고 하는 건가요?" 그녀가 이상한 억양으로 말했다.

"라이플메이커입니다." 그가 대답했다.

"긴 총 말이에요?" 그녀가 묻자 그가 고개를 끄덕였다.

그녀가 가상의 라이플을 뽑더니 건너편을 겨누면서 총소리를 냈다. 그러고는 매듭을 지었다.

"갤러리 이름으로 나쁘지 않네……"

▶ 지하실은 맞춤 총을 깎고, 맞추고, 조정하는 데 유용한 재료와 여분의 부속, 기계 등으로 꽉 차 있었다.

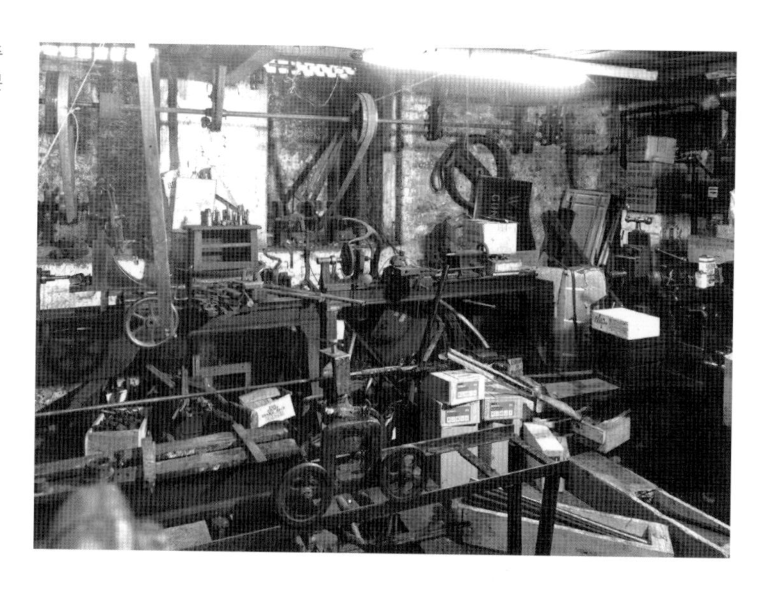

토트 테일러Tot Taylor와 버지니아 담사Virginia Damtsa는 이제 막 만났을 뿐이었다. 세기가 바뀔 즈음, 담사는 현대 미술계 전체가 떠나가고 있는 런던 동부 혹스턴Hoxton의 번잡함을 벗어난 곳에 갤러리를 열 계획이었다. 테일러는 런던 서쪽 끝에 있는 소호의 중심부에 숨어 있는 이 총기제조사를 주목하였다. 테일러는 이곳이 최근 문을 닫아 비어 있었기 때문에 더 관심을 두었다. 하지만 그것은 단순한 흥미 때문이었을 뿐 어찌해 보겠다는 계획은 아니었다. 그리고 3개월 뒤, 두 사람은 사업으로 뭉치게 되었다.

'라이플메이커Riflemaker'는 더 이상 라이플을 만들지 않는다. 라이플메이커는 150년 동안 사냥꾼과 어부를 위해 라이플과 소총을 제조하는 '존윌크스 앤드 선John Wilkes & Son'의 본향이었다. 20세기가 지나가면서 79번지는 정지 상태로 있었다. 2000년대에 이르러서 그곳은 신문 판매소, 미용실과 운동화 파는 가게들 사이에 파묻혀 움츠러들었고,

▶ 작업 중인 월크스 형제. 라이플메이커 갤러리에서 만든 『라이플메이커의 일지』에 실려 있는 사진이다.

▼▼ 벽에 줄지어 있는 총. 총마다 자세한 정보가 적힌 딱지가 붙어 있다.

▼ 1층 응접실. 문과 창 모두에 격자 틀이 부착되었으며, 총은 유리장 안에 놓여 있고, 유리장은 잠가 두었다. 내부는 총, 짐꾸러미, 수납장, 사냥물의 박제 머리로 난장판이었다.

이상하고 조화롭지 못하며 시대에 뒤떨어진 곳으로 보였다. 런던 거리를 지나면서 사람들이 빨리 걸었다는 것은 그 먼지 낀 공방을 알아보는 이가 거의 없었다는 것을 뜻한다.

총기 제조는 세심한 조정과 정밀성을 필요로 하는 세공업이다. 이러한 종류의 작업은 명상적인 리듬과 정신을 맑게 하는 고요와 잘 어울릴 것이다. 그곳은 차고가 아니다. 여기에는 라디오 1(BBC 라디오 방송으로 음악 및 토크 프로그램을 주로 방송함)이 없다. 아마 라디오 4(BBC 라디오 방송으로 문화 및 시사 프로그램을 주로 방송함)가 높게 때로는 낮은 볼륨으로 켜 있었을지 모른다. 총기는 도구이자 기계이며 연장이다. 라이플의 총신 내벽에는 완만한 나선 홈, 발사할 때 총알을 회전하게 하는 꼼꼼히 그려진 선, 그리고 잘 보이지 않는 자국들이 새겨져 있다. 회전하는 총알은 좀 더 정확한 직선 궤도를 따라 날아간다. 장전, 조준, 발사. 이 작업이 공방의 지하에서 거듭 반복되었고, 지하 벽에는 총알이 스쳐 지나간 자국이 그 증거로 남아 있으며, 바닥에는 수

▲ 2003년 회사가 새집으로 이사하고 난 뒤의 건물 전면. 말 없는 페인트 색과 필기체 글씨가 엄숙한 분위기를 만들어 낸 반면, 먼지 낀 창문은 도로면 배경 속으로 스며들었다.

천 개의 탄피가 흩어져 있다.

더욱 의외인 것은 너무도 강력한 냄새였다. 수십 자루의 양초를 태우고 난 뒤에야 오랜 세월 쌓인 야릇한 냄새의 녹청이 제거되기 시작했다. 존 윌크스 앤드 선이 만든 화약과 쇠, 기름과 윤활유의 냄새는 아마도 라벤더 냄새의 자취와 함께 바닥에 깔려 있을 것이다. 공방이 되기 전 79번지는 도시 생활의 해악과 악취를 피하기 위한 곳, 즉 거리에서 꽃다발을 파는 소녀들에게 라벤더를 공급하는 라벤더 집하장이자 라벤더 배포 지점이었다. 그래서 라벤더 향은 총기 세공의 미세 먼지에 섞여 마루 널에 스며들어 있었을 것이며, 이로부터 약간의 라벤더 냄새가 배어나와 떠돌고 있었을 것이다. 지금은 한 화랑이 그 공간과 이전 점유자의 정체성을 점령했으며, 이는 현대 미술계의 훌륭한 위장이며 이런 맥락에서 기억할 만한 이름을 도용한 것이다.

라이플링은 총신에 완만한 나선을 새기는 것으로 철에 홈을 만드는 과정이다. 이것은 1850년 이 건물이 총기 가게로 개점한 시기와 동일한 시기의 기술이다. 19세기 중반 이전에는 모든 총기의 총구는 밋밋했다. 그러나 총기제조사인 라이플메이커는 초창기에 절대적 선두를 차지하고 있었는데, 이러한 차이는 선을 새기는 기술 때문이었다.

이 건물은 2004년 5월 화랑으로 문을 열었다. 이사인 테일러와 담사는 순백 입방체의 형태적 함정에 빠지지 않기를 바라며 최소한의 간섭만으로 기존의 내부를 이용하려 했다. 이 공간은 칸막이가 제거되었는데도 친밀감을 준다. 문은 잠겨 있어서 종을 울리면 임시 관리인이 당신을 안으로 안내하고는 등을 돌려 뒤편의 자기 책상으로 돌아갈 것 같다. 이곳은 방 한 가운데서 전체를 한 번에 빙 둘러보고 난

▶ 복구된 1층 현관홀은 현재 화랑의 전시 공간으로 쓰이고 있다. 〈라이플메이커 인디카가 되다〉 전시회 기간 도중 한 텔레비전 방송국에서 그 시기에 독창성이 풍부했던 시를 조명한 1965년의 야심작으로 〈홀리 커뮤니언〉의 피터 화이트헤드가 찍은 영화 한 편을 보여주었다. 알렌 그린버그의 목소리가 복도의 어두컴컴한 빛 속에서 울려 퍼졌다.

◀ 새 화랑은 지하와 1, 2층을 차지하고 있으며, 계단은 최상층 주거 공간의 거주자와 공동으로 쓰게 되어 있다.

화랑은 좀 더 보조적인 공간으로 흘러든다. 2층으로 올라가는 계단 위에는 좁다란 그림 한 장이 문 오른쪽에서 바닥을 지탱하듯 자리 잡고 있다.

뒤, 세부를 보기 위해 가장자리를 한 바퀴 돌아보게 되어 있는 화랑이다. 내부의 규모는 의도한 대로 확실히 위협적이지 않다. 작품은 대체로 의외의 것들이며 반복되지 않는 것들이다.

방문객이 건물로 진입하는 방식은 변하지 않았다. 홀랜드 앤드 홀랜드Holland & Holland(총기제조사)의 로저 미첼Roger Mitchell은 윌크스Wilkes 형제와 디킨스의 소설에 나옴직한 그들의 먼지투성이 공방을 알고 있었다. 그들은 1년에 고작 스무 자루 남짓한 총을 주문받아 자기 손으로 제작하는 숙련공이었으며, 늦게 맡긴 총을 비상으로 수리하거나 조정하고 수정, 청소, 시험해서 깔끔하게 손질해줄 수 있는 신뢰받는 장인들이었다. 총을 수리할 일이 생기면 누군가가 런던 메이페어Mayfair의 브루턴 스트리트Bruton Street에 있는 홀랜드 앤드 홀랜드에서 79번지로 가기 위해 동쪽으로 달려 리젠트 스트리트Regent Street를 건너 소호로 미끄러져 들어갔을 것이다.

미첼은 안으로 들어가려고 어떻게 종을 울렸으며, 1층은 앞뒤 두 개로 어떻게 나뉘어 있었는지에 대해 이야기한다. 앞은 책상 뒤로 긴 작업용 의자가 놓인 응접실이었으며, 뒤는 연장과 꺽쇠, 서류, 등잔과 기름, 망치, 용수철과 호두나무 총개머리 등으로 꽉 차 있었다. 미첼은 장식적인 무늬가 풍부한 목재를 생산하고, 돌이 많으며, 기후가 따뜻한 이란이나 터키 아니면 남부 프랑스 어딘가에서 호두나무가 와야 한다고 말한다. 영국의 호두나무는 정말 부드럽다. 20세기 내내 경찰이 도로 쪽으로는 총기를 진열하지 못하게 했기 때문에 전면의 창은 비어 있었으며, 부수고 들어올 것에 대한 추가적 예방책으로 창과 문에는 가로대가 있었다.

FIREARMS ACT,

Notice to Police of Sale, Letting on Hire, Gift, or Loan of Firearm.

▲ 1941년 6월 3일 존 윌크스는 1937년 총기법에 서명을 했다. 이 문서는 『라이플메이커의 일지』 속 표지를 차지하고 있다.

지금은 1층과 지하층 공간을 모두 화랑으로 쓰고 있는데, 두 개 층이 매우 다른 특성을 나타낸다. 1층에 있는 화랑은 거리를 향한 전면이 유리로 되어 있으며, 상점 전면에는 아치 형태의 창 네 개가 예쁘게 장식되어 있고, 유리는 때를 벗겨 말끔하다. 이 공간은 보도에서 보면 앞에서 뒤쪽이 곧장 들여다보인다. 문 두 개가 나란히 나 있는데, 하나는 화랑으로 곧장 들어가는 문이고, 다른 하나는 사적 용도의 문으로 복도로 들어가는 문이다. 복도는 계단과 지하실로 향해 있다. 주 출입문과 그 위에 걸려 있던 고창fan light(창문 위쪽에 낸 작은 창)은 이 건물이 총기제작소였을 때부터 지금까지 빗장이 걸려 있다.

거리에서 이 건물은 여전히 존재감이 없지만, 화랑이 문을 닫는 밤이 되면 조명과 함께 바뀐다. 지하로 향하는 계단은 아담해서 18세기 사람들보다 당신이 훨씬 크다는 생각이 들게 한다. 복도의 유리블록을 통해 들어오는 적은 양의 빛은 희미한 조명의 지하 공간으로 바로 연결된다. 이 공간은 도로로부터 완전히 격리되어 조용하고, 갇혀 있으며, 봉쇄되어 있다. 즐거운 평판을 쌓아가고 있는 라이플메이커는 역사적 신화와 더불어 이름 없는 작가들의 작품을 보여줌으로써 재미와 지성을 함께 제공하고 있어 그 양면성은 완벽하다. 그들은 두려움 없이 그들 마음 가는 대로 작품을 만들고, 그것을 보여주고, 분위기를 띄우고, 호기심을 유발하는 데 있어 새로운 태도를 창조한다.

테일러는 건물이 목소리를 갖는다는 것을 전혀 믿지 않으면서도 실은 그 건물과 장소에 묻혀 있는 이야기를 찾아내서 즐기고 있는 게 확실하다. 그는 화랑을 런던의 중심가로 이송된 공장, 물건을 시험하고 실험하기 위한 장소로서 일종의 공방이라고 생각한다. 그는 공간,

▶ 2층의 창틀은 아직도 핀과 압정 자국으로 움푹 패어 있다. 회전하는 이미지 모음이 중앙의 창 한쪽 벽의 가느다란 기둥에 걸려 있다.

▶ 화랑으로 이어지는 부 출입구 쪽에는 음울한 어둠이 드리워져 있다. 이 문은 화랑 직원과 위층에 사는 거주자들만 쓰는 문이다.

즉 인간적 볼륨에 관해 어떤 것을 좋아하는지, 이를테면 조지언풍의 방이 지니는 비례감이 어떻게 그렇게 편안한지를 알고 있다. 그는 천장 높이가 얼마나 중요한지, 공간이 어떻게 질식할 것 같은 느낌, 곧 폐소공포증을 느끼지 않게 하면서 내용물을 수용할 수 있는지를 알고 있다. 이를테면 존 손 경 박물관Sir John Soane Museum은 정말 정신없이

▶ 지하로 연결되는 계단은 가파르고 어둡다. 겨울철에는 뒷문 문지방을 넘어 들어오는 쇠잔한 햇빛에 맞서 다소 어울리지 않는 인공 조명의 불빛이 계단을 타고 올라온다.

꾸미고 잡동사니를 문자 그대로 엉망으로 흩어놓아 사람들이 출구를 찾아 급하게 나가지 않게 구성했다. 그러나 이 때문에 수집품을 찬찬히 들여다보고 기발한 물건을 시험해보게 하여 행복하게 만든다.

이것이 건물이 당신을 위해 할 수 있는 일이다. 만약 당신이 건물을 다루고 그 진가를 알아본다면 말이다. 라이플메이커는 이러한 일을 해왔으며, 지금도 계속 하고 있다. 이 건물은 알맞게 때를 벗고 깨끗해졌으며, 목재 널판 벽에는 부드러운 흰색이 칠해졌다. 이로써 시간을 초월했다는 느낌이 유지되고 있다. 이 두 개의 방은 과거에 지배되지도 않고, 지나치게 밝거나 삭막하지도 않다. 성가시게 어두운 틈새를 안고 있거나, 패인 상처나 찌그러진 모서리를 부끄러워하지도 않는다. 여기에는 실행하고 보아야 할 좀 더 중요한 일들이 있다. 테일러는 한 공간에 관심을 보인다. 이 공간은 여러 가지의 광범위한 경험들을 타협 없이 수용할 수 있다.

◀ 낡은 목재 틀은 그대로 거칠게 두는 한편, 문은 다시 칠을 했다. 수리하거나 다시 장식한 것은 낡은 것 옆에, 오래된 것은 새것과 대비되도록 놓여 있다. 닳아 없어지는 공간에 대한 염려는 존재하지 않는다. 화랑은 흠집 없는 표면, 청결한 진열장이라는 전제적 욕구에 굴복하지 않는다.

◀◀ 가파른 주택용 계단과 어둡게 칠한 목재 널이 지하의 불빛에 의해 그 윤곽이 드러난다. 방문객은 천천히 소리를 내지 않고 조심스럽게 계단을 밟아 아래층으로 내려간다.

〈라이플메이커 인디카가 되다〉 전시회가 열리고 있을 때의 1층 화랑. 보일 가Boyle family의 작품 하나가 사진의 왼쪽 벽에 걸려 있다.

▶ 밤이 되면 계단에는 촛불에 의해 발걸음이 비쳐질 정도의 빛이 밝혀진다. 인공조명은 약하게 유지된다. 햇빛이 스러지는 해질 무렵에는 그림자가 슬며시 전시의 일부분으로 자리잡는다. 18세기 초 건물이 지어진 이래 이러한 빛의 움직임이 건물의 내부 공간을 어루만져주고 있다.

▲ 라이플메이커 화랑에서는 정기적으로 좌담회를 열어 다양하고 폭넓은 주제들을 다룬다. 차분한 실내 공간은 사람들로 꽉 차고, 늦게 와서 자리를 잡지 못한 사람들은 밖에 서서 창문을 통해 이를 참관한다.

▲ 콘라드 쇼크로스의 회전하는 조각이 2층 화랑을 지배하고 있다. 청중은 자연스럽게 실내의 가장자리를 돌게 된다.

『2006/2007 라이플메이커 일지*Riflemaker Everyday Book & Diary 2006/2007*』는 이 건물과 동네의 역사를 연결시킨다. 건물은 점점 더 유명해져 화랑으로의 평판을 단단히 다지고 있다. 표지에는 1층 뒤쪽 방에 있는 윌크스 형제의 이미지가 담겨 있다. 이 방에서는 연장의 보관과 대출, 총기 검사와 검사 기록의 정리가 이루어졌었다. 안쪽에는 존 윌크스가 서명한 1941년 6월 3일자 판매자 보증서의 색 이미지가 약간 비뚤게 가장자리 쪽으로 여백 없이 인쇄되어 있다. 책에는 화랑, 총기, 예술에 관한 이미지, 사진과 전단, 매튜 콜링스Matthew Collings와 에이드리언 다나트Adrian Dannatt가 쓴 에세이, 던바Dunbar와 마일스Miles(인디카Indica 갤러리), 그리고 앤서니 포세트Anthony Fawcett와의 대담 기사가 여기저기 흩어져 있다. 사고방식과 시각, 알려진 것과 알려지지 않은 것, 국내 것과 외국 것이 넘쳐나게 담겨 있다. 과거는 볼거리고, 미래는 내용이다. 과거는 사실이고, 미래는 가능성이다. 건물의 역사는 현재에 살아 있다.

2005년 10월 라이플메이커에서는 〈알려지지 않은 윌리엄 S. 버로스의 예술: 그림, 표적, 음향 작업, 스크랩북, 편집물, 접기, 영화와 기록 증거물*The Unseen Art of William S. Burroughs: Paintings, Targets, Soundworks, Scrapbooks, Cut-Ups, Fold-Ins, Film and Documentary Evidence*〉 전을 열었다. 윌리엄 S. 버로스William S. Burroughs는 1960년대 중반 얼마 동안 세인트 제임스St. James의 듀크 스트리트Duke Street에서 몇 블록 떨어진 SW1에 살았다. 그는 1951년 10월 6일, 멕시코에서 취중에 윌리엄 텔 게임을 하다 자신의 아내 조앤 볼머를 총으로 쏘아 죽였다. 그는 후일 아내를 쏜 것이 자신의 인생에서 중요한 사건이자, 글을 쓰도록 부추긴 일이라고 말했다. "조

▶ 라이플메이커는 1965년에서 1967년에 존재했던 화랑에 대한 경의를 담아 이름을 직접 인디카로 개명했다. 화랑은 전시회마다 다른 정체성을 보이는 카멜레온 같은 성격을 띠었다. 그리고 이러한 정신이 역사적으로 중요한 작품과 유명 인사, 활동 중인 젊은 작가들 사이에서 신나는 어우러짐을 창조해냈다.

앤의 죽음이 아니었다면 내가 작가가 되는 일은 결코 없었을 것이라는 섬뜩한 결론을 내릴 수밖에 없습니다. …… 나는 통제를 위한 소유의 위협과 함께 살고 있습니다. 그래서 조앤의 죽음은 침입자, 추한 영혼과의 접촉을 가져 왔으며, 나를 평생 동안 고통 속으로 몰아 넣었습니다. 그런 가운데 내게는 빠져 나갈 길을 찾아 무엇인가 쓰는 것 외에는 선택의 여지가 없었습니다." 이 이야기는 지하 벽의 총탄, 바닥 널 안의 틈새에 무더기로 남아 있는 서류철과 함께 이 건물 안에서 묘한 반향을 일으킨다. 그러나 그런 것은 많이 있다. 과거를 쓸어 없애지 않고 보듬고 있는 화랑 안에서는 허세를 부리지 않으면서도 북돋아 주는 교차점과 좀 더 풍부한 기준선을 얻을 기회를 지니게 될 것이다.

▼ 전시와 작품에 대한 평론들과 공지 사항들이 1층 화랑과 홀을 나누고 있는 문 뒤쪽에 붙어 있다. 이를 통해 격식을 차리지 않는 가정적 분위기가 강조되었다. 이는 이 화랑의 정신을 구성하는 한 요소가 되고 있다.

2006년 11월 라이플메이커는 1965년 11월 25일에 태어나 1967년 11월 3일에 문을 닫은 당시의 중요한 화랑 인디카의 작품을 전시했다.

매력적인 것은 라이플메이커가 취했던 진열 방식, 다른 정체성에 대한 시도, 다른 시대로의 접근, 현대 예술가가 참여하도록 이들을 초대하는 방식이었다. 이 화랑은 예술가의 기존 작품을 단순히 보여주는데 그치지 않고 사람들을 하나하나 소개하고 작품을 위촉한다. 작품은 그들, 곧 디렉터가 만들어온 놀랍고 기발한 파트너십의 결과이다. 화랑은 게임의 끝이 아니다. 그 이상의 중요한 무엇이 화랑의 인기를 이끌어냈다. 이 공간에는 한꺼번에 일흔 명 정도를 받을 수 있지만, 〈라이플메이커 인디카가 되다*Riflemaker Becomes Indica*〉가 열린 밤에는 천 명이 넘는 사람들이 모여들었다. 사람들 무리가 비크 스트리트Beak Street로 흘러넘쳐, 눈에 띄지 않던 이 먼지 덮인 낡은 공방을 뒤집어놓았다. 사람들은 그곳에 멈춰 서서 들여다보고 끼어들었다. 그런 다음, 그들은 과거로 가서 종을 울릴 것이다. 어쩌면 그저 울릴지도 모른다.

자폐적 모더니즘

피터 스튜어트Peter Stewart는 건축가다. 영국 건축위원회의 전임 디자인 리뷰 책임자였던 그는 지금 건축 설계, 계획, 도시 설계에 대한 자문 회사를 운영하고 있다. 그는 이 글에서 양식적 의미에서의 건축 언어(특히 모더니즘)의 역할에 대해 살펴보고 있다. 스튜어트는 모더니즘이 '문제가 많은', 심지어 '자폐적'이기까지 한 양식이라고 주장한다. 어쩌면 그는, 건축가는 과거에서 영감을 구함으로써 좀 더 편안해지는 것을 배워야 한다고 넌지시 말하고 있는 것 같다.

하나의 건물에서 발견되는 다른 것보다 분명한 목소리 가운데 하나는 건축가가 표현한 건축적인 언어에서 나온다. 이 언어는 현대적이거나 구시대적일 것이고, 마음을 끌거나 냉담할 것이며, 큰소리일 수도 있고 부드러울 수도 있을 것이다. 2차 건축에서 건축가들이 하나의 건물을 확장하거나 고치려 할 때 그들은 자신이 찾아낸 목소리에 어떻게 반응할 것인지, 즉 동일한 언어를 사용할지, 그것을 수정할지, 그도 아니면 아예 다른 언어를 쓸지를 결정해야 한다.

과거에는 이런 일이 건축가나 건축가와 의뢰인 사이에만 국한된 사적인 문제였다. 하지만 오늘날, 특히 중요한 건물이나 건축적 관심의 대상이 되는 건물일 경우에는 건축 언어의 선택은 훨씬 넓은 범위의 관점을 상정할 수 있다. 즉 단순히 의뢰인뿐 아니라 일반인, 공공기관, 압력단체, 어메니티 소사이어티amenity society 구성원들 등이 논의의 일부를 이루게 된다. 현대의 건축가들은 다양한 관료 조직을 대표하는 전문가들과 협상해야 한다는 생각에 익숙해져 있다. 왜냐하면 전문가들은 기존의 건물에 접근하는 건축가들의 설계를 놓고 옳거나 틀린 방법에 대한 확고한 견해를 지니고 있을 것 같기 때문이다.

21세기 초의 건축 언어는 절충적이고 혼돈스럽기까지 하다. 포스트모더니즘의 진부한 개념은 폐기되었으나, 강력하고 일관된 대안은 아직 나타나지 않았다. 그런 가운데서도 우세한 언어를 꼽으라면 가장 넓은 의미에서의 모더니즘 언어다. 비록 바탕을 이루는 목소리가 새로운 형태로 나타나는 일이 많아지고 있긴 하지만 말이다.

겉으로 보기에 모더니즘은 비교적 순수한 형태로, 기존 건물을 증축하거나 변경하는 데 적용할 경우 기존 것과의 관계를 쉽게 정립할 수 없게 하는 건축 양식이다. 그러므로 모더니즘적 접근은 새것보다 옛것에 더 관심이 많은 이들에게는 쉽게 용납될 수 없는 생각일 것이다. 그런데 묘하게도 특이한 형태의 합의를 찾아볼 수 있다. 세련된 취향이 뒷받침되어 이루어지기만 한다면 모더니스트의 개입은 여러 가지로 다른 기존의 상황에 대한 효과적인 대응이 된다. 그리고 이는 개인적인 목소리를 지닌 이전의 것보다 강하고 더 적합한 것으로 느껴지게 한다.

그럼에도 모더니즘의 언어는 과거와 함께 일을 도모할 때 여전히 문제를 안고 있다. 순수한 형식으로서의 모더니즘은 강력한 지적·윤리적 기반을 갖추고 있고, 또 선명한 시각적 이미지를 생성시킨다. 그리하여 때로 앞선 시기의 건물과 이웃한 것들이 관계를 맺을 때 매우 편협해 보일수 있다. 모더니즘 운동의 기원 속에 있던 지적·윤리적 기반은 과거의 건축과 함께 일을 도모하기보다는 과거의 건축을 폐기하는 것과 관련해 표현되는 일이 많다. 그리고 이러한 정서는 건축 분야의 아방가르드 내에서 아직도 발견되며, '부르주아를 놀라게 하자'는 취지의 한층 도발적인 진술에 담겨 있다. 이는 오늘날에도 여전히 되풀이되고 있는 것이다.

자기 밭을 갈아서 자기 나라의 과거로부터 끌어낸 것임에도 단순히 과거 양식을 부활시키는 것이 아니라 건축적인 언어의 시험을 준비해 온 영국 건축가들에게 나는 항상 매료되어 왔다. 강하고 차별적이며 개성 있는 이러한 유형의 목소리에 대한 전통은 과거 40년에서 50년 간의 영국 건축을 통해 추적해볼 수 있다. 조지 페이스George Pace, 윌리엄 위트필드William Whitfield, 마이클 홉킨스Michael Hopkins 같은 건축가들은 차례로 건축에서의 양감과 견고함의 본질을 끌어내 왔다. 이는 모더니즘의 정통적인 언어 안에서는 실현하기 어려운 것이었다. 그 결과 그들은 역사적 건물의 맥락 안에서 신구 간에 분명한 시각적 관계를 설정하는 방식으로 디자인을 할 수 있었다. 그러나 각각의 경우에 있어 그 결과는 창의적이고 독창적이었다. 그리고 이는 건축가 개인의 목소리에 같은 크기로 강하게 연결되어 왔다.

더럼Durham에 있는 조지 페이스의 팰리스 그린 라이브러리Palace Green

Library는 1966년 완공 당시에는 걸작으로 환영받았다. 그런데 오늘날 이곳은 앙투안 페프스너Antoine Pevsner가 '아비뇽과 프라하만이 비견될 수 있다'라고 말했던 성당과 성이 하나로 연결되는 석조 건물 구역의 일부가 되어 대개 무심히 지나친다. 이 '양면성both/and' 건축의 웅장하면서도 거장다운 사례는 그 자체가 모더니스트의 전략적 계획이다. 강의 계곡 위로 불쑥 솟아올라 선명하게 그 모습을 드러낸 순환 타워와 그것을 둘러싸고 있는 중세 건축은 정신적인 면에서 결코 동떨어진 것이 아니다. 절충적 언어는 더럼의 오래된 건물의 영혼에 주의를 집중하고 있어 보는 이의 마음속에서도 이러한 접속이 쉽게 이루어진다.

윌리엄 위트필드의 세인트 올번스 성당의 참사회당St. Albans Cathedral Chapter House(1982)은 강력하게 존재하는 기존의 건물에 대해 '강한' 응답의 사례로 비교해볼 만하다. 기존 건물의 인상적인 견고함은 다양하게 솟구치는 것이라기보다 견고한 중세 건축 성당에 의해 영감을 받은 것이 분명하다. 위트필드의 건물에는 모더니즘의 언어에서 도출된 것이 거의 없지만 문자 그대로 과거의 건축에서 취한 것도 그리 많지 않다. 그의 건축은 철근 콘크리트의 구조적 속성을 이용하는 데 있어 관대하다. 건축은 중세의 석공들이 그 가치를 인정했을 법한 솜씨로 정교하게 다듬어져 있다.

마이클 홉킨스는 로드 크리켓 그라운드Lord's Cricket Ground와 포트컬리스 하우스Portcullis House를 설계할 무렵부터 몇몇 비평가로부터 혹평을 들은 건축가다. 비평가들은 이때부터 그가 새롭게 발견한 건축적 본질에 대한 관심과 그래서 생긴 역사에 대한 관심이 그의 초기 하이테크 작품에 표현되었던 것에 대한 배신이라고 느꼈다. 내게는 그의 나

▲ 맨체스터에 있는 맨체스터 시립미술관. 19세기에 찰스 배리가 지은 미술관을 2001년 마이클 홉킨스가 증축했다.

중 작품들이 좀 더 복합적인 대답이라는 점에서 훨씬 더 흥미롭다.

홉킨스의 '맨체스터 시립미술관Manchester City Art Gallery 프로젝트(2001)'는 19세기에 지어진 찰스 배리Charles Barry의 기존 미술관과 도서관 건물 쪽을 크게 확장해 하나의 도시 블록을 완성한다. 이 프로젝트는 잔잔한 입방체 모양의 기존 19세기 빌라 건축에 입방체를 추가하는 방식으로 확장된 리처드 마이어Richard Meier의 프랑크푸르트 공예미술박물관Frankfurt Museum of Applied Arts과 흥미로운 대조를 이룬다. 이 두 건물은 각각 합리적이고 겉보기에는 분명해 보인다는 점에서 유사하지만, 거기에 이미 존재하는 것이 무엇이냐를 통해 숙련된 계획 전략을 제시하고 있다.

그러나 건축적 언어에 대한 접근은 상당히 다르다. 마이어의 건축은 그가 이미 다른 곳의 프로젝트에서 발전시켰던 모더니스트의 언어를 조절하거나 굴절시키는 일은 거의 하지 않는다. 이에 비해 홉킨스는 배리의 견고한 석조와 어울리도록 쓰인 초기 프로젝트의 충전 패널과 함께 구조에 관한 언어를 표현한다. 각각의 경우 석재의 평활면은 주의 깊게 분절된 세부와 대비를 이룬다. 건물 내부는 홉킨스 최고의 작품이 지니는 특징이 그러하듯, 적어도 외부에서 보여주는 것만큼의 건축적 본질을 드러낸다. 그것은 건물을 기계적 서비스를 제공하는 용품들로 채우게 된 오늘날에는 좀처럼 얻기 힘든 그 무엇이다. 홉킨스의 인테리어는 기능이 담긴 덩어리들을 배리의 것과 대비

▲ 마이클 홉킨스의 맨체스터 시립미술관 증축부 내부. 외부의 리듬과 구성, 물성은 찰스 배리의 원래 건물에서 끌어온 것이지만 내부를 현대적으로 바꾸는 것을 주저하게 만들지는 않았다.

시키고 덧붙이기도 하면서 여러 부위를 통합하는 유리로 된 열린 부위에 연결시킨다. 그리하여 마이어의 프로젝트에 나타난 애매한 관계에 비해 분명하고 솔직하게 읽힌다.

많은 건축가들은 모더니즘의 안전하고 세련된 중립성을 가진 기존 건물의 강한 목소리의 도전에 대응하고 있다. 여기에 든 사례들은, 진지한 건축가가 이미 존재하는 건물에서 그들이 찾아낸 목소리에 더 강하고 개성있는 대답을 발전시킴으로써 독창적이면서도 동시에 상대적으로 분명한 방식으로 사라져간 것으로부터 대응책을 도출할 수 있다는 것을 보여준다. 이 같은 접근은 취향의 오류에 빠지거나 모조 또는 저속한 것으로 전락할 위험이 있다는 것을 아는 많은 건축가와 비평가들을 불안하게 한다. 여기에 '점잖은' 것이 아니라 자신만의 단호한 목소리에 대한 '강한' 대답이 있어야 한다면, 이 같은 해석은 헤르조그Herzog와 드 뮤런de Meuron의 '테이트 모던Tate Modern의 증축 프로젝트(2006)'와 같은 계열을 선호할 것이다. 돌출적이고도 건축적인 상상을 제안한 이 프로젝트는 원래의 건물이나 건축가 자신들의 전작의 변용과도 거의 관련이 없다.

▶ 런던의 뱅크사이드에 있는 테이트 모던 갤러리. 헤르조그와 드 뮤런이 증축할 부분에 대해 제안한 것을 건물 서쪽에서 본 그림. 이 스위스 건축가들은 옛 뱅크사이드 발전소에서 현재의 화랑을 만들어냈다지만, 새로운 단계를 개발하는 데 있어 현격히 다른 형태를 채택했다.

벤투리 스콧 브라운Venturi Scott Brown 건축회사가 증축한 런던 내셔널 갤러리London's National Gallery의 샌즈버리 관Sainsbury Wing과 테리 파렐Terry Farrell의 영연방안보국 MI5 건물에 드러난 포스트모더니즘은 앞서 언급한 접근들과 무언가 공유하고 있음을 천명한 하나의 건축 운동이었다. 그러나 이제 영국에서 PoMo(포스트모더니즘)의 성과는 얄팍하고 하찮은 속임수보다 나을 바 없는 것으로 여겨지고 있다. 그리고 PoMo로 규정되던 프로젝트 한두 개를 제외하고는 대처 총리 시절 증권거래인의 붉은 멜빵만큼이나 생뚱맞은 것으로 치부되고 있다.

내가 칭찬하는 이 프로젝트들이 지금은 대체로 무시되고 있는 포스트모더니즘 소동과 어떻게 다를까? 그 대답은 건축가와 의뢰인의 의도에 담긴 진정성, 그리고 프로그램의 진정성, 대응의 즉지성sitespecific nature[1], 결과의 품질과 견고함 등 여러 영역에 걸쳐 있다. 앞에서 든 예들은 기존 건물에서 찾아낸 목소리에 귀를 기울이고 건물과 함께 도모할 줄 아는 건축가들이 있음을 말해준다. 그들에게 기존 건물의 목소리는 기존 건물을 모방하기 위해서가 아니라 이용할 만한 과거로 작업 방법에 있어 늘 그 일부가 되는 것이다.

영국 정부의 계획 정책은 '지역적 특성'을 중시하고 있다. 그것은 대형 건설사들이 영국 전역에 짓고 있는 '아무 데나 있으면서 어디에도 없는anywhere and nowhere' 것과 대비해 장소의 특화가 이루어져야 한다는 생각에서 나온 정책이다. 이처럼 중앙 계획이 많아지자, 사려 깊은 건축가들은 사려 없는 것을 다루기 위해 시도된 정책의 결과에 스스로 묶여 있음을 알게 되었다. 이러한 정책들은 연속성과 친근감에 대한 대중의 욕구에 대응하는 것이다. 반면, 앞에서 든 예들은 뿌리를 찾는 작업이 발명과 창조, 건축적 통합과 양립하지 못할 것이 아님을 보여준다.

모더니즘은 그 엄청난 실패에도 불구하고, 비판적으로 재평가되고 주류의 건축 언어로 다시 꽃피우게 되었다. 그럼으로써 건축에 있어 순수한 형태의 모더니즘이 지니는 자폐성과 역사주의의 피상성을 회피할 수 있는 기회가 다시 모색되고 있다. 이러한 건축은 과거와 연결된 뚜렷한 목소리를 난해함과 은유를 통해서가 아니라 평범하고 직설적이지만 창조적인 시각적 선례를 참조해 얻어내는 것이다.

1 집을 짓기 위한 어떤 대지가 지니고 있는 자기만의 고유한 특성이라는 말로, 건축이나 도시 설계 분야에서 쓰이는 말

무어 스트리트 호텔

런던 소호

사스키아 루이스
Saskia Lewis

▼ 무어 스트리트 13호, 14호 건물의 입면. 13호의 노상에는 한때 위층이 종업원 숙소였던 중국 음식점이 있었다. 14호의 1층에는 미용실, 2층에는 소형 콜택시 회사 사무실이 있었는데, 이곳은 마약 거래와 매춘을 위한 눈가림용이었다.

소호는 섬이다. 주 도로가 해자처럼 그 주변을 돌아 흐른다. 북쪽으로 옥스퍼드 스트리트Oxford Street, 남쪽으로는 샤프츠베리 애비뉴Shaftesbury Avenue, 서쪽으로는 리젠트 스트리트Regent Street, 동쪽으로 차링 크로스 로드Charing Cross Road가 지나간다. 소호는 독립적인 소규모 거래상들을 지원하며 은밀한 재산을 숨기고 있는 도로들이 긴밀히 얽히며 매듭을 이루는 곳이다. 지금은 상당히 희석되었지만 이곳은 반골의 평판을 얻어왔다. 소호는 수세기 동안 예술가와 작가의 상상력 발

현에 윤활유 역할을 하고, 계층과 예의범절의 속박을 무너뜨리는 환경을 제공해온 지하 문화를 위한 곳이었다. 여기에서는 모든 계층 출신들이 쾌락주의와 자유주의를 찬양하며 충돌해왔다. 『영국에 관한 간단한 안내서*Rough Guide to England*』(4판, 러프 가이즈, 2000)에는 소호를 '이스트 런던만큼 풍부한

이민 역사가 만든 비정통적이면서 약간은 건달기가 있는 분위기'라든가 '18세기 이래 작가와 제멋대로 사는 사람들을 끌어들인 밤의 활기가 유지되는 곳'으로 기술하고 있다. 『포사이트 가의 이야기The Forsyte Saga』에서 존 골즈워디John Galsworthy는 소호를 이렇게 묘사하고 있다. "…… 너절한, 그리스인, 추방당한 사람, 고양이, 이탈리아인, 식당, 토마토, 오르간, 색색의 잡동사니, 기묘한 이름, 위층 창으로 내다보는 사람으로 미어지는, 이곳은 영국 국민과는 동떨어져 자리 잡고 있다." 소호는 별로 영국적이라는 느낌을 주지 않는다. 이곳에 처음 자리 잡은 사람들은 1685년 루이 14세가 낭트 칙령을 폐지한 뒤 프랑스에서 도망쳐 나온 프랑스의 신교 공동체, 즉 위그노 난민이었다. 1666년의 대화재와 그 전 해의 역병은 런던에 끔찍한 결과를 가져다주었다. 그리고 뒤이은 도시 복구는 쾌속 개발의 속도와 풍경을 만들어냈다. 이는 오늘날 우리가 소호로 알고 있는 지역의 상당 부분과 웨스트 런던의 출현을 가져온 것이었다. 소호의 많은 거주자들은 장인이었다. 이들은 카페와 식당, 그래서 사회적 부산스러움이 있는 상점들의 거리를 만들고 싶어하는 사람들이었다. 그리고 이들이 만들어낸 장소는 밤낮으로 다양한 즐길 거리가 끊임없이 보장되는 곳이었다.

소호의 동남쪽 끝에는 건물들로 이루어진 삼각형 모양의 구역이 있다. 이 구역은 1980년대 말 온갖 불법적인 행위로 끔찍한 평판을 얻었던 곳으로, 무어 스트리트Moor Street가 남쪽, 차링 크로스 로드가 동쪽, 올드 콤프턴 스트리트Old Compton Street가 부지의 북쪽 경계를 명확히 지키고 있다. 이 세 도로의 전면을 열다섯 채의 건물이 채우고 있었는데, 그 모든 건물들의 후면에는 채광을 제공하는 커다란 공동

▲ 배반의 건축 작업을 보여주는 무어 스트리트 트라이앵글 조감 전경. 이곳은 올드 콤프턴 스트리트와 무어 스트리트에 있는 건물들이 연결되어 있다. 이 구역의 닫힌 문 뒤에서 일어나는 일은 무엇이든 사적인 것으로 치부되는 폐쇄된 공동체처럼 작동했다. 이것이 현장에서 벌어진 수많은 불법적 운영의 성공 사례를 설명해주는데, 1990년대 초의 크랙 코카인 매매가 가장 유해한 것이었다.

의 빈 공간이 중앙에 감추어져 있었다. 이 건물들은 배스티드 타운Bastide town(13세기에서 14세기 중세 남프랑스에 지어진 성채 형태의 신도시)에서처럼 국지적으로 요새화된 환경, 즉 하나의 성채로 작용했다. 도로 바깥쪽으로 드러나지 않는 물리적 특징은 이곳을 온갖 종류의 합법적 또는 불법적인 행위를 벌일 수 있는 현장으로 만들었다. 위층에서는 간혹 합법적인 경우도 있었지만 성매매가 이루어졌고, 플로어쇼와 도박을 제공하던 무허가 주점도 있었다. 그 가운데 무어 스트리트 14번지 2층에 있던 소형 콜택시 회사는 그곳의 재개발을 추진하는 촉매 역할을 하였다. 그곳은 마약 거래를 위해 위장된 장소였다. 1990년대 초 빌링스게이트Billingsgate가 생선으로, 스미스필드Smithfield가 소고기로, 뉴 코벤트 가든New Covent Garden이 화훼로 유명해진 것처럼, 이곳은 크랙(코카인을 정제한 환각제) 매매로 악명을 떨쳤다. 택시 영업이라는 연막은 어디나 휘젓고 다니는 사람들, 꾸준한 왕래, 화학 물질을 찾는 고객과 집까지 데려다주기를 바라는 고객 모두를 뭉치고 흩어지게 하는 마약 밀매꾼들의 불법 행위를 완벽하게 위장해주었다. 경찰은 '무어 스트리트 트라이앵글' 구역을 주시해서 보고 있었다.

웨스트민스터 의회Westminster Council가 이 구역의 회복을 위해 통제에 나섰다. 이곳에서의 무허가 영업을 근절하고, 주거용 건물을 신축하기 위해 건물을 모두 강제 매입하겠다고 엄포를 놓았다. 하지만 개발회사들은 이 건물들에 대한 임차권과 일부 소유권을 조금씩 사들이고 있었고, 2000년경에는 이곳을 그들의 힘으로 재개발할 수 있는 기회를 갖게 되었다. 도시계획에 대한 논의가 시작된 지 얼추 10년이 지났다. 몇몇의 건축가들이 등장했다가 사라진 후 이제야 겨우 개발이 시작되고 있다. 폼 디자인 아키텍처Form Design Architecture가 이 부지에 대한 계획을 마무리했고, 지금은 얼 건축사무소Earle Architects가 건축 작업을 총괄하고 있다. 이 프로젝트로 인해 올드 콤프턴 스트리트 5, 7, 9, 11번지와 무어 스트리트 13번지에서 17번지, 차링 크로스 로드 95, 97, 99번지는 재조정되어 런던 중심부의 가볼 만한 새로운 보석 무어 스트리트 호텔로 탄생될 것이다. 호텔에는 식당 하나와 몇 개의 소매점 그리고 주거시설이 포함된다. 부지의 코너는 바뀌지 않고 그대로 유지되겠지만 재개발의 증인 역할을 하게 될 캠브리지 펍Cambridge pub, 에드 다이너Ed's Diner와 러브조이Lovejoy 서점이 자리할 것이다.

▲ 무어 스트리트 14호의 춤을 추기 위한 봉이 있는 비인가 심야 주점. 사람들이 들여다보지 못하도록 창문의 일부를 가렸다.

▲▲ 차링 크로스 로드 95번지 2층에서 본 전경. 런던의 2층 버스 위층 높이에서 본 것으로, 유리창에 덕지덕지 붙은 얼룩과 거친 칠로 시야가 지장을 받는다.

▶ 올드 콤프턴 스트리트 9번지 3층. 이 건물에 대한 불법 개조가 문과 창이 바닥에서 천장까지 1.8미터에 맞추어져 있는 초현실적 공간을 만들어냈다. 이런 방에 서 있으면 실제보다 더 커 보인다.

이 거리의 배치가 최초로 나타난 것은 차링 크로스 로드가 호그 레인Hog's Lane이라고 불렸던 1682년의 윌리엄 모건William Morgan 지도에서다. 무어 스트리트와 올드 콤프턴 스트리트에서 납부된 세금에 대한 기록은 1683년부터 존재한다. 하지만 원래의 이 거리를 누가 건설했는지에 대한 기록은 명확치 않다. 부지 위에 현존하는 건물들은 모두 18, 19세기부터 존재해왔다. 이 지역 사람인 목수 윌리엄 던William Dunn과 벽돌공 윌리엄 로이드William Lloyd가 포틀랜드 가문에서 65년간 임차하여 1736년경 무어 스트리트 북쪽의 주택 대부분을 지었다. 그러나 현재 2급 건물로 분류된 13호는 1738년 윌리엄 비그넬William Bignell이 지은 것으로 생각된다. 이 시기에는 신축이 이루어지기도 했지만 이전 건물의 흔적 위에 재건축으로 인접 격벽에 맞춰 끼워 넣는 것이 일반적이었다. 이곳에서도 이런 방식으로 건축이 이루어졌다. 이 건물들은 마치 낡은 신발을 신은 것처럼 모두 선대가 남겨준 부지들 위에 기대어 서 있다. 이를테면 올드 콤프턴 스트리트의 7호 건물은 인접한 5호 건물에 기대고 있다. 마치 한 무리의 오래된 친구들 같다.

이러한 환경에서는 불협화음이 존재할 것이며, 아마 모두가 웃을 수는 없을 것이다. 어떤 것은 이 세계에 의해 부스러지면서 외로움과 절망에 대해 이야기한다. 이곳을 방문한 사람이면 누구나 쇠락의 낭만에 뭉클해지고, 과거에 이곳에서 있었던 일들의 불법성에 대해 흥분하게 된다. 그들은 이 변절의 소호 일부를 깨끗이 지워 없애려는 계획에 슬퍼하는 것처럼 보인다. 하지만 이런 끌림은 무관심과 관음증에 바탕한 지식이다. 이 건물들은 고통만큼의 즐거움을 증언했다. 폼 디자인 아키텍처의 맬컴 클레이턴Malcolm Clayton은 그것은 현대성과는

▲ 빛줄기 하나가 서서히 흐르는 시간을 표시하듯 추레해진 아르텍스 천장을 가로질러 천천히 움직인다.

▼ 무어 스트리트 트라이앵글 계획. 왼쪽은 철거 예정 구역이 녹색으로 표시된 현황이고, 오른쪽은 제안된 계획안이다.

동떨어진 초라한 디킨스풍의 국립극장을 위한 완성도 높은 무대장치를 연상케 한다고 말했다. 여기에 문제가 있다. 이와 같은 목소리를 어떻게 이용할 수 있을까? 어떻게 하면 그런 목소리와 대화하는 것을 창조할 수 있을까?

차링 크로스 로드 95호에서 99호는 1층에 머무를 수 있는 아케이드가 있다. 이 건물들의 2층과 그 위층에는 매춘부들의 방과 토끼굴 같은 방 그리고 복도가 사이좋게 놓여 있었다. 여기에는 무허가 심야 주점도 있었다. 이 글을 쓸 즈음에는 이 건물들 안에 있던 파편들의 대부분이 사라져 없어졌지만, 거기에는 지폐가 아직도 문 뒤에 셀로테이프로 붙어 있었다. 그것은 자신을 스스로 보호해야 했던 여인들을 떠올리게 한다. 공중전화 부스 안에는 신용카드 크기의 수집용 경화(금이나 다른 나라 화폐로 바꿀 수 있는 화폐)가 실제 모습을 드러내고 있었다. 좀 더 자극적인 것은 95호 건물에 있었다. 그곳의 3층 한 아

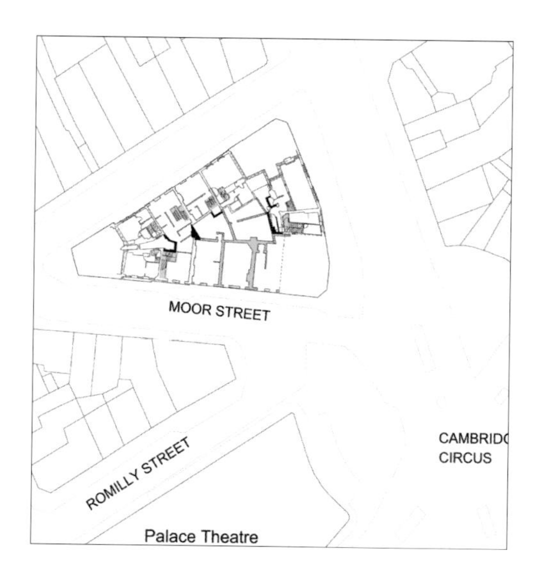

파트 문 뒤의 작은 구멍 위에는 압정으로 고정된 붉은색 하트가 있었다. 햇살이 창문을 통해 흘러들어 잠깐 동안 아파트 문의 뒷면을 비추면 그 하트는 떠 있는 것처럼 보였다. 가능한 한 많은 손님을 받기 위해 싸구려로 쪼개놓았던 실내에서 낭만적인 사랑을 추구하는 것은 앞뒤가 맞지 않은 헛수고로 보인다. 바깥 도로를 지나는 2층 버스에서 실내가 보이지 않게 창에는 지저분한 장막을 쳤다. 끊임없는 소음, 입체 음향의 사이렌과 비명이 아래층의 아케이드에서 2층으로 날카롭게 뚫고 들어왔다. 방음재 없이 단순히 시선을 가리는 얇은 벽만 있을 뿐 소리와 열까지 고려해서 공간을 구획하려는 생각은 없었다.

올드 콤프턴 스트리트 주변 가로와 높이가 같은 공간을 차지하고 있던 식당, 미용실, 만홧가게, 성인용품점 등은 모두 2004년에 문을 닫았다. 5호 건물에서 이러한 가게 가운데 가장 오래된 것은 1층 식당이었다. 19세기 초에 만들어진 전면은 좀처럼 보기 힘든 17세기 후기에 조성된 굴뚝을 가리고 있었는데, 굴뚝은 탁자와 의자 한 가운데서 부지의 후면부와 전면부를 나누고 있었다. 식당은 중앙의 공동 공지 쪽으로 DIY(Do It Yourself) 증축을 해서 준비·조리·수납 면적을 늘렸다. 한때는 주문이 들어오면 직원이 죽은 소 한 마리를 끌어내 살코기 덩어리를 잘라내기 위해 방수포를 친 안뜰로 집어넣었다는 소문이 있었다. 식당을 개조하기 위해 똑같은 임시 주방을 만들면서 말린 뱀 시체 하나를 치웠는데, 그것은 화를 피해 음식과 건달의 천국에서 여생을 이국적인 댄싱 쇼로 바치는 데 필요한 1.8미터 길이의 소품이었다.

건물 2층은 소호에 살았던 마지막 양복장이의 집이었다. 그는 크레

▶ 무어 스트리트 14번지 일부에는 봉 춤 공연을 위해 바닥을 낮춘 공간이 있다. 이 때문에 창은 바닥 마감과는 아무 관계가 없는 것이 되어버렸다.

이Kray 형제[1]를 비롯해 수많은 영화 스타를 위한 양복을 지은 사람이었다고 한다. 이 건물의 최상층은 매우 특별했다. 그 건물을 습격했

1　1960년대 런던의 지하 세계를 지배했던 레지널드 크레이와 로널드 크레이 형제는 1990년대 개봉된 영화 〈크레이 형제*The Krays*〉의 실제 주인공이다.

던 경찰은 수상쩍은 한 오리엔탈 클럽이 마약을 취급하기 위해 표면상 걸어놓은 간판이 있었다고 기술했다. 방 안에는 철장이 갖추어져 있었고, 계단 위쪽에는 미닫이로 된 단단한 철문이 달려 있었다. 튼튼한 방이었다. 이것을 해체할 때 조지아 시대의 벽면 판재가 드러났다. 공사를 할 동안 창고로 쓰기 위해 이것을 제거하자, 회벽에서 불어로 된 낙서가 발견되었다. 불어는 1750년경에 통용되던 것이었다.

9호 건물의 만홧가게 위층에는 칠이 안 된 누더기 벽과 연어살색의 커다란 방이 있었다. 벽에는 칠판이 걸려 있었고, 방에는 비데가 있었다. 따분한 햇빛 다발이 더러운 아르텍스(인테리어 장식을 위한 표면 코팅제) 천장을 질러 미끄러져 들어왔다. 햇빛은 매일 반드시 그래야만 하는 것처럼 초, 분, 시간을 째깍거리며 가는 시계 노릇을 했다. 3층은 높이가 겨우 1.8미터밖에 되지 않았는데, 문과 내리닫이 창이 바닥면에 맞추어 설치되어 있었으며 천장은 이상한 꿈, 어지러운 농담, 『이상한 나라의 앨리스』의 패러디 같았다. 공간은 무기력하게도 평평한데, 그런 여건에서는 그럴 수밖에 없었을 것이다. 9호 건물 2층의 천장은 봉 춤과 적당한 관중을 확보하기 위해 높았다. 영화 〈존 말코비치 되기*Being John Malkovich*〉 스타일로 축소된 위층을 그대로 둔 채 말이다. 이곳에서는 고객들에게 아래층에서보다 더 은밀한 서비스를 제공했을 것이다.

여기의 인테리어 배치는 부분적으로 올드 콤프턴 스트리트 9번지와 무어 스트리트 14번지가 무허가로 은밀하게 합병된 결과였다. 합병은 1970년대와 1980년대 전문 건설업자들에 의해 이뤄졌다. 이리저리 얽힌 일련의 계단과 복도가 중간 어딘가에서 봉 춤과 함께 두 건

▶ 철거 도중 석고보드를 걷어내자 잠깐 모습을 드러낸 장면들이 나타난다. 거기에는 드러난 버팀기둥 사이로 붉은 칠로 가린 창이 보인다.

▲ '1호 모델'이라고 쓰인 표지판이 붙어 있는 첫 번째 계단에 있는 문. 이 방에는 침대와 세면대, 주름장식의 갓이 달린 등이 갖추어져 있었다. '2호 모델' 표지판은 그 위층을 가리키는 화살표와 함께 계단에 걸려 있었다. 그들은 교체 가능한 이름 없는 여자들이었다.

물을 결합시켰다. 현장에 익숙하지 않은 사람들은 자신이 완전히 방향을 잃었다는 느낌을 받았겠지만, 여기 지리를 좀 아는 사람이라면 눈에 띄지 않게 몸을 숨긴 채 한쪽 문으로 들어와 다른 주소지를 거쳐 감쪽같이 사라질 수 있었을 것이다. 이것은 영화에서 볼 수 있는 그런 종류의 물리적 배열 그 이상이다. 알프레드 히치콕이 만든 것이나 제임스 본드 영화 그리고 〈국제 첩보원*The Ipcress File*〉[2]에서의 켄 아담스의 세트에서 볼 수 있는 배열들 말이다.

그래서 올드 콤프턴 9번지로부터의 여행은 그 구역을 떠날 필요 없이 무어 스트리트 14번까지 이어진다. 이 부지 전체가 심각한 범죄 구역으로 알려지게 되면서 폐쇄된 것은 이곳의 마약 거래 때문이었다. 1층에는 미장원이 있었고, 그 위층부터는 전 층을 사용한 소형 콜택

2 1965년에 만들어진 시드니 J. 퓨리 감독의 영국 영화

시 회사가 있었다. 건물의 나머지 부분들은 어디가 어딘지 헷갈리는 방들의 난장이었다. 계단에는 '1호 모델', 계단 위쪽에는 '동양의 모델이 오늘 여기에'라고 쓰인 딱지가 붙어 있었고, 방에는 갓 씌운 전등과 세면기, 침대가 있었다. 20세기 후반의 건설 작업에서부터는 더 이상 창들이 도로에 면한 쪽의 건물 바닥 높이와 연계되지 않았다. 어떤 것은 바닥보다 2미터 위에 있었고, 어떤 것은 바닥판 뒤로 사라져 버렸다. 창에는 널판이 쳐지거나 검은색, 녹색, 적색의 페인트가 칠해졌다. 이 건물에는 원래의 바닥은 없었다. 어두운 분홍색 벽은 자연 채광이 전혀 이루어지지 않는 이곳에 어둡고 지루한 분위기를 자아낸다.

좀 더 다듬어진 최근의 역사와 가정적이라는 정체성은 무어 스트리트 13번지를 특징지었다. 음식점 하나가 가로 높이에 있는 공간을 차지하고, 그 음식점 위층에는 몇 가구의 살림 시설이 이어졌다. 이 건물에는 18세기 초부터 나이를 먹은 좁고 꼬불꼬불한 계단이 있었다. 그리고 런던에서 발견된 유일한 것으로 생각되는 요크셔식 새시창도 있었다. 이 창은 수직으로 열리는 게 아니라 옆에서 옆으로, 수평으로 열리는 새시창이다. 이 창을 통해 채광정light well[3]이 보인다. 채광정은 수년 동안 소리없이 조금씩 확장해온 한 식당이 되는 대로 늘려 지은 부분 바로 뒤에 있다. 그것은 음미를 위한 전망은 아니다. 몇몇 가족은 오래전부터 계단에 직접 연결된 스튜디오 형식의 플랫에서 살고 있었다. 방은 벽난로 앞의 장식, 종이 장식에 매달린 종과 방울

3 지붕에서 천장 면까지 통처럼 뚫어 놓아 그 안의 반사율을 높게 만들어 놓은 지붕창

▲ 흐트러지고 망연자실하게 만드는 올드 콤프턴 스트리트 9번지의 3층

▲▲ 문 뒤쪽에는 셀로테이프로 고정되어 있는 붉은색 하트 하나가 있다. 거기 사는 매춘부가 자기 방문의 작은 구멍으로 내다볼 때마다 머리 위에서 멈춰 떠 있었을 것이다. 낭만적인 사랑의 이미지가 생뚱맞으면서 통렬하다.

▶ 올드 콤프턴 스트리트 9번지의 2층. 예전에 흑판이 있던 칠이 되지 않은 네모난 자국이 한때 침대가 놓여 있던 곳의 위쪽에 자리 잡고 있다.

로 꾸며져 있었다. 2층에는 우마 서먼의 모습이 담긴 커다란 '킬 빌' 포스터가 붙어 있었다. 우마 서먼은 몸에 착 달라붙는 검은색 고무 옷을 입고 무술 자세로 검을 쥐고 있었다.

아마 이 부지에서 일어난 가장 극적인 변화는 무어 스트리트 15, 16, 17번지의 철거였을 것이다. 15호 건물은 지역 경비 사무소가 되었다. 경찰들은 철거 기간의 마지막 몇 달 동안 무어 스트리트 트라이앵글 안에서의 불법 행위를 근절하기 위한 조치로 주민을 위장한 첩자 역할을 떠맡았다. 이러한 경찰 상주 방식은 네덜란드에서 최초로 모델화된 전술이었으며, 독립국가처럼 존재했던 이 구역의 마지막 시기를 잇고 있었다. 클래식 카페 웹사이트에서는 사람들이 진정으로 좋아했으며 독립적으로 운영된 카페와 식당가인 16호, 17호 건물이 없어지는 것을 탄식했다. 거기에는 친밀감 있는 분위기와 허름한 갈색 비닐 의자, 1980년대 밴드 바우

▲ 1970년대 말과 1980년대 초 무어 스트리트 14번지에서는 그곳과 올드 콤프턴 스트리트 9번지를 연결하는 건축 공사가 있었다. 이 공사를 통해 공간이 잘려 나가고 모양이 바뀌면서 환상의 미로를 만들어냈다. 낮 동안 내부 공간은 말도 안 되는 영화 세트장처럼 보인다.

▶ 무어 스트리트 14번지였던 유흥 클럽과 유곽의 입구 홀

◀ 이른 오후 올드 콤프턴 스트리트 9번지의 2층. 이제 다른 지지물을 모두 떼어버린 채 벌거벗은 모습인 50평방미터 넓이의 분홍색 칠이 된 방에는 비데 하나가 수줍은 얼굴을 하고 변명하듯 외롭게 놓여 있다.

와우 와우Bow Wow Wow와 함께 손님으로 왔던 맬컴 맥라렌Malcolm Mclaren의 추억이 남아 있는 센트레일Centrale, 1962년 페스 토를 런던에 처음으로 들여왔다는 주인이 운영하는 이웃 17호의 파티세리 가게 카푸체토Cappuccetto 등이 포함돼 있었다.

이들 건물들은 매일 철거되었다. 이 건물들은 소규모 팀에 의해 해체되었는데, 이들은 방종과 비행에 대한 대가를 치르기라도 하듯 행동했다. 어느 곳에서는 한 사람이 0.5미터 폭의 3층 높이의 한 조각 벽 위에 서서 그 발치의 모르타르 이음새를 질서 있게 곡괭이질 해서 벽돌을 한장 한 장 떼어내었다. 제거된 벽돌 가운데 상하지 않은 것은 한 장에 1파운드에 팔렸다. 이는 철거 속도를 가늠하고 부지를 길들이는 하나의 과정이었다. 이 성채는 이들 건물이 제거됨으로써 파괴되었다. 계획된 호텔로 가는 입구인 새 건물은 전면이 원래의 격벽에 준거를 두고 만들어졌는데도 본질적으로 한 덩어리로 읽힌다. 건물 뒤쪽의 빈 공동 공간은 무어 스트리트를 향해 보다 직접적으로 열렸으며, 공간을 진행하는 순서와 공간 상호작용의 전체적 움직임은 영원히 바뀌게 되었다.

▼ 부스러진 조각들로 뒤죽박죽이 된 무어 스트리트 트라이앵글의 핵심부인 공동 채광정

올드 콤프턴 스트리트 11번지의 경우, 바닥에서 천장까지의 여유 공간을 충분히 확보하기 위해 지하층 바닥 슬레이트를 낮추는 일은 도로 아래로 깊이 미끄러져 들어가 있는 볼트 부분에 상당한 토대 보강과 굴착을 필요로 했다. 도급업자가 중앙의 빈 공간을 치우고 지하층 바닥을 낮추

▲ 올드 콤프턴 스트리트의 건물 사이에 있는 간벽에 임시로 구멍을 뚫었다. 이로써 인접 건물과 서로 연결되면서 2층에 새로운 안전한 자재 이동 통로가 확보되었다.

는 과정에서, 이 지역이 통상적으로 점토층인데 반해 이곳의 건물은 자갈 단구 위에 세워졌다는 것을 알게 되었다. 런던 박물관에서는 다음과 같은 설명을 하고 있다. "린치힐Lynch Hill의 자갈은 빙하기에 템스강에 의해 형성되었습니다. 기원전 2만 6000년경에서 1만 3000년경까지의 마지막 빙하기 충적토와 풍적토의 퇴적에 브리커스의 퇴적물, 모래, 침니, 점토의 혼합물이 겹겹이 쌓인 것입니다." 그래서 콘크리트를 현장에서 비빌 때 혼합재로 사용되는 고품질의 자갈을 이 부지에서 자체적으로 조달했다. 이 작업은 바로 발밑에서 시작되어 확대되었다. 쓰고 남은 자갈은 수익용으로 판매했는데, 20톤 트럭 백 대가 넘는 양이 실려 나가 다른 부지에서 건설 용도로 쓰였다.

건물 후면에서 한 번도 치워본 적 없는 버려진 잡동사니, 임시 파편 더미로 가득한 공동의 빈 공간이 드러났다. 그곳에는 환기구, 안테나, 위성접시 안테나, 사다리, 망가진 솔, 폐기된 깡통, 버린 옷, 헝겊조각, 양동이, 콘돔, 플라스틱 의자, 매트리스, 안락의자, 페인트통, 전선가닥들로 꽉 차 있었다. 신화와 함께 이곳의 모든 부지가 하나로 묶인다. 부지에는 무기 은닉처가 감춰져 있으며, 커다란 돈 뭉치가 숨겨져 있다는 소문이 돌았다. 무어 스트리트에서 일어난 것 중 적어도 한 건의 살인사건이 유죄 판결을 받았고, 일련의 화재들은 의도적이면서 또 우연한 것이기도 했다. 개발은 어쩔 수 없이 이야기들을 빼앗아가며, 목소리가 들린다고 해도 이는 아주 멀어지게 한다.

건물들은 이제 중앙의 쓰레기장 대신 중앙 채광정을 동선 처리 공간으로 사용함으로써 하나로 결합되었다. 건물의 배면이었음직한 곳에서부터 호텔 객실과 다른 시설로 접근할 수 있다. 얼 건축사무소는 지붕의 옆모습을 그대로 보존하고, 빈 부분을 외부 공간으로 유지한 상태에서 일련의 보행로를 둠으로써 이들 건물을 하나로 엮으려고 한다. 의도하는 바를 설명하기 위해 얼은 이탈로 칼비노Italo Calvino의 『보이지 않은 도시들*Invisible Cities*』에 있는 제노비아Zenobia의 서술을 인용했다. "서로 교차하면서 공중 보도와 사다리로 연결되는 다양한 높이의 기단과 발코니다." 스테인리스 스틸로 된 계단과 보행로는 원래 암

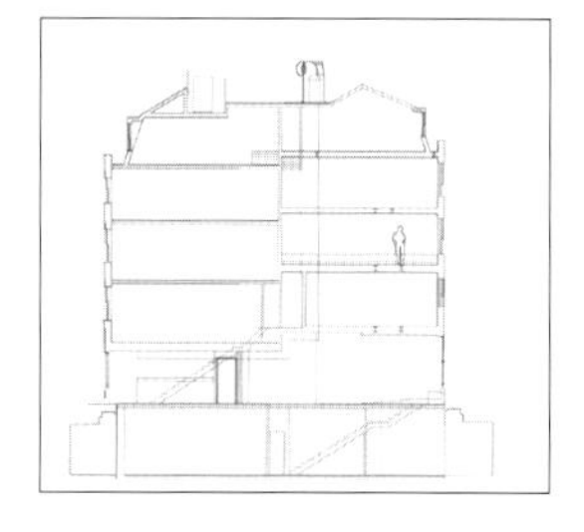

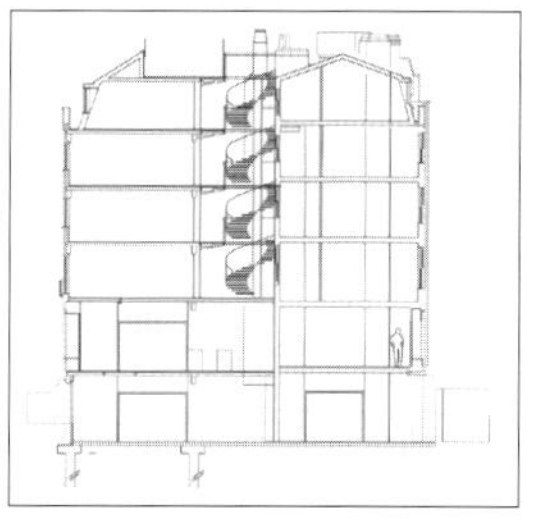

▲ 얼 건축사무소의 계획안에 제시된 두 개의 단면도

▲ 철거는 수작업으로 천천히 이루어졌다. 벽의 남은 조각 위에서 벽돌을 한 장 한 장 떼어내서 철거하고 있는 작업 팀원들이 위태롭게 서 있다.

▶ 올드 콤프턴 스트리트 5번지에 있었던 한 식당의 부엌에서 발견된 1.8미터 크기의 말린 뱀 시체

론Amron이라는 재료를 써서 유정 굴착 장치로 디자인된 것인데, 층고가 같은 건물이 몇 안 되었기 때문에 한 건물에서 다른 건물로 빈 공간을 질러 기울어지게 걸쳐지도록 기존 구조체에 볼트로 접합하였다. 여인들 각자의 방에서부터 길까지 직접 연결되는 개별 전화선이 있었다는 사실을 참조하여, 건물에 연결되는 전선은 파묻어 감추지 않고 작은 상자에 넣어 보행로 아래쪽에 두었다.

조명 디자이너 케이트 윌킨스Kate Wilkins가 할 일은 이리저리 움직이는 사람 그림자 형상을 이용해 건물 전면에 생기를 불어넣는 것이었다. 조명은 호텔이 이리저리 움직이는 이 무상한 인물들의 유영을 허용함으로써 사람들에게 과거의 삶을 상상하게 하면서 밤에 그 모습을 드러낼 것이다. 물론 좀 더 위생적인 환경이 갖추어진다면 예전의 상권이 되살아날 가능성도 있다.

프로캐서드럴

브리스틀 클리프턴

데이비드 리틀필드
David Littlefield

- H. E. 굿리지와 찰스 핸섬의 설계로 1834년에서 1870년에 단계적으로 지어졌다.
- 2006년 건축가 앳킨스 월터스 웹스터에 의해 주택으로 개조되었다.

브리스틀Bristol의 클리프턴Clifton에 있는 프로캐서드럴The Pro-Cathedral(임시 주교좌성당)은 불행한 건물이다. 이 건물은 1970년대에 속화된 뒤 슈타이너 발도르프 학교Steiner Waldorf School로 재정비되었는데, 1990년 중반 이후부터는 빈집이 되었다. 그 뒤 해체되고 파괴되었으며, 험악한 낙서로 더럽혀지고 기후의 습격에 노출되어 손상이 가중되었다. 건물은 엉망이다. 제단은 사라졌고, 현재 지붕 없는 부속 주교관은 철거될 예정이며, 둥근 천장의 부속들은 바닥에 떨어져서 지면을 울퉁불퉁하게 만들고 있다. 이는 속화의 와중에 구조체가 무자비하고 야만적으로 제거됨으로써 생긴 결과다.

▼ 제단 장식. 흥미롭게도 낙서 예술가들은 흔히 야수의 복종심으로 주변 환경의 색채와 비례를 반복한다.

이 건물에는 무언가 운명적인 게 있다.

시작은 좋지 못했다. 좌향도 틀렸다. 일반적으로 성당은 동쪽을 면해 주요 지점이 예루살렘을 향하는데, 이 프로캐서 드럴은 서남쪽을 보고 있다. 이런 변칙은 의심할 바 없이 부지의 제약에서 비롯된 것이다. 이 역방향 좌향이 교조적으로 잘못된 것은 없다. 단지 신기할 정도로 이례적인 것일 뿐이다. 이 성당은 브리스틀의 가톨릭 집회 기념 표시로 1830년대에 공사에 착수되었다. 부분적으로 부지가 경사지고 돌아나온 지형 조건을 예측하지 못했기 때문에 공사 자금이 부족했고, 그래서 육중한 바실리카basilica처럼 생긴 벽은 빠르고 쉽게 기후에 견디도록 하기 위해 싸고 가벼운 지붕으로 덮였다. 1870년대까지는 아니었지만, 임시라는 뜻의 프로캐서드럴로 이름이 바뀐 이 건물에는 학교와 다른 시설이 추가되었지만 지역사회에 종합적인 편익을 제공하지는 못했다. 한 세기도 채 지나지 않아 당국은 이 구조물을 대신해 다른 건물을 앉힐 계획을 하였다. 이 건물은 퍼시 토머스 파트너십Percy Thomas Partnership이 맡은 가장 큰 사업 가운데 하나가 되었다.

밖에서 볼 때는 이 건물의 현재 상태가 분명하지 않다. 프로캐서드럴은 멀리서 보았을 때는 방치되어 있다고 상상하기 어려울 만한 규모를 갖추고 있다. 그런데 가까이 다가서면 문은 잠겨 있고, 바짝 붙어 있는 인접한 건물과 개인 주차장으로 인해 주위를 둘러볼 수도 없다. 또 제멋대로 자란 나무와 크고 거칠기만 한 시립 주차장이 건물을 감춰버려 그 곤혹스러운 정경을 가리고 있다. 2005년, 이 건물은 '영국 최고의 귀신 씌운 집'이라는 리빙 TV프로그램에 등장한 덕분에 브리스틀 위험 건물 제1호로 알려지게 되었다. 이 글을 쓸 즈음 재활용 사이트 www.salvo.co.uk에서는 그 건물에서 나온 멋진 조각의 바스석 귀잡이 돌Bathstone angels을 1, 200파운드(부가세 추가)에 팔면서 '벽난로나 장식이 필요한 곳 어디에서든 품격을 높여줄 것'이라고 선전하고 있었다.

이런 여건 때문에 이 종교 건축이 지닌 강력함과 엄격함에도 불구하고 방문자를 조용하게 하거나 그들의 속도를 늦추지 못한다. 높이, 리듬, 높이 둔 광원, 강한 투시도적 전망, 돌의 온도와 음향 등 건축적 힘의 강력한 조합이 되어야 할 것들이 그저 무기력하게 있을 뿐이다. 그 대신 어색한 침묵과 같은 외경심이 결여되어 있다는 느낌이 뚜렷하다. 존경심을 느낄 만한 곳에서 충격을 경험하게 되는 것이다. 언젠가 필립 존슨Philip Johnson이 「뉴욕타임스」에 건축을 '공간 낭비의 예술'로 표현한 적이 있다. 그런데 이 건물은 여기서 공간 낭비 예술의 낭비물이 되어버렸다. 풀과 꽃으로 왕관을 만들어 쓴 미친 리어 왕과 같이 프로캐서드럴은 '더할 수 없이 비참한 인간의 더없이 가엾은 모습'이 되어버렸다.

이곳은 많은 목소리들이 화합하여 노래하는 곳이지만 조화를 이루지 못하고 있다. 지역 개발업체 어번 크리에이션Urban Creation의 조너선 브렉넬Jonathan Brecknel과 공동 책임을 맡고 있는 대런 쉬워드Darren Sheward는 프로캐서드럴이 그 짧은 생애에서 뚜렷이 구별되는 네 개의 시기를 겪었다고 주장한다. 초기의 말썽 많았던 출생, 그 뒤의 확장, 속화와 슈타이너 문화 운동에 의한 인수, 마지막의 방치다. 그러나 각 시기는 단일한 목소리를 내지 않는다. 각 시기는 다른 시기와 얽혀 있으며, 그래서 엉뚱한 조합과 불협화음을 만들어낸다. "자애로운 주여, 1850년 향년 75세로 영면하신 메리 사이몬 영가의 안식을 기원하나

▶ 낙서 위의 낙서. 프로캐서드럴의 낙서는 덧칠한 것이 많으며, 심지어 더 두껍고 칙칙한 층으로 덮어 지워버린 경우도 있다.

▲ 건물은 낙서 예술가들의 관심과 제도권의 무시라는 양쪽의 공격으로 고통을 받아왔다. 건물은 넘쳐나는 경고문으로 도배되었으며, 쓸모없고 정떨어진 물건을 버리는 쓰레기장이 되었다.

이다. 평안히 잠드소서!"라는 기원문이 적힌 평석과 같은 기념 명판은 으스스하게 만드는 유령 그림같은 마커펜 낙서와 나란히 자리하고 있다. 슈타이너 시절의 인쇄소는 여름 전시회와 개교기념일을 선전하는 마지막 인쇄물 더미와 함께 문을 닫았다. 인쇄소는 발굴로 파헤쳐져 흙 범벅이 된 그 둥근 천장에 접해 있다. 여기에는 프로캐서드럴의 주요 공간을 차지했던 건물이 오랫동안 방치되어 있다. 그 사이 이보다 작고 더 조심스러운 공간은 그때까지도 간간히 점유되었던 것이 분명하다. 치안상의 노력에도 불구하고 여전히 낙서는 낙인처럼 눈에 띈다. 이곳은 의미와 가능성이 풍부한데도 이를 꼭집어 내놓기 어려운 다의적 공간이다. 쉬워드와 브렉넬은 프로캐서드럴과 그것의 나르텍스narthex를 사무실과 서른여덟 개의 주택으로 개조하는 길을 조심스럽게 밟아가고 있다.

쉬워드는 건물이 목소리를 축적하고 있다는 생각을 전혀 달가워하지 않았다는 것을 인정한다. "건물이 목소리를 지니고 있다고 믿느냐고요? 솔직히 모르겠습니다. 어떤 관점에서는 그렇게 생각하고 싶은데, 프로캐서드럴이 우리에게 메시지를 보내고 있다는 것은 확신하고 있습니다." 이 메시지의 내용이 도움을 청하는 분노에 찬 외침과 분리되어 설정되기는 어렵다. 쉬워드는 오래된 건물에 새 생명을 불어넣는 것에 대한 그러한 은유를 좋아한다. 그와 브렉넬은 한때 이 건물에 거주했던 학생들의 생생한 목소리를 떠올려 상상해보곤 한다. 이는 이들이 이 건물과 씨름하면서 드러나는 어려움들을 푸는 해소책이다. 젊고 활기찬 주거 계획을 뒷받침하는 이러한 상상이 없다면 프로캐서드럴은 생각만 해도 슬픈 곳이다.

쉬워드와 브렉넬은 2005년 4월 210만 파운드로 이곳 부지를 매입했다. 그들은 현 개발 사업의 바탕이 된 에드워드 내시 건축사무소 Edward Nash Architects의 계획안을 이어받았다. 이 계획안은 본질적으로 건물 안의 건물이라는 개념을 중심으로 짜여졌다. 프로캐서드럴의 구조가 복원되고 기후 조건에 맞게 지붕이 견딜 수 있게 되면, 건물은 현대식 2층짜리 삽입 건물을 둘러싸는 역할을 하게 될 것이다. 이 삽입 건물은 기존의 지붕 지지 기둥들의 격자 배열에 입각해 있는 기하학적 형태의 본당 신도석 내에 있다. 제단이었던 것의 상부에 있는 장미 창은 보존될 것이다. 그리고 성당의 뼈대는 용접으로 밀봉되지 않을 것이다. 이러한 계획의 목적은 반쯤 열린 공간을 창출하기 위해 고측창(클리어스토리 창)에 있는 유리를 제거하려는 데 있다. 그러는 동안 지층의 두꺼운 벽을 뚫어 유리가 달린 새 개구부를 낼 것이다. 이러한 건축적 의도는 지붕이 덮인 도시의 개념에서 끌어온 것이다. 이는

▶ 건물의 구조들은 계속해서 낙서 예술가의 손을 잡아끈다. 벽감은 그림을 그릴 화폭이 되고, 낙서는 그 장소의 리듬에 따라 질서와 구도를 갖추기 시작한다.

▲ 리즈의 라운드 주물공장처럼 브리스틀의 프로캐서드럴은 무성한 비둘기 집단의 안식처가 되었다. 이 건물 신도석 내부의 표면들은 온통 배설물로 뒤덮여 있다.

최근에 리프슈츠 데이비드슨Lifshutz Davidson이 밀레니엄 돔Millenium Dome을 위해 제안한 '유산Legacy'에서 천착한 것이었다. 밀레니엄 돔 설계에서는 테플론 천막으로 된 전천후 캐노피 밑에 모듈화된 실험적 건물을 배치했다. 에드워드 내시의 설계안의 강점은 보호자라는 교회의 은유적인 역할을 문자 그대로 해석했다는 것에 있다.

2008년 완성된 이곳은 흥미로운 장소가 되었다. 이는 은행이 피자 가게로 바뀐 것과는 다른 것이다. 훨씬 강력한 개입이 이루어진 이 건물의 본래 의도는 상업적 요구로, 현재 지니게 된 것과는 정반대다. 어떤 의미에서 이 장소의 가장 큰 매력은 볼륨이다. 쉬워드와 브렉넬은 건축가 매튜 로이드Matthew Lloyd가 이스트 런던의 보우Bow에 있는 훨씬 더 작은 세인트 폴St. Paul 성당(139쪽 참조)에서 했던 것과 같은 방식으로 이 장소에 감성을 입혔다. 로이드는 세인트폴 성당은 성당 볼륨의 상당 부분을 현대적인 목재 피복의 '방주ark'로 채웠다.

1790년에 가톨릭 성당 건축이 합법화되기는 했지만 눈에 띄도록 가톨릭 신자들이 예배 장소에 모이게 된 것은 1829년의 가톨릭 신자 해방령이 공표된 이후이다. 브리스틀의 프로캐서드럴 건축은 H. E. 굿리지Goodridge에 의해 코린트식 사원으로 설계되었는데, 1834년 공사가 시작되었다가 다음 해에 기초가 무너지자 중단되었다.

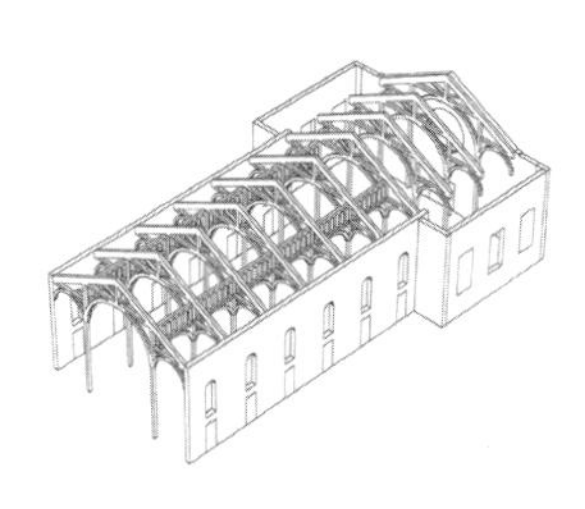

▲ '건물 안의 건물' 개념을 보여주는 일련의 부등각투영도. 발견된 그대로의 프로캐서드럴의 벽과 지붕 구조

8년 후 공사가 다시 시작되었으나 기초를 보강하려는 시도가 재차 실패했고, 반쯤 완성된 건물은 다시 방치되었다. 건축가 찰스 핸섬Charles Hansom은 건물을 덜 장식적이면서 경량의 구조로 다시 설계했다. 그리고 인접한 일부 토지를 개인 주택지로 매각하는 등의 방법으로 충분한 기금이 마련되자 1846년 다시 공사에 착수했다. 1848년 작은 쪽 건물이 완성되었으며, 2년 뒤 초대 클리프턴 주교가 임명되었다.

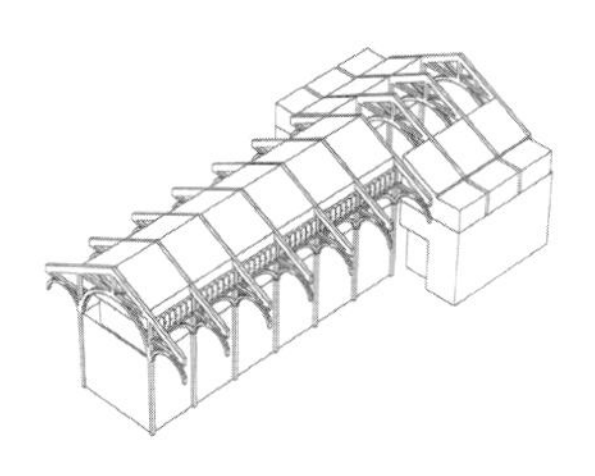

▲ 신도석과 좌우 익부에 삽입하게 되어 있는 새로운 볼륨

1870년대에 핸섬이 프로캐서드럴로 돌아와 그곳을 로마네스크 양식의 바실리카로 개조하고 학교 하나를 추가했다. 그는 60미터짜리 종루까지 설계했지만 이것은 실현되지 않았다.

건물은 제2차 세계대전의 폭격에도 상처를 입지 않고 살아남았고, 1960년대에 이르러 그곳을 새롭게 바꿔 완비된 성당으로 봉헌하려는 계획이 꾸려졌다. 이 일에 드는 비용이 엄청나다는 것이 드러났지만, 1965년 퍼시 토머스 파트너십은 복원 건물에 대한 설계 작업을 시작해 이를 1973년에 완성했다.

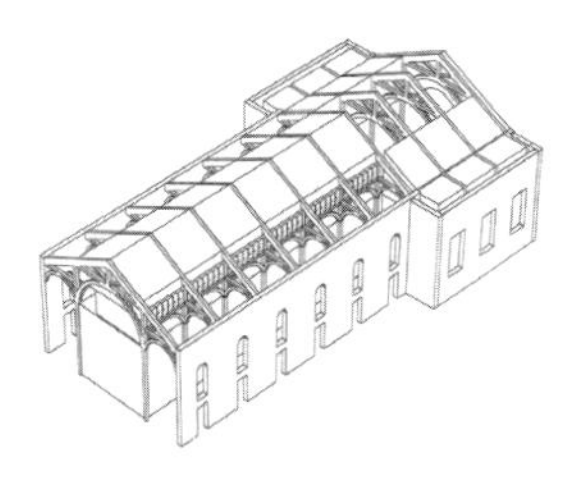

▲ 위 두 그림을 합성한 것으로 기존 구조체 안의 새로운 공간을 보여준다.

그런 다음 원래의 프로캐서드럴은 상점으로 사용되다가 나중에는 브리스틀의 슈타이너 발도르프 학교로 사용되었으며, 이 학교는 1996년에 철수했다. 2005년 개발업체인 어번 크리에이션이 건물을 매입했고, 에드워드 내시 건축사무소가 이미 만들어놓은 계획안을 수정하기 위해 앳킨스 월터스 웹스터Atkins Walters Webster를 건축가로, 리처드 페들러Richard Pedlar를 보존 건축가로 선정했다. 계획안은 건물의 나르텍스에 업무 공간을 두는 한편, 아파트를 포함한 현대적 설계의 삽입부는 프로캐서드럴의 신도석과 익부 안에 자리 잡도록 했다. 증축될 아파트는 모두 38세대가 될 것이며, 지붕이 없는 건물 남쪽 주교궁 자리에 추가될 것이다.

▶ 소파와 매트리스의 조합 뒤에는 기이한 설치 미술품의 모든 구성 요소들과 함께 출입구의 일대일 이미지를 보여주는 포스터가 있다. 전통적인 피난처이자 안전한 장소인 교회는 닫혀 있고 안락을 상징하는 가구는 버려져 있다.

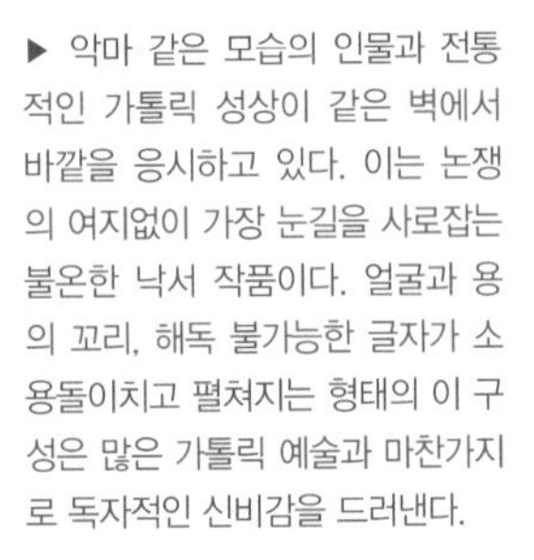

▶ 악마 같은 모습의 인물과 전통적인 가톨릭 성상이 같은 벽에서 바깥을 응시하고 있다. 이는 논쟁의 여지없이 가장 눈길을 사로잡는 불온한 낙서 작품이다. 얼굴과 용의 꼬리, 해독 불가능한 글자가 소용돌이치고 펼쳐지는 형태의 이 구성은 많은 가톨릭 예술과 마찬가지로 독자적인 신비감을 드러낸다.

이 방주는 결정적인 순간에 건물의 종교적인 의도를 드러낸다. 이 새로운 삽입은 특유의 방식으로 그것이 어디에 있으며, 어디에서 그 외피를 세련되게 강화 또는 증폭하여 이 두 구조물에 도움이 되는지를 알고 있다. 쉬워드와 브렉넬은 자신들이 작업할 공간의 내부가 훨씬 더 크지만 자신들의 건축이 로이드의 작업과 비슷하게 작동하기를 희망했다. 대부분의 종교적 유물은 의도적 장치로 건물의 역사를 상기시키기 위해 보존될 것이다. 또 주입구가 될 성단소chancel의 높이도 있는

▶ 건물은 낙서 예술가들의 글씨와 서명들로 지저분하다. 어떤 것은 마른 핏빛으로 칠해져 있으며, 낙서가 매번 밑에 있는 원래 장식을 지워버리지는 않는다.

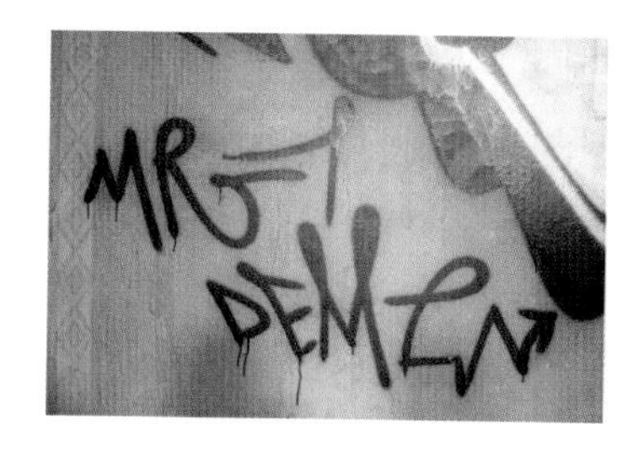

그대로 유지될 것이고, 남서쪽의 장미창 역시 여전히 그 공간의 안에서 색을 더해줄 것이다.

▲ 프로캐서드럴의 원본 라틴어 글자를 분명히 드러내고 있는 낙서. 제도권 권력과 권력 박탈자의 만남으로 양 진영의 서체는 해석하기가 어렵다.

이 부지에 대한 이러한 감수성은 또한 쉬워드와 브렉넬이 내시의 제안과 확실히 결별하는 원인이 되었다. 본래 계획은 성당 바닥이 주차장으로 바뀌고, 주차장 상부의 새로운 바닥판 위에 아파트를 건축하는 것이었다. 쉬워드와 브렉넬은 차를 옮겨 빈 공간으로 남아 있게 될 지하로 집어넣었다. 그 결과 아파트가 지층에 자리 잡을 수 있게 되었다. 쉬워드는 "1층을 주차장으로 쓰는 것이 옳아 보이지 않았을 뿐이었다."고 말한다. 부분적으로, 이는 그 자신의 개입이 이 건물 전

◀▶ 한 건축가가 그린 새로운 주거 개발의 중심부가 될 재개발된 프로캐서드럴의 동쪽 입면도(왼쪽). 자동차 주차장이 된 지하 납골당과 아파트 블록 내 에워싸인 공간이 된 신도석을 보여주는 단면도(오른쪽).

생애에서 마지막이 아닌 또 하나의 시기로 보기 때문이다. 어번 크리에이션의 설계안은 되돌리기 어려운 반면, 내시의 설계안만큼 강압적이고 비타협적이지는 않다.

그러나 좀 더 시적으로 말한다면 한때 교회 의자가 차지하고 있던 그 공간에 차를 우겨넣는 일은 낙서 예술가의 형형색색의 벽화보다도 나을 것이 없다. 이 회칠의 벽에 색색으로 요란하게 그려진 펜타그램으로 표현된 흡혈귀 그림이 아마 주차보다는 좀 더 이 건물에 타당한 반응일 것이 틀림없다. 주차장은 모든 것 가운데 가장 거슬리는 불협화음이다. 노골적으로 반 기독교적 분위기를 드러내는 어느 낙서는 건물의 본래 목소리를 증폭시키는 데 실제로 도움이 된다. 주차는 그저 진부할 뿐이다.

기억, 의식, 흔적

• 피터 머레이와의 인터뷰 •

▲ 피터 머레이

피터 머레이Peter Murray는 건축가로 훈련받았지만 다른 사람들의 건축과 소통하는 것으로 가장 잘 알려져 있다. 그는 작가 겸 편집자이자 큐레이터이며, 대중의 의식 속에 건축의 가치를 높이기 위해 도움을 아끼지 않는 에너지로 크게 존경받고 있다. 그가 작업해온 잡지에는 「아키텍추럴 디자인*Architectural Design*」과 「블루프린트*Blueprint*」가 포함돼 있으며, 최근에는 건축 커뮤니케이션 에이전시인 워드서치Wordsearch를 설립했다. 머레이는 분명히 목소리라는 이 주제에 관해 깊은 관심을 갖고 있다. 하지만 그는 아마도 어떤 특정 장소에 대한 사람들의 신비감, 장소의 낯섦, 건축 심리 등 잡히지 않는 애매한 비가시적인 것보다는 런던 소재의 타워, 개발자의 역할, 잡지 출판 등 건축에 대한 확고한 사실과 더 많이 관련되어 있다.

1970년대 내내 머레이는 「빌딩디자인*Building Design*」지의 편집을 담당했다. 그는 한 BBC 드라마를 논평한 잡지의 문화 편집자를 기억하는데, 그 편집자는 건물이 안에서 일어난 중대 사건을 빨아들여 이를 담아둘 수 있다는 전제하에 논평을 썼다. 어떤 중요한 사건에 정서적 에너지가 배어 있다면 그 사건은 건물의 조직 내부에 살아 있을지 모를 일이며, 그래서 한 번 건드려 주기만 한다면 그 사건은 되살아날 수도 있다는 것이다. 제인 애셔Jane Asher가 주연한 드라마 〈스톤 테이프 *The Stone Tape*〉(감독 피터 사스디, 1972)에서는 한 과학자 무리가 중요한 역할을 한다. 이들은 드라마에서 새로운 기록 매체가 무엇인지 이를 밝혀내는 일을 책임졌다. 이들은 옛 건물이 귀신이 쓰였다는 것을 발견했고, 그리하여 벽을 이루고 있는 돌이 '녹음'과 '재생'의 기능을 지닌 것으로 보고 그러한 생각들을 탐구하기 시작했다. 머레이는 이 프로그램을 한 번도 본 적이 없었음에도, 이러한 개념에 우호적인 평론가를 기억하면서 그것을 터무니없지만 재치 있는 것이라고 생각했다.

그런데 나중에 머레이는 제1차 세계대전의 혈전지를 기념해 프랑스의 비미 리지Vimy Ridge에 세운 캐나다 국립 비미 추모관Canadian National Vimy Memorial in France[1]을 방문하게 되었다. 전쟁 와중에 연합군은 병사들의 생존과 은신처 확보를 위해 최전선 바로 앞과 그 너머까지 미로로 된 땅굴을 팠다. 1917년 4월 9일 오전 5시 30분, 캐나다 군은 독일 전선을 공격했는데, 이 전투로 3, 600명의 사망자와 7, 000명이 넘는 부상자가 발생했다. 비미 리지 전투는 연합군의 의미 있는 승리로 간주되었다. 머레이에 따르면, 그 터널의 백악질 벽에서는 공포, 분노, 초조, 심지어 슬픔까지 스며 나온다고 한다. 이처럼, 결국 〈스톤 테이프〉

1 제1차 세계대전 당시 프랑스의 비미능선 전투에서 사망한 캐나다 원정대를 기념해 세운 대형 추모관

는 역사적 사실에 기반하고 있는 것이었다.

머레이는 다음과 같이 말한다. "전에 거기서 일어났던 일과 관련이 있는 그 공간에는 분명 어떤 물리적인 것이 존재했습니다. 아마도 그것은 그러한 차이를 만들어낸 돌의 부드러움 때문이었을지도 모르지만, 뭔가가 그 속에 스며들어 80년이 지난 후에도 여전히 그 공간을 울리고 있는 것이 확실합니다. 나는 어떤 특정한 해답을 갖고 있지는 않지만, 어떻든 건물의 경험이 그 조직 속에 어떤 방식으로든 저장되어 있다고 확실히 믿고 있습니다. 거기에는 편안하다고 느껴지는 곳과 불편하다고 느껴지는 곳 등 전에 일어났던 사건과 연관된 건물 공간의 표정이나 특징이 있습니다."

▲ 프랑스의 비미 리지 전적지. 제1차 세계대전 중에 캐나다 병사들은 북부 프랑스 비미 리지의 백악질 층을 파서 만든 지하 방과 터널로 된 미로에 머물렀다. 여기에서 한 터널이 둘로 나뉜다. 왼쪽 터널은 주 전선의 150미터 후방에 있는 입구로 이어진다. 그리고 오른쪽 터널에는 의무실이 있었는데, 걷는 게 가능한 부상자를 위한 곳이었다.

머레이는 비미 리지의 터널에 내재된 힘을 설명할 수 있는 모든 대안들을 망라해 제시한다. 백악의 다공성이 피와 기타 신체 분비액, 병사의 호흡 속에 있는 습기를 빨아들이면서 스펀지처럼 작용했을 것이다. 그리고 이것은 아마도 생명체 내의 초고감도 감각기관으로부터의 경보 신호를 촉발시켰을 것이다. 심지어 거기에는 포화 속에서 또는 숨을 죽이고 터널을 파는 임무를 수행하는 데 있어서 위험과 막막함에 대한 어떤 무엇이 있었을 것이다. 이는 어떤 불가사의한 기운을 통해 온전히 살아 있다. 머레이는 사람들이 남긴 그들의 흔적은 흡수되지 않는 유리와 철로 된 현대적인 폐쇄 공간보다 백악질로 된 유기적 환경에서 더 오래간다고 말한다. 실은 백악은 침전물로써 많은 생물들의 기억 저장고의 역할을 하며 아마도 계속해서 흔적을 누적해가고 있을 것이다. 그는, 흔적은 오르간 연주자가 연주를 멈춘 지 한참 지난 성당 안에서 공명하는 음악만큼 예민하고 시적이라고 말한다. 어쨌든 거기서 만져볼 수 있다. "나는 상투적인 방식으로 다뤄지는 유령과는 관계없이, 거기에는 우리의 의식이 있다고 생각합니다. 그것은 어떤 의미로는 피터 애크로이드가 말한 바 있는 장소감sense of place 같은 것입니다."

머레이는 남은 물질과 어떤 기억이라는 두 가지 의미를 모두 담아내기 위해 '흔적'이라는 단어를 반복하여 채택한다. 그는 그 말을 자주 쓰고 있다. 머레이는 윌트셔Wiltshire에 있는 내셔널 트러스트National Trust의 마을 라콕Lacock에서 성장했다. 그곳은 흔적의 종합 선물 같은 곳이다. 라콕은 윌리엄 헨리 폭스 탤벗William Henry Fox Talbot이 사진 작업을 했던 곳이기도 하다. 그 사진은 마을 사람이면 누구나 아는 동네 수도원에 있던 한 몽환적인, 아니 오히려 요기 서린 듯한 1835년의 인상적인 격자창을 찍은 것이었으며, 이는 세계에서 가장 오래된 사진 이미지 가운데 하나다. 수도원 자체는 헨리 8세 때 수도원 해산에서 비롯된 사건들로 생긴 상처와 흔적의 창고다. '흔적'에 대해 좀 더 산문적으로 말하자면, 머레이는 길에 질펀하게 널려 있다가 아주 서서히 사라졌던 접시 모양의 똥을 기억한다. 이는 내셔널 트러스트가 마을길로 가축을 몰고 다니는 것을 금지하기 전의 일이다.

이러한 흔적들은 보는 이로 하여금 그것이 상징하는 삶에 대해 경각심을 가지게 한다. 머레이는, 폐허가 특히 인간의 냄새가 씻겨나가고 단순한 물적 대상으로 보존되었을 경우 꽤 지루하다는 것을 인정한다. 그는 보존의 전망에 대해 특별히 흥분하지도 않는다. 머레이는 공간의 재창조나 보존이 그곳에 거주하고 필요한 대로 그것을 적응시키는 것보다 심리적으로 만족스럽지 못하다고 믿고 있다. 이것이 지나치게 떠받들어진 이웃 스톤헨지보다 더 생생한 울림을 주며 마을을 가로질러 방치되다시피한 원진석 에이브버리Avebury를 찾는 이유다. 머레이는 1970년대 초의 전쟁 자취가 아직 남아 있는 도시 뮌헨을 방문했다. "부서진 돔, 무성한 잡초, 자갈 더미가 있는 오래된 우체국이 있었습니다. 마치 전쟁이 최근에 끝난 것 같았죠. 만약 그것이 말끔히 정돈된 채 발견됐다면 아마도 동일한 감동을 느끼지 못했을 것입니다."

머레이는, 한 공간의 목소리는 방문자들이 그 부지에 대한 인간적인 역사를 상상해낼 때 증폭된다고 강조한다. 처음에는 겨우 들리기만 하지만 말이다. 하나의 공간에 대한 물리적이고 순수한 시각적 큐레이팅은 하나의 진실의 핵심에 다다르기 위해 모든 파편을 깨끗이 치우는 일이다. 그런데 이는 흔히 시각 이외의 감각이 지니는 역할을 폐쇄하고 모든 진실을 없애버리는 결과를 가져온다. 만약 한 공간의 역사가 이런 식으로 완전히 끝나버린다면, 그래서 완전히 시간이 다하고 인간 또는 어떤 종류의 생명체든 그 존재가 완전히 없어지게 된

▲ 프랑스의 비미 리지 전적지. 비미 터널의 일부. 이 계단은 터널 또는 침투용 대호로 내려가는 길인데, 지뢰를 설치하기 위해 독일군 전선 하부에 팠다. 머레이는 "전에 거기에 있었던 일과 관련이 있는 그 공간에는 분명 어떤 물리적인 것이 존재했습니다. 아마도 그것은 그러한 차이를 만들어낸 돌의 부드러움 때문이었을지도 모르지만, 뭔가가 그 속에 스며들어 여전히 그 공간을 울리고 있는 것이 확실합니다."라고 말한다.

▶ 프랑스 비미 리지 전적지. 비미 터널 기지 내 통신망의 중심이었던 지휘관의 침실과 사무실이다. 근처에 다른 숙소와 사무실도 있었다.

다면, 그것은 좋다고 할 수 없는 가치일 것이다.

크리스토퍼 우드워드Christopher Woodward는 자신의 책 『폐허 속에서*In Ruins*』에서, 19세기 후반 로마의 콜로세움에서 야생화와 풀, 사이프러스 나무와 성골함이 어떻게 제거되었는지 기술하며 같은 주장을 폈다. 그는 이렇게 썼다. "[1870년 즈음] 모든 나무는 사라졌고, 꽃 한 송이, 풀 한 포기까지도 냉혈한 고고학자들에 의해 그 유적에서 뽑혀 나갔습니다. …… 콜로세움은 절멸되었습니다. 오늘날 그것은 유럽에서 가장 기념비적으로 진부한 곳이 되었죠. 민둥민둥한, 죽어 있는, 휑뎅그렁한 원형의 돌이 되었습니다. 그늘도 모래도 반향도 없으며 혹시 돌 틈에서 한 송이의 꽃이라도 피면 제초제가 뿌려집니다."

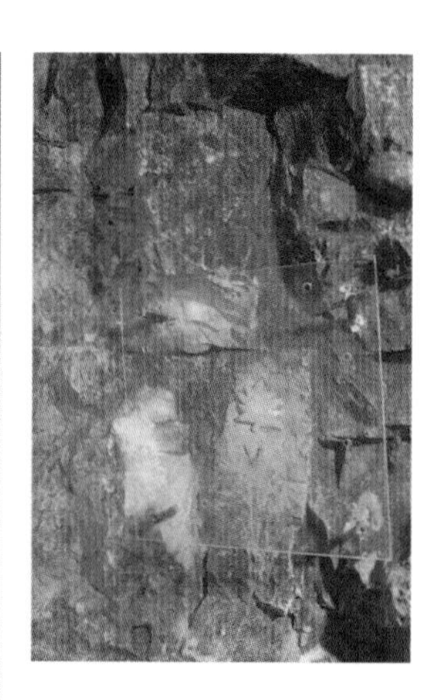

▲ 프랑스 비미 리지 전적지. 제1차 세계대전 중 비미 리지 터널의 조그만 창고 방의 백악질 층에 박힌 단풍잎 한 장. 지금은 유리로 덮어 보존하고 있다.

분명히, 건축물의 목소리나 생명이 건축물 어디에 있는지 정확히 알아내기는 어렵다. 그것은 순수하게 건축적인 공간 자체에서가 아니라 표지, 습기, 냄새, 한 공간의 잡동사니 안에 존재한다. 육체적인 성질을 전혀 지니고 있지 않다면 목소리는 꼭 원자 두께만 할 것이며, 대충 청소를 해도 지워질 수 있다. 때로 목소리를 지우는 것이 좀 어려울 때가 있는데, 머레이는 비미 리지가 그런 경우라고 느꼈

▶ 윌트셔의 라콕 수도원. 1835년에 촬영된 헨리 폭스 탤벗의 이 라콕 수도원 창문 음화는 세계에서 가장 오래된 사진 이미지 중 하나다.

다. 거기에 존재하는 기운이 어떤 것이든 그 공간은 지나치게 응축되어 있고, 밀실의 공포를 느끼게 하며, 고립되어 있다. 그래서 목소리는 쉽게 사라지지 않는 것이다. 머레이는 한 공간에 대해 각각의 개인이 사뭇 다르게 인식하고 반응하리라는 것을 받아들인다. 그러나 그러면서도 비미 리지의 땅굴 안에서 나는 소리가 거기에서 일어난 일에 대한 사전적인 지식 때문에 들리는 것은 아니라고 확신한다. 그는 그 소리가 그 공간의 조직들 속에 깊이 새겨져 있다고 믿고 있다. 머레이는 말한다. "누군가가 뭔가 [반대 되는] 과학적 증거를 들이댈 때까지 나는 이것에 대한 나 자신의 느낌을 기꺼이 따를 겁니다."

방공호

웨스턴 오스트레일리아 버셀턴

사스키아 루이스
Saskia Lewis

뿌연 먼지를 뒤집어쓴 도로가 앞으로 뻗어 나가다가 왼쪽으로 방향을 바꾸어 시야에서 사라진다. 나지막한 덤불이 오솔길을 드러내고, 언덕이 물결을 이루며 지평선에 자리 잡는다. 규모는 확장된다. 경관은 광대하고 평탄하며, 북쪽으로는 태양이 눈부시다. 한 무리의 새떼가 길을 가로질러 날아가고, 어디에서도 귀를 찢는 비행기의 고성은 들리지 않는다. 비행기가 하늘에서 대지를 향해 떨어져 도로를 낮게 가로질러 지표면으로 뛰어든다. 비행기는 짐과 하얀 먼지를 풀어놓더니 날쌔게 돌아서서 사라진다…….

▼ 방공호의 북쪽 면은 주 출입구와 햇빛이 안으로 들어오게 하되 안팎의 시선을 차단시키는 고창이 있다. 1941년에 지은 평지붕이 주저앉자 경사가 완만하고 얄팍한 석면 지붕을 임시 비바람막이로 올렸다.

지저분한 도로는 외따로 떨어져 있는 압도적으로 큰 돌과 방공호까지 이어진다. 1977년부터 1984년까지 부활절 일요일마다 헬렌 셔빙톤Helen Shervington 가족과 친구들은 여기서 전쟁놀이를 하곤 했다. 그들은 두 명의 장군을 지명했다. 어른들은 아이들이 밀가루 폭탄, 진흙 수류탄, 끈적끈

적한 탄환 등의 무기를 만들고 비축하는 동안 규칙 목록을 편집하고 그 중요성을 협의하며 며칠을 보내곤 했다. 각 팀에는 어른과 아이가 같은 수로 배분되도록 편성되었다. 한 팀이 '중요한 물체'를 덤불 속으로 가져가면, 다른 팀은 공격을 통해 그것을 되찾았다. 부활절에는 섭씨 25도 정도로 덥다. 각 군에는 보통 기병이 있었는데, 경우에 따라서는 마음대로 편을 바꾸어 밀가루를 쏟아 부으며 기습 선회하는 경비행기를 탄 친구가 합류하기도 했다. 아이들은 규칙을 지키기에 바빴던 반면, 어른들은 규칙을 깨뜨려 전쟁에서는 규칙이 없다는 도덕적 교훈을 남겼다.

전쟁은 낯선 영역이 아니었다. 이 방공호는 전쟁의 산물이었다. 1939년 오스트레일리아 정부는 헬렌의 아버지에게서 토지를 수용해 웨스턴 오스트레일리아Western Australia의 연방 비행기지로 개발할 예정이었다. 평평하고 확 트인 시골은 일련의 활주로와 임시 커뮤니티를 수용할 건물을 위한 완벽한 부지를 제공했다. 그 토지는 버셀턴Busselton 근처, 퍼스Perth의 남쪽, 바다로부터 2킬로미터, 가장 가까운 도로로부터 1.5킬로미터 떨어진 곳에 있었다. 이곳은 처음에는 이상적으로 보였으나 바다에 너무 가까워서 해안 가까이 정박한 군함이 기지를 조준해서 폭격할 수도 있다는 점이 부각되었다. 그래서 그곳은 작전 기지가 되는 대신 곧 제2차 세계대전 동안 전투 조종사 양성을 위한 훈련소가 되었다.

방공호는 1941년 기지의 행정 본부로 쓰기 위해 지어진 것이었다. 이 건물은 무기에 견딜 수 있도록, 작전의 서류 작업과 작전 행정의 하부 구조를 보호하기 위해 그 부지에 지어진 몇 채의 건물 가운데

▲ 주 출입구가 있는 면의 투시도. 주요 증축 부분은 2층에 거주 공간을 제공하면서 복원된 평지붕으로 접근할 수 있도록 해주는 관제탑이다. 이곳에서 주변 경관이 막힘없이 펼쳐지는 것을 보게 될 것이다.

▼ 1998년 헬렌 셔빙톤은 건물 북측 면에 테라스 하나를 짓고, 서측 입면에는 차고 하나를 추가했다. 그런데 이것은 예정된 재개발 기간 중에 모두 철거될 것이다.

하나였다. 나머지 건물의 대부분은 처음에는 빨리 지을 수 있고 나중에는 임무 해제와 함께 쉽게 해체해 옮길 수 있는 목재골조 미늘판벽 구조로 지어졌다. 지금은 건물이 있었다는 것을 알려주는 유일한 흔적으로 콘크리트 기초가 남아 있다. 많은 건물이 1950년대 도시 개발의 일부가 되어 버셀턴 동부로 옮겨졌다. 그리고 몇 채는 일반 가정주택이 되었고, 두 채는 콘크리트 기초 대신 나무 그루터기 위에 다시 세워져 지역 걸스카우트단의 숙소가 되었다. 많은 수의 건물이 오늘날에도 두 번째 부지에 있으며, 헬렌은 그 건물들을 그녀의 방목지에 있는 콘크리트로 그어진 빈터에 맞출 수 있다. 사실 이 건물들은 방치

되었으며, 잠깐 쓰이다가 그 뒤 10년 넘게 사용되지 않았다. 방공호는 꿈쩍 않고 우뚝 선 큰 돌처럼 압도적인 모습으로, 지어졌던 당시 그대로 서 있었다. 흥미로운 찌꺼기 유물, 기형의 구조물, 미래의 어느 순간에 대한 기억은 믿을 수 없고 위협적으로 생각되었다. 이처럼 외딴 장소에서조차 말이다. 이것은 이러한 종류의 건물로는 그 현장에서 유일한 것이다.

1956년 헬렌의 아버지가 정부에서 그 땅을 되샀다. 그리고는 162헥타아르를 합해서 상업적 축산 부지로 부활시켰다. 방공호의 서쪽 끝은 연료, 연장, 건초 등을 파는 상점으로 바뀌었고 나머지는 빈 채로 있었다. 건물은 대충 24미터에 14미터의 상자로 된 철근콘크리트 덩어리다. 360밀리미터 두께의 외벽은 현장에서 타설되었으며, 나중에 철근콘크리트 지붕과 합체되었다. 보 사이에 있는 창문은 실내로 빛을 침투시키면서 보 바로 밑에 자리 잡고 있지만 창의 문턱이 바닥 마감선으로부터 2.5미터 위에 있기 때문에 바깥의 전망은 볼 수가 없다. 내부 공간은 사무실, 상점, 회의실 등 중앙 복도 양편에 각 열 개의 방으로 구획되었다. 내부로 향하는 개구부는 두 개밖에 없는데, 하나는 주 출입구로 쓰였던 북면 중앙에 있고, 다른 하나는 서면 중앙에 있다. 어림짐작해볼 수 있게 안이 들여다보이지 않아서, 초행의 방문객에게는 건물 안으로 들어가는 길이 쉽게 보이지 않았다. 강화유리는 반달vandal(공공 기물이나 예술품 파괴자)들이 그 부지를 사격 연습장으로 쓰기 시작하면서 박살나버렸다. 천장이 편편한 지붕에서 떨어져 내리기 시작했기 때문에 임시방편으로 완만한 경사의 석면 보조 지붕을 구조체에 덧씌웠다. 거주자 없이 계속 시간이 지남에 따라 건물

▲ 고창은 해가 들기는 하지만 밖으로 향하는 시선은 허용하지 않는다. 내부는 완벽하게 독립되어 있다.

이 노후화되기 시작했다. 폭탄이 떨어진 것도 아니고 건물이 구조적으로 직접 도전을 받는 일도 없었다. 하지만 건물은 천천히 해체되면서 사라질 운명에 처해있는 것처럼 보였다.

1976년 헬렌의 가족이 휴일에 그곳을 방문해 커다란 내부 공간에서 야영을 시작하면서 건물 내부의 재창조 작업이 시작되었다. 울타리는 토지 외곽에 쳐놓은 것밖에 없었기 때문에 말 몇 마리와 소떼 등 동물들이 가끔 문으로 들어와 어슬렁거리거나 밖에 세워둔 차를 핥곤 했다. 건물을 살 만한 곳으로 만들기 위해 최소한으로 부엌과 욕실 설치에 필요한 DIY 수준의 배관 작업이 이루어졌다. 많은 사람들이 이 시기에 찾아와 이 흥미로운 건물과 그 건물이 자리 잡고 있는 확 트인 황야를 진심으로 좋아해주었다. 그곳은 많은 사람들이 모이는 장소이자 휴식처가 되었다. 하지만 1985년 방화범이 불을 지르는 바람에 거주 공간이 불탔고, 내부는 연기로 검게 그을렸다. 이후 수리가 되기는 했지만 건물은 여전히 침침해 보였다. 그 불로 공사는 중단되었고, 이 건물은 다시 10년을 잠자게 되었다. 그러나 정체성을 변화시킬 씨앗이 뿌려졌다.

헬렌은 1996년 이후부터 여기에서 살고 있다. 그녀는 자신이 사용하는 방을 고치는 것으로 작업을 시작했다. 지휘관실이었던 자리는 부엌이 차지했으며, 옛 상점 하나는 그녀의 침실이 되었다. 그녀는 일단 필요한 대로 방에 페인트를 칠했다. 화재로 손상된 기존의 마호가니 고무나무 바닥이 콘크리트로 대치됨으로써 분위기는 전체적으로 어두워졌다. 북면은 주 출입구로서의 위상을 회복했고, 한때 화장실 구획이었던 옛터의 기초를 이용해 북면을 따라 테라스를 만들었다. 건물의 서쪽 끝은 게스트 구역이 되었는데, 이곳은 출입구가 따로 있는 자족적인 주호로 확실하게 기능할 수 있게 되었다.

1990년대 후반 이후, 외부로 시야가 트인 곳은 서쪽과 북쪽의 원래 문에 난 나뭇잎 한 장 크기 정도의 개구부가 유일했다. 이것이 막 바뀌려 하고 있다. 남쪽으로 향한 전망을 내부로 끌어들이고 북쪽에서 햇빛을 받아들이기 위해 건물을 약간 개방하고, 건물의 외피 중 주요부를 관통해 잘라내기 위한 준비가 이루어지고 있다. 기존 창은 평면상에서의 본래 위치를 유지하겠지만, 북쪽에 있는 것은 바닥 높이까지 잘라내서 출입이 가능하게 하고, 다른 창은 앉았을 때 밖이 보일 정도까지 넓힐 것이다. 임시적인 경사 지붕과 1990년대 후반에 지어진 데크deck와 차고를 제거하면 건물은 허물을 벗고 제 모습을 찾

▲ 방공호 동쪽으로 12헥타아르의 땅에 올리브나무를 심었다. 그녀는 2천 그루의 나무에서 얻은 열매로 올리브유를 만들고 있으며, 그것을 팔기 위해 집 동쪽에 상점을 지을 계획이다.

게 될 것이다. 내부 벽은 북쪽에서 남쪽까지 건물 폭 전체를 활용하는 좀 더 큰 공간을 만들기 위해 철거될 것이다. 이렇게 해서 거주, 요리, 식사 등을 위한 공동 공간이 확보될 것이다. 이러한 공간의 심장부에 있는 화재를 기억하는 L자 모양의 콘크리트 바닥은 그 얼룩진 역사를 기리기 위해 바닥을 갈아 광택을 낼 것이다. 설계를 들여다보고 있던 데인 리처드슨Dane Richardson은, 이 시점에서 건물 안에 더해지거나 변경된 어떤 것도 기존 구조물의 조직과 대비하여 분명히 읽혀질 수 있는 것이라고 강조한다. 제거된 내력벽 자리에는 이 새로운 단계의 개발로 이전의 것과 분명히 구분되는 철제 기둥과 보가 들어서게 될 것이다. 이 설계의 목적은 순결하고 순박한 내부를 만들어내는 것이 아니라, 기존 환경에 일련의 모더니스트의 개입을 집어넣는 것이다. 모더니스트의 개입은 이 공간 안에 새로운 삶의 방식을 분명히 드러낸다. 원래의 건물은 건물을 계속 사용하는 와중의 변화하는 이야기를 계속해서 들려줄 것이다.

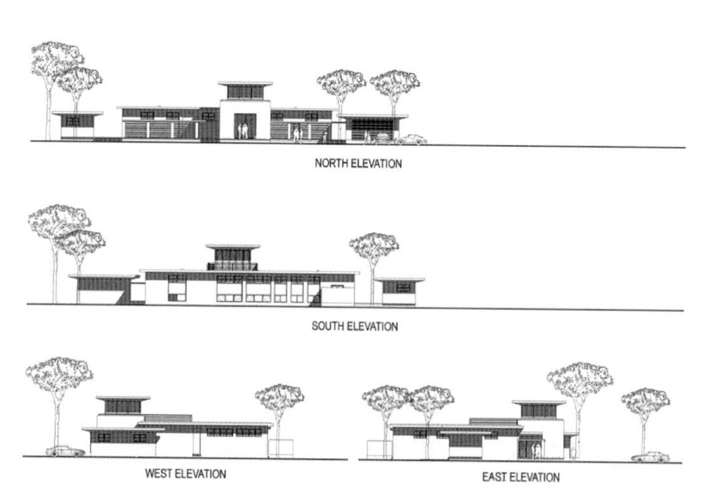

▶ 방공호 입면 계획. 전망과 출입을 확보하기 위해 창문을 내려 달았다.

▲ 한 공간을 다른 공간으로부터 가리기 위해 문 대신 사용된 커튼과 함께 방 사이에 간단한 개구부가 뚫렸다.

▼ 제2차 세계대전 중 넓게 펼쳐진 평평한 경관의 토지는 조종사를 훈련시키는 영연방 공군 기지로 이상적이었다. 여기에서 1941년의 방공호 건축이 비롯되었던 것이다.

주요하게 증축되는 것은 건물 북면에 있는 '관제탑'이다. 관제탑은 내부로 들어가는 주 입구를 더 명확하게 가리키며, 2층 높이의 거주 공간을 제공할 것이다. 그리고 복원된 평지붕과 360° 방해받지 않는 하늘, 지금은 동쪽에 12헥타아르의 땅을 차지하고 있는 2천 그루의 올리브나무가 있는 전망을 제공할 것이다. 헬렌은 관제탑이 그녀의 지배적인 성향에 제격이라면서 웃는다. 헬렌은 시야에 들어오는 모든 것에서 눈을 떼지 않아도 되는 것을 즐긴다. 이 건물은 주택으로 개조될 때 과거를 지키는 이미지, 즉 원래는 없었으나 있었음직한 것을 뻔뻔하게 날조하고 있다는 인상을 주게 될 것이다. 동쪽에의 더 작은 구획에는 세탁장이 들어설 것이고, 차고는 주풍으로부터 전면을 보호하도록 건물의 북서쪽에 들어설 예정이다. 지난 수년 동안 0.8헥타아르의 싱싱한 초록 잔디 카펫이 해자처럼 방공호를 둘러싸며 자랐다. 여름 동안 주변의 방목장은 하얗게 바랬는데, 이는 부분적으로는

▲ 내부 공간은 중앙 복도를 중심으로 북쪽을 향한 방과 남쪽을 향한 방으로 나뉘어 있다. 이 복도는 건물의 전체 너비를 합쳐 쓰기 위해 재개발 과정에서 일부가 제거될 것이다.

화재 방지를 위한 전략일 뿐 아니라 새로운 가정적 분위기를 보강해준다.

버셀턴의 성장은 가속을 받고 있다. 10년 전에는 거주자가 약 1만 명이었는데 지금은 3만 명이 되었다. 이 구조물이 자리 잡고 있는 땅은 이 지역의 일부다. 이 지역은 새로운 주거지로 적합한 것으로 확인되고 승인된 바 있다. 주변 지역이 서서히 발전할지도 모른다는 징후에도, 헬렌은 가늠해볼 수 있는 미래를 위해 그녀의 집 주위에 몇 헥타아르의 농지를 갖고 있기로 했다. 그녀는 방공호가 일단 주택으로 전환되면 당장 그 위상을 변경할 의사는 없다. 하지만 방공호는 결국 도시의 성장에 포함되어 반세기 전에 이주했던 원래 이웃들과 재결합하게 될지도 모른다. 그것은 언젠가 넓은 정원과 복잡한 이야기를 간직한 흥미로운 타운 하우스가 될 것이다.

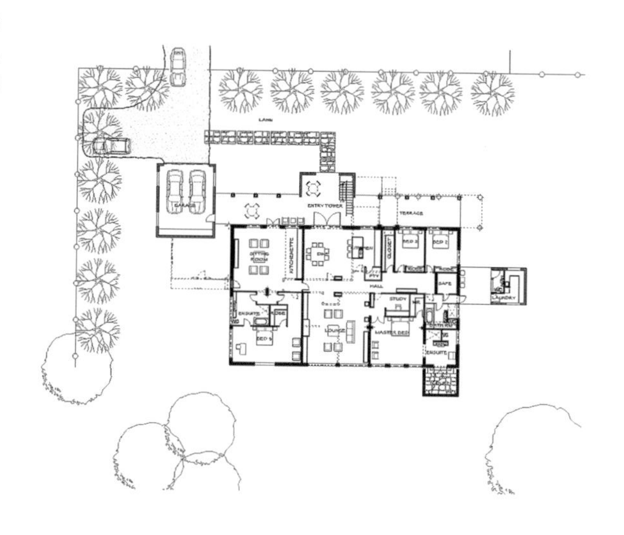

▶ 제안된 도면. 내부 벽은 공간을 좀 더 열린 곳으로 만들기 위해, 그리고 남쪽 전망과 북쪽 전망을 통합하기 위해 제거될 것이다. 여름 몇 달 동안 햇볕이 건물 안으로 들어오는 것을 막기 위해 발코니가 지붕과 함께 북쪽 전면에 설치될 것이다.

영빅 극장

런던 사우스워크

데이비드 리틀필드
David Littlefield

- 1970년 빅토리아 시대의 정육점을 통합하여 빌 하웰에 의해 임시 건축물로 설계되었다.
- 2006년 하워스 톰킨스 건축사무소에 의해 재건축되었다.

▲ '영, 선물이 되어 돌아오다.' 극장은 재건축을 위해 2년 동안 문을 닫았다가 2006년 10월 일반에게 다시 문을 열었다.

영빅The Young Vic은 대가 없는 헌신과 저예산 그리고 고객의 충성 위에 설립된 그만그만한 예술 단체이다. 길 아래에 있는 조금 더 자리 잡힌 올드빅Old Vic 극장의 분소로 1960년대에 계획되어 1970년에 설립된 영빅은, 만만한 장소이며 계층을 가리지 않으며 다가서기 쉽고 값이 싸다는 인상을 주었다. 빅토리아 시대의 한 연립주택 지하 너머의 폭격지 위에 있던 한 정육점의 유적을 통합해서 지은 이 건물은 수명이 짧게 설계된 저렴한 구조물이다. 그러나 이 임시 구조물은 사촌뻘 되는 더 잘 지어진 건물을 향해 엄지손가락을 코에 대고 놀리는 듯 놓여 있다. 영빅은 30년이 지나 의도한 수명을 훨씬 넘겨 살아남았다. 그곳은 비가 후두두 떨어지는 소리가 청중들에게 전해질 만큼 지붕이 얇은 임시변통의 장소였다. 겨울에는 추웠고, 공연 중에는 극장 앞을 지나는 비상 차량의 사이렌 소리가 분명하게 들렸다. 영빅은 도피의 극장이 아니라 현실의 극장으로 설계되었다.

그 현실의 요소는 제2차 세계대전 공습 때 지하에 은신하고 있던

1962년에 계획된 영빅은 별로 대단하지 않고 반우상적이며 계층을 가리지 않고 심지어 기성 주류에 대한 하나의 도전이라 할 장소로 설계되었다.

54명이 죽었다는 사실이다. 폭탄이 터지면서 연립주택이 그들의 위를 덮쳤던 것이다. 이 사실은 정육점을 극장으로 가는 입구로 보존한 설계적 전술을 부분적으로 설명해준다. 이 설계적 전술은 구조상의 선행 효과이자 1차로 부지를 정리했던 행사에서 눈길을 끄는 상징인 동시에 경제적 수단이기도 했다. 이 건물에 들어서면 부지불식간 유적에 들어선 것이 된다. 그러므로 영빅은 구조상 선행 이상의 효과를 지닌다. 이 공간은 기억을 싣고 왔으며, 이야기는 거의 다 만들어졌다.

건축가 스티브 톰킨스Steve Tompkins는 이 건물이 건축의 본질적 내용은 결여되어 있지만 동시에 인간적인 면이 많다고 말한다. 그렇기는 하나 이미 힘을 지닌 한 장소로서의 중첩을 이 건물은 껄끄러워 한다. 이 건물은 충분히 중층적이어서 새로운 메시지를 추가한다거나 상징적 또는 건축적 게임을 하는 어떤 시도도 불편하다고 느낄 것이다. 톰킨스는 말한다. “우리가 거기에 당도해보니 그 건물은 이미 몇 번이나 거듭해서 쓰인 양피지가 되어 있었습니다. 여기에는 지적인 측면에 관해서는 중요한 건축 작품으로 다뤄 달라고 요구할 만한 게 아무것도 존재하지 않았습니다. 그리고 우리는 가능한 한 건축물을 보존해야 한다고 생각하는 실무진이 아니었습니다. 그러나 슬픔과 직무 유기의 감정은 있었죠. 그 폭격의 강력한 문화적 기억은 존재합니다. 나는 우리가 그 모든 슬픔을 강제로 거두어 뭔가 긍정적이고 즐거운 것으로 바꾸려는 시도를 해왔다고 생각합니다. 영빅은 재출현의 장소, 문화 생존의 장소입니다. 우리가 할 일은 과거의 삶을 통합할 수 있는 설득력 있는 새 건물로 만드는 것입니다.”

톰킨스는 강하고 극적인 인간사가 그것이 일어난 장소의 조직 안에 그 자체의 초감각적 흔적을 어떻게든 남겨놓을 수 있다고 믿는 피터 머레이의 견해(89쪽 참조)에 상당히 공감하고 있다. 미술가 안토니 말리노프스키Antoni Malinowski의 말을 인용하자면 그것은 '쓸모 있는 낙서 the graffiti of use' 이상의 것이다. 대신 그것은 그 자체로 알려진 사실, 기록된 역사와는 상당히 독립적으로 사람들 마음에 각인되는 미묘한 공명이다. 그것은 당신이 부엌에 있다는 것을 깨닫기 전에 있지도 않은 음식 냄새를 맡는 것과 같다. 이는 존재해온 것의 흔적에 대한 하나의 각성인 것이다. 톰킨스는 말한다. "나는 피터 머레이의 말이 뜻하는 바를 안답니다. 그것은 상식을 뛰어넘는 어떤 것이죠. 이것은 부지 전체를 철거하지 않기로 한 결정의 배후에 있는 것입니다. 그 건물의 목소리는 아주 강했습니다."

하워스 톰킨스Haworth Tompkins 건축사무소는 이 건물을 건축하는 데 있어 '천천히 굽는' 방식으로 접근한다. 설계진은 기존 건물과 씨름을 하기 전에 거의 주변 시야만으로 그것을 살펴보고 거기에 흠뻑 젖어드는 완전 몰입으로 기존 건물들과 교전을 벌인다. 이 건축사무소는 특별한 건축 스타일을 갖고 있지 않다. 이 사무소의 건축 작품들은 동일한 사고방식의 산물이 아닌 것이 분명하다. 건축사무소는 이 공간은 무엇이냐로부터 최대의 가치를 뽑아낸다는 의미에서 뭔가 장소의 혼을 보전하려고 한다. 그 공간 고유의 분위기 만큼은 아니더라도 말이다. 1999년의 로열 코트Royal Court 극장 리모델링 작업에서와 마찬가지로 영빅에서는 여전히 건물의 이전 모습을 찾아볼 수 있다. 변형은 되었지만 없애지는 않았다. 다시 만들어진 극장은 여전히 원래 극장의 산업적인 대용품 분위기를 풍긴다. 거기에는 원래 계획의 핵심을

▶ 애정의 낙서. 2004년 극장을 비우기 전 영빅 종사자들은 내부를 새뮤얼 B, 나오미, 로저, 알렉스, 에스터 등의 주요한 이름들로 뒤덮었다.

영빅 극장은 1970년 9월 11일 좀 더 젊은 디자이너, 배우, 작가, 기사들을 위한 하나의 실험 극장으로 문을 열었다. 6만 파운드를 들여 비예약제, 염가의 실속 있는 극장으로 건축되었는데, '새 세대를 위한 새로운 종류의, 고답적이지 않으면서 계층을 가리지 않고, 열린 서커스 같은 염가의 극장'을 만들기를 바랐던 프랭크 던롭Frank Dunlop이 이끌었다. 이 새로운 장소는 심지어 '보급판' 극장으로 언급되기도 하였다.

극장은 제2차 세계대전 도중 공습으로 파괴되면서 54명의 목숨을 앗아간 건물터에 건축되었다. 당시 건물은 5년만 유지하는 것으로 설계되었다. 2000년, 새 예술감독 데이비드 랜David Lan의 지휘하에 있던 극장은 초라한 상태였고, 그 장소를 재건하기 위한 자금 조달 노력이 시작되었다. 영빅 극장은 2004년부터 2년 동안 부지를 비웠다. 극단은 2006년 10월에 다시 돌아올 때까지 영국 전역과 외국을 돌아다니며 공동 제작한 연극을 공연했다.

하워스 톰킨스 건축사무소에서 맡게 된 700만 파운드의 건물 재창조 작업은, 극장 감독이 자유롭게 작업할 수 있는 건축적 모호성을 유지하면서 새로운 시설을 제공하고자 했다. 제2차 세계대전의 폭격에서 유일하게 살아남은 정육점은 극장 입구로 남게 된 반면, 강당은 상당 부분 손을 보았다. 그리고 두 개의 연습 공간과 사무실, 확장된 현관과 카페를 포함해 상당한 시설이 새로 추가되었다. 전체적인 개발은 명확한 요소들에 의해 연결된 하나의 집합체로 계획되었다. 전체는 절개 벽돌과 금속 망을 씌운 시멘트 패널 등을 포함한 다른 재료들을 이용해 접합되었다. 시멘트 패널에는 화가 클렘 크로스비Clem Crosby가 손으로 그림을 그려 넣었다.

▶ 극장(그림 중앙의 진한 부분)은 한때 테라스 주택이 늘어서 있던 곳을 차지하고 있다.

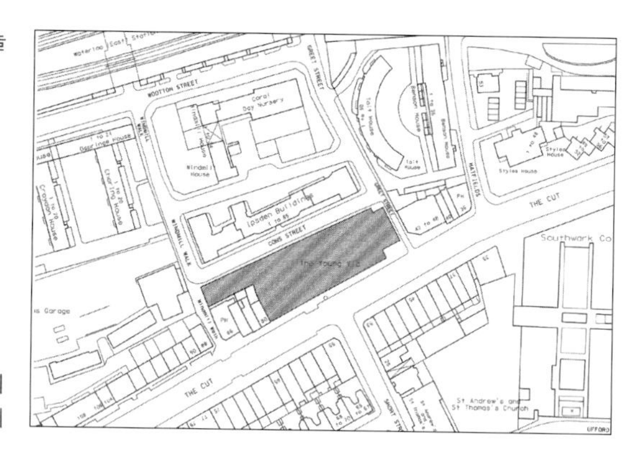

▼ 주 강당과 현관, 왼쪽의 새로운 리허설 스튜디오로 이어지는 영빅 극장의 장축 단면. 옛 정육점은 도면 중앙에 보인다.

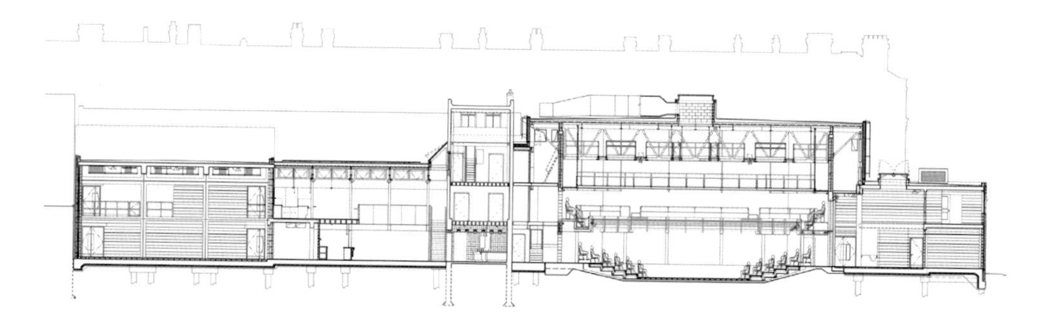

▼ 재건축된 극장의 평면. 도면 아래의 중앙에 입구가 보인다. 역시 옛 정육점을 통과하게 되어 있다.

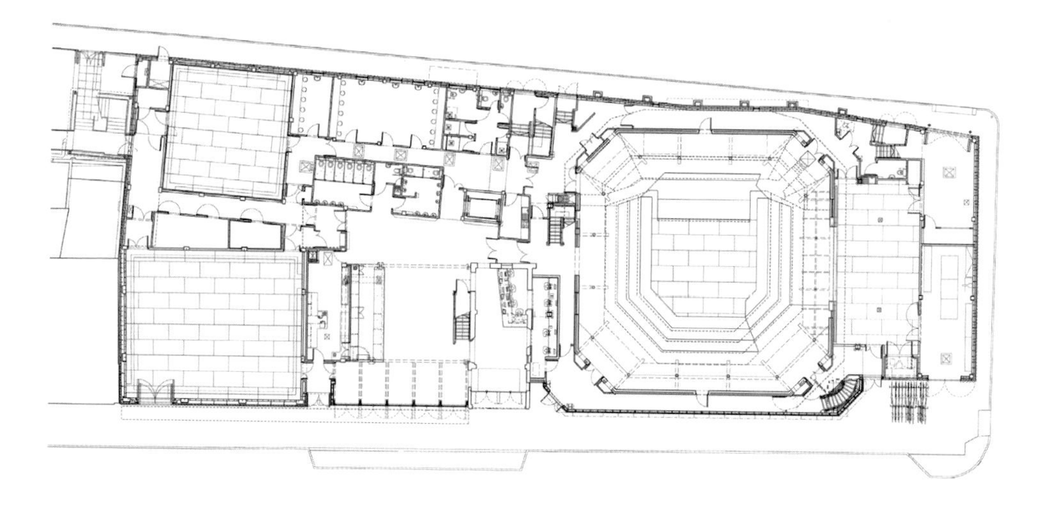

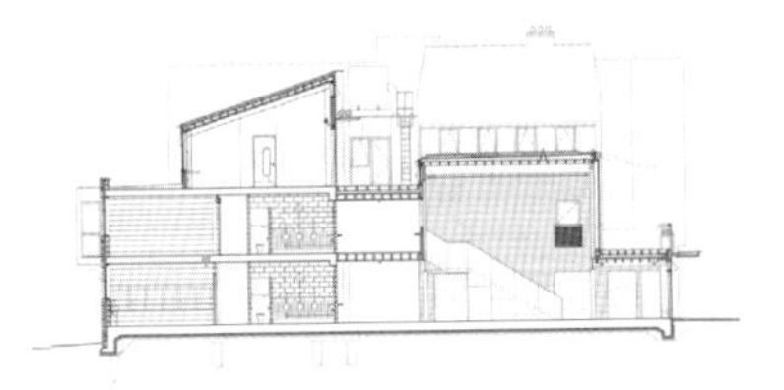

▲ 재건축 건물의 현관 부분 횡단면

▼ 극장 주 공간 부분의 횡단면. 왼쪽으로는 1970년의 원래 구조체가, 오른쪽으로는 새로운 하워스 톰킨스 건물이 보인다.

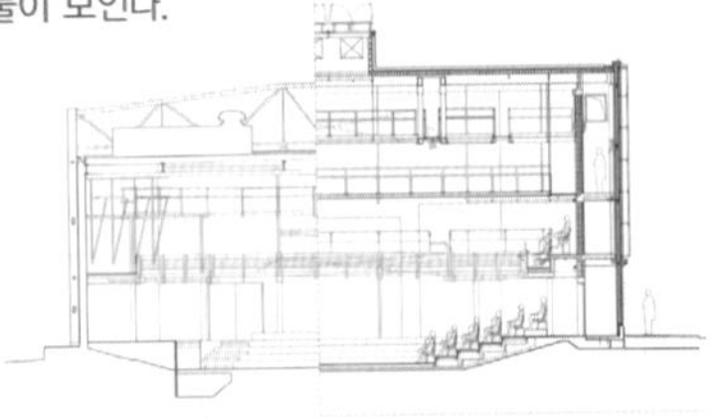

▲ 2004년 폐관 직전 극장의 주 공간

▼ 재개발에 앞서 사진작가 콜링우드는 노출 시간을 길게 준 사진에 건물에 대한 기록을 담았다. 그의 사진은 흔히 높은 명암 대비를 이용하여 어떤 영적인 것을 좇는다. 마치 의류 백화점의 마네킹 이미지처럼 말이다.

붙잡으려고 노력한 비정형성과 광택의 부족이 있다. 한 건축가가 균형 있는 행동을 보여주려고 한다면, 건물에 대해 사람들이 느끼는 방식을 모방하거나 과잉 관리over-managing 없이 건물의 연대기적이고 물리적이며 문화적인 사건에 접근해야 할 것이다(톰킨스는 그것을 '재료를 캐내는 것'이라고 말한다). 건물과 협회 양쪽 모두에서 이룬 영빅의 성공은 적은 비용과 노력으로 살찌울 수 있는 감성적 깊이를 나타내는 것이다. 이 극장의 목소리를 보존시키는 비결은 아마도 장소의 성격을 이해하고, 그 장소가 억양을 바꾸지 않고 말을 계속하게 하는 것, 그러나 목소리를 녹음이나 반향으로 석화시키지 않는 것이다.

톰킨스는 말한다. "어떤 점에서 당신은 웅변 선생입니다. 건물의 목소리는 과거에 고정되어 있는 것이 아니라 현재에 있습니다. 하지만 틀린 음을 친다면 건물이 침묵할 수도 있습니다. 이를테면 정육점 입구는 의미를 획득했다고 생각합니다. 이 기호론은 잘 정립되었으며, 우리는 새건축 작품이 이 일을 조금이라도 더 잘했을 거라는 근거를 도무지 댈 수 없습니다. 실은, 정반대입니다. 여기에서의 쟁점은 정직입니다. 만약 당신이 감정가와 함께 문화적 엘리트의 영역인 잘 알려진 잘난 건축물을 만들고 있다면, 당신은 큰 문제에 봉착해 있습니다. 건축가에게는 접근할 수 있는 작품을 만들 의무가 있는 것입니다."

이러한 관점에서, 거의 완전히 무너졌다가 재조립된 건물에 톰킨스는 흥미로운 제한을 가했다. 이미 존재해온 표면은 깔끔해지지 않았다. 그리고 오래된 것과 새것 사이의 경계도 분명하지 않았다. 뿐만 아니라 약간 거칠기까지 했다. 벽의 설치는 없어진 칸막이의 존재를 기록한다. 그리고 건물의 사용과 작동을 위한 철제 보, 볼트, 전기 도

▲ 2006년 10월 개장 직후의 극장. 재건축된 건물에는 극장의 출입구로 쓰이는 옛 정육점의 타일을 포함해서 지난날 건물의 삶으로부터 온 요소들이 한데 짜여져 포함돼 있다.

관 등의 부착물은 노출되어 있다. 결국 이곳은 극장이며, 이곳에서 벌어지게 되는 가짜 사건은 무대로 국한된다. 시공자는 어떤 일에 대해서는 그것이 완벽하지 않은 시점에서 작업을 중단하고 그 일을 건축가의 감리하에서 마무리하도록 영빅의 생산 팀에 인계하라고 권장했다. 이렇게 해서 극장의 공사는 '조속히 마무리되지'는 않았고, 세부는 더 단순해지고 더 직설적이며 얼마간은 더 설득력을 지니게 되었다. 짜깁기 작업은 의도적으로 감상적이지 않은 방식으로 이루어졌다. 톰킨스는 "영빅의 많은 디테일은 시공자의 디테일입니다."라고 말하는데, 이런 입장을 취하려면 '확신을 유지'해야 사람들에게 인정받을 수 있을 것이다. 그는 "당신이 일정량의 디테일을 우연에 내맡길 수 있다면 흥미로운 일이 일어나기 시작할 것입니다."라고 말한다.

다시 만들어진 극장에는 이전 것만큼 가능성이 있다는 희망, 그것이 과거 40년 동안의 방식대로 점유되어 활용될 수 있으리라는 희망이 있다. 2004년 극장의 재건축을 위해 길을 터주고 나가면서 영빅의 종사자들은 건물에 새뮤얼 B, 나오미, 로저, 스텔라, 알렉스, 에스터 등 주요한 이름들을 적어 넣었다. 이 서투른 그림 가운데서 아주 드물게 시적인 것이 있다. 시는 무대의 막 안에 놓였으며, 이것은 일종의 애정이었다.

▼ 새 영빅 극장은 그전 것보다 거리에서 볼 때 더 존재감이 커졌다. 하지만 입구는 재미라곤 거의 없이 변명하듯 남아있다.

사진가 존 콜링우드John Collingwood는 개축 공사가 시작되기 전의 극

장을 촬영했는데, 그는 사진의 공간 속에서 그곳에 있는 사람들의 증거, 즉 흔적을 찾아내었다. 그의 목적은 그런 공간을 기록하는 것이 아니라 마음의 연장으로서 공간의 역할을 기록하는 것이다. 진부하기는 하지만, 낙서라는 이 작은 행위가 그 장소의 진정한 일부가 되었다. 콜링우드는 말한다. "건물은 뭔가 다른 것이 됩니다. 건물을 통과해 지나가는 사람들의 흔적이 건물을 끊임없이 바꿔나갑니다." 그의 언급은 흥미롭다. 건물을 바꾸는 것은 사람이 아니라 그들의 흔적이다. 이것이 아마도 영빅의 요점일 것이다. 영빅 극장의 흔적은 기억과 그 이상의 것을 위한 도관이자 촉매가 된다. 이 대단하지 않으며 비제도적인 공간이 사람들로 하여금 그들의 눈앞에 있는 것 너머를 가만히 바라보게 만든다.

◀ 새 극장의 공간은 1970년의 원래 건물에 공명하도록 설계되었다. 공간의 형태, 좌석 배치, 벽의 재료, 공간에 대한 스튜디오의 품질 등은 이 공간이 전에 무엇이었느냐에 대한 기억을 구현하고 있다.

형태와 사건

• 기존 구조물과의 작업 •

사이먼 헨리Simon Henley는 런던 소재의 부쇼 헨리Buschow Henley 건축사무소의 소장이다. 부쇼 헨리 건축사무소는 공간에 대해 예민하고 사려 깊게 반응하는 탁월한 기법들을 개발해왔다. 이 글에서 헨리는 현대 건축이 어떻게 오래된 것으로부터 성장할 수 있는가를 탐구한다. 이러한 건축들은 모조품으로서가 아니라 보다 모호하고 복잡한 방식으로 만들어진 것이다.

1928년 알로이스 리글Alois Riegl은 『현대의 기념물 숭배: 그 성격과 기원*The Modern Cult of Monuments: its Character and its Origin*』이라는 에세이를 썼는데, 여기에서 그는 비의도적인 기념 건축물과 의도적인 건축물을 정의했다.

그는 의도적 건축물을 특별히 한 사람이나 사건을 기념하기 위해 건설된 건축물로 기술했고, 비의도적인 건축물은 시간과 함께 '수명가치agevalue'를 획득하거나 과거 사건들과의 연관된 '역사적 가치'를 얻는 건축물로 기술했다.

적합하게 다시 사용하기 위해 기존 건물을 보존하는 건축 작업을 하는 데 있어 우리는 사실상 비의도적으로 다양성을 가진 건축물들을 다루는 것에서 영향을 받는다. 오래된 건축물은 수명가치를 드러내며, 이런 건물은 그들만의 목소리를 지니고 있다. 더욱이 보존과 재사용은 그러한 목소리를 강화시킬 수 있다. 보존 행위는 수명가치와 역사적 가치에 대한 관심을 함축하고 있다. 뿐만 아니라 우리의 작업은 기존 구조물의 조직과 형태에 잠복해 있을지도 모르는 유사물(다른 무언가를 닮은 어떤 것)을 고안함으로써 의도되지 않은 것을 의도된 것으로 번역하는 것이라고 볼 수 있다. 그 유사물은 중첩된다. 그러나 체계 스스로 상황이나 표현을 부여하고, 결과로 나타나는 어떠한 집합적 이해로서의 건물은 제외된다. 이 에세이에 기술된 각 프로젝트는 공간적 구조와 관련해 프로젝트에서 창출하려는 물질적인 측면의 분위기 때문에 형태학적으로 읽힐지도 모른다.

리글은 이미 쓸모없어진 건물이나 기념비적인 건축물은 그 수명가치 하나만으로도 보존될 수 있다고 말한다. 그러나 그는, 시간이 흘러 보이는 흔적을 필요로 하는 수명가치와 건물의 완성도와 강건함을 필요로 하는 사용가치 간에 충돌이 생기기 때문에 사용가치를 논해야 하는 상황에서는 더 복잡해진다는 것을 알고 있다.

셰퍼디스 워크Sherpherdess walk 10번지에서 22번지, 그리고 뉴먼 스트리트Newman Street 20번지에서 22번지는 첫 만남부터 육중한 석조 전면이 구식이라는 것을 분명히 보여주고 있었다. 또한 조직도 풍화의 조짐을 확실히 드러내고 있었다. 1860년대에 E. W. 퓨진Pugin이 설계한 혹스턴Hoxton 소재의 세인트 모니카 기숙학교St. Monica's Board School도 이와 비슷하다. 세인트모니카 기숙학교의 경우, 건물과 건축가의 아버지

▶ 공장에 대한 부쇼 헨리의 개입이 있기 전 셰퍼디스 워크 10번지에서 22번지의 중앙 안뜰 전경

A.W.N. 퓨진 그리고 아우구스티누스 수도회 수사들을 위한 건물들의 군집과 그 안에 있는 학교의 관계는 건물의 '역사적 가치'가 2등급에 묶여 있다는 것을 의미한다.

그러나 기념물에 대한 개념은 새로운 구조들이 제공될 때마다 더 문제가 커진다. 런던 쇼어디치Shoreditch 소재 콘크리트 골조의 벽돌 판벽으로 된 1960대의 버크랜드 코트Buckland Court 주택단지와 요크셔에 있는 굴Goole 상장 시장의 1980년대 철제 문틀 구조로 된 증축부 같은 새로운 구조물이 그렇다. 이 구조물들은 우아하게 나이 들지 못했다. 그것들은 수명가치와 역사적 가치로 대접받기에 충분할 만큼 나이가 들지도 않았고, 대중이 즐기기에 충분할 만큼 새롭지도 않다.[1] 리글의 설명대로 건축물의 새로움은 그것이 얼마나 유용한가라는 것, 즉 '사용가치'를 암시한다.

이 건물 다섯 채는 모두 재건축을 맡길 만큼 사용가치가 있다. 빅토리아와 에드워드 시대의 내력 석조 구조물은 연령과 용도 모두 균형을 이루고 있었던 것이다. 좀 더 최근의 두 사례는 용도가 연령을 압도한다. 통상 건축가들은 내력 석조 건물과 이를 보완하는 역사적 요소를 눈에 띄는 현대의 증축 부분과 함께 보존한다. 이와 대조적으로, 새 구조물의 경우는 철거하거나 덧씌우거나 구조체만 남기고 헐어내 외관을 다시 씌운다. 마치 선물 꾸러미를 다시 포장하는 것처럼 말이다. 그 내재적인 언어에 공감을 나타내는 디자이너는 드물지만, 조직의 많은 부분이 바뀌지 않고 유지되어야 한다면 디자이너는 우리의 눈길을 원 구조체로부터 떼어 놓기 위해 임의적이면서 유창하고 유쾌한 접근을 선호한다.

공장, 런던 셰퍼디스 워크 10번지에서 22번지

부지가 1만 제곱미터인 이 공장은 이스트 런던 쇼어디치의 대포처럼 생긴 도로에 있다. 이 큼지막한 건물은 중앙에 안뜰이 있는 기울어진 장방형 모양이다. 건물은 서쪽이 6층, 동쪽이 5층으로 되어 있다. 서쪽 구역의 건물은 각각 입구와 계단을 갖춘 공동주택 네 채를

1 알로이스 리글. "대중은 새로운 것에 언제나 흥분했고, 자연의 파괴적 결과보다는 창조적 힘을 행사하는 인간의 손을 보기 원했다." Oppositions 25 (4), tr. K.W.Forster and D. Ghirardo, 1982, pp.21~51

▲ 신생의 가치를 보여주는 새 파빌리온이 공장을 위한 더 오래된 건물(수명가치)의 옥상에 자리 잡고 있다.

▶ 조감 사진. 공장은 계곡 같은 도로 내부에 있다.

만들기 위해 내력 간벽으로 순서대로 구분되었다. 동쪽 건물은 비슷한 공동주택 다섯 채로 나뉘었다. 동시에 하나, 둘 그리고 아홉 동의 다른 건물이 지하 주차장과 1층 업무 공간을 갖춘 50채의 로프트 아파트loft apartment를 수용할 수 있게 개조되었다.

이 프로젝트는 지붕의 경관이라는 측면에서 흥미로운 작업이다. 시의 계획 당국이 기존의 천창을 철거하는 쪽이어서 우리는 지붕 위에 일련의 단독 정자를 만드는 것이 가능한지에 대해 검토하기 시작했다. 처음에 우리는 단일 경사 지붕의 방갈로, 말뚝 울타리, 잔디, 주방 정원 등으로 된 풍자적인 모습을 그려보았다. 이러한 구조물들은 각기 단독 또는 반 단독의 정자를 갖춘 열세 개의 정원으로 진화했다. 로프트 아파트, 가장 도시적인 이 거주지는 지붕 위에 교외의 정원이 도입됨으로써 탈바꿈되었다. 새 정자는 재배를 위한 독자적 정원을 갖춘 단독주택처럼 다루어졌다. 이것이 바로 아래에 있는 도시적인 거리와 대조를 이루는 요소다. 시인 존 베처먼John Betjeman은 "영국의 풍경에서 윤곽선은 가장 중요한 부분이다."라고 말한 바 있다. 그러나 승강기실과 온실 주택들이 점점이 박힌 평평한 옥상, 옥상에서 건조실과 관리인 플랫 등의 특징이 드러나는 건물들이 셰퍼디스 워크 10번지에서 22번지를 에워싸고 있었다. 정자는 혁신적이면서 색다른 느낌의 척도를

◀ 부쇼 헨리에 의해 개조된 공장 지붕의 모습. "가장 도시적인 거주 형식인 로프트 아파트는 지붕 위에 전원 교외 주거가 개입함으로써 바뀌게 되었다." (사이먼 헨리)

지닌 윤곽선과 함께 거주자의 생활 방식에 영향을 주는 영국 가정에 대한 유사물을 제공한 것이다.

이 새로운 건축물은 공간과 동선을 기반 건물에 연결하기 위해 구조적으로 압연강인 구역을 두고 있다. 그러면서 원래 용도와 제안된 용도 사이에 노골적으로 개입해 이를 중재하고 있다. 완성된 건축물은 이미 알려진 효율성들을 활용하고 있다. 그리고 따뜻하고 촉감이 좋은 목재와 투명한 유리, 벽과 지붕 모두를 둘러싸는 데 보편적인 재료인 아연 등 특정 구성 요소의 두드러진 성질로 품질을 높이고 있다. 신생의 가치와 수명가치에 대한 생각을 상기해보면, 재료는 두 종류의 삶을 산다. 건물을 시장에 내놓는 시간이자 새로운 재료가 전면에 나서는 시간과 일치하는 짧은 수명, 밝은 아연과 따뜻한 나무가 회색으로 변하는 점진적 풍화 과정의 결과인 좀 더 긴 시간이 그것이다. 이는 건물의 점유와 일치한다. 재료와 거주자는 모두 배경과 커뮤니티로 물러나게 된다.

런던 토크백 텔레비전 사무소

이리나 다비도비치Irina Davidovici는 이 프로젝트에 대한 비평에서 이렇게 기술했다. "영국다움을 해석하고 확인하려는 시도로 그 안에는 토크백 정신의 상당 부분이 자리 잡고 있지만, 이 프로젝트의 경우 도시 모형과 언어의 건축적 표현에 담겨 있습니다. 둘째, 그것은 관습적인 것에 의문을 제기하고 그것을 뒤엎는 것에서 풍부함을 얻어내고 있습니다. 셋째, 그것은 자족적 소우주를 만드는 데, 바로 이웃한 것을 하나의 참조물로 활용하고 있습니다." 이어서 그녀는 "내부는 무의식 수준에서 작동하는데, 이는 희미하게 친숙한 상황을 재창조합니다. …… 새로운 것들은 모두 원래 구조물들의 집합체를 하나로 묶는 접착제처럼 작동합니다."라고 썼다.

부지는 센트럴 런던의 옥스퍼드 스트리트 북쪽에서 보면 제법 넓다. 이 지구는 연접한 건물 두 채로 이루어져 있는데, 건물은 각각 폭 9미터, 깊이 34미터의 크기다. 각 건물은 뒤쪽에 있는 10미터 깊이의 5층 건물이 붙어 있는 같은 깊이의 6층 구조물과 2층의 연결 블록으로 만들어진 평지붕 위에 실속 있는 중앙 공간을 사이에 두고 마주보도록 조성되었다. 우리의 계획은 250명의 직원과 하나의 스튜디오, 연습실, 각종 회의실과 여러 편집실을 여기에 수용하는 것이었다. 여기에 휴게실 겸 마을회관을 추가했다. 토크백을 고용해 매일매일의 조사를 진행하고 프로그램을 제작했던 '대학 모델'에서 설계의 실마리를 찾았다. 건물들은 폭 19미터, 깊이 14미터의 중층 회랑으로 바뀌었다.

▶ 부쇼 헨리 건축사무소에서 텔레비전 프로그램 제작사 토크백이 쓸 사무실로 개조하기 전의 뉴먼 스트리트 20번지에서 22번지 건물

◀ 토크백을 위해 용도를 전환한 뒤 개조된 뉴먼 스트리트 20번지에서 22번지. 건물 사이의 공간은 그곳에 살게 될 유기체의 삶과 순환을 위한 중심 공간이 되었다.

▶ 토크백을 위한 사무실을 만들 때 부쇼 헨리는 영국 농촌 주택과 유사한 공간을 생각해냈다. "응접실은 멋진 목재 계단, 목재 판벽, 묵직한 참나무 탁자가 있는 널찍한 주택의 거실과 같이 계획되었다."

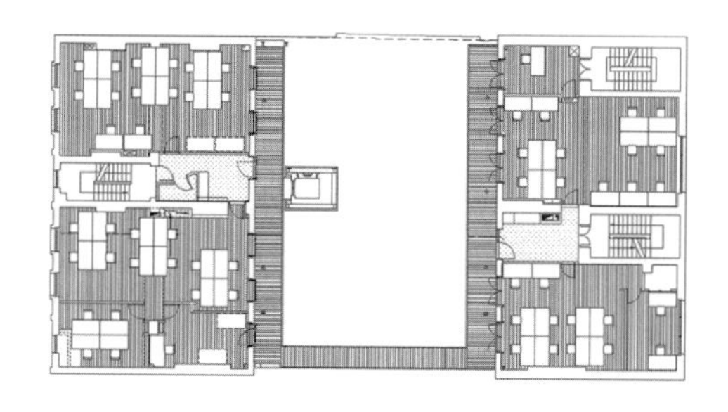

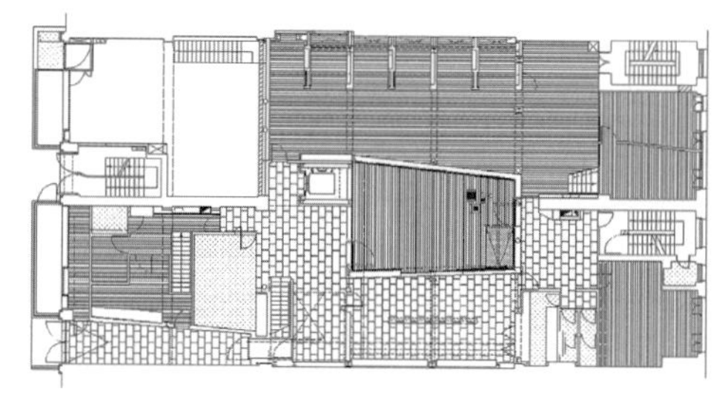

▲ 영국 농촌 주택을 암시하기 위해 설계된 중앙 계단과 판석이 있는 1층 입구의 도면. 이 입구를 통해 토크백으로 들어간다.

▲▲ 토크백의 복합 건물 전체를 보여주는 도면. 중앙 안뜰 주변에 모여 있는 두 개의 사무소 건물로 이루어져 있다.

중앙 공간은 J. B. 잭슨Jackson의 에세이 『해독을 위한 정원*Gardens to Decipher*』에 고무되어 16세기 정원의 특징을 취했는데, 이 정원은 상징, 약물 및 요리의 효용성, 향기를 중시하는 허브 정원이다. 식물의 시각적 측면은 별로 중요시하지 않았다. 잭슨은 이렇게 썼다. "마치 더 넓은 범위의 다듬어지지 않은 (센트럴 런던이라는) 경관과의 접촉으로부터 그것을 보호하려는 듯 정원은 벽으로 천연덕스럽게 에워싸여 있었습니다." 위쪽, 뜰 입면 창은 회랑 쪽으로 열리는 문으로 대치되었는데, 거기서 모이거나 일하는 데 있어 충분할 만큼 넓다. 다리는 건물 사이의 공간에 걸려 있다. 이러한 배치는 동선과 그곳 조직체의 생활에 있어 하나의 구심점을 생성한다. 그리고 모든 사무실은 외부와의 직접적인 접근을 확보한다. 중앙에는 새로운 2층 구조물이 응접실, 휴게실 겸 마을회관, 선큰가든 주위의 사무실들을 아우른다.

두 번째 유사물은, 한 시기의 영국 농촌 주택처럼 로비를 근사한 목재 계단과 목재 판벽, 묵직한 참나무 테이블이 있는 넉넉한 가정집 응접실이라는 생각이 들도록 만들었다. 여기의 계단은 공간이 건물의 형태에 통합되어 있다는 것을 상징한다. 또한 넘어서는 안 되는 관습상의 문턱은 아니라는 것을 말하고 있다.

새로운 작업은 외부에 목재 피복과 데크 설치, 내부에 천연 목재와 촉물림 널 붙이기, 채색된 플레튼 벽돌pletton brick(반건조식 성형법으로 만든 영국식 벽돌), 콘크리트 포장(판석 깔기)과 바닥 널 깔기, 장식 없는 금

▲ 버크랜드 코트 에스테이트 Buckland Court Estate를 위해 제안된 새로운 시리즈의 문 가운데 일부인 뇌문 절개 철판 견본

속 난간, 목재 문과 창, 목재 계단, 조명 용구, 전통적인 문손잡이와 같은 수제 부속품 등에 의존하고 있다. 재료와 부속품은 뉴먼 스트리트 20번지에서 22번지가 처음 건설된 19세기 말 무렵의 영국 미술 공예운동Arts and Crafts Movement의 건물 생산 능력을 반영하려는 의도에서 구성된 것이다. 설계에서는 시기의 식별이 쉬운 건축 자재의 사용을 피했다. 그렇지 않았다면, 우리의 개입이 시간상으로 고정되었을 것이다.

런던 쇼어디치 버크랜드 코트 주택단지

버크랜드 코트 주택단지에 있는 113채의 주택은 하나의 열린 안뜰 주위로 연결된 세 개의 구역에 배치되어 있다. 단지는 1960년대에 지어졌는데, 형편없는 규정으로 헤벌어진 공간 안에 자리 잡은 4~6층의 데크억세스 아파트들의 상대적으로 높은 밀도로 인한 도시화 문제를 보여준다. 어떤 의미에서 공간은 넘쳐날 정도지만 거기에는 공지의 장점도, 정원의 구조나 정원에 의한 보안도 찾아볼 수 없다. 우리의 계획은 입구 공간을 되살리고 단지를 조경하는 것이다.

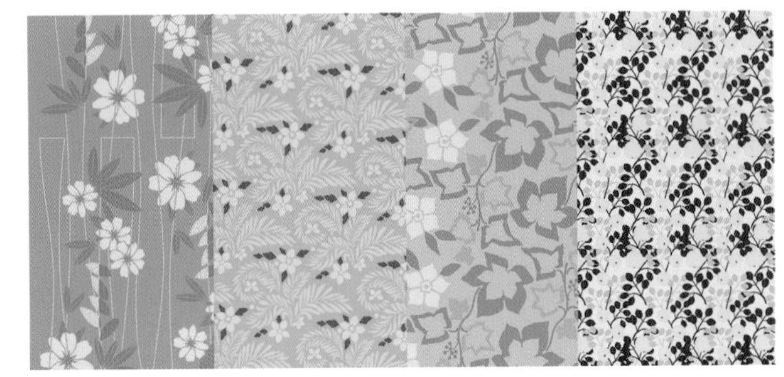

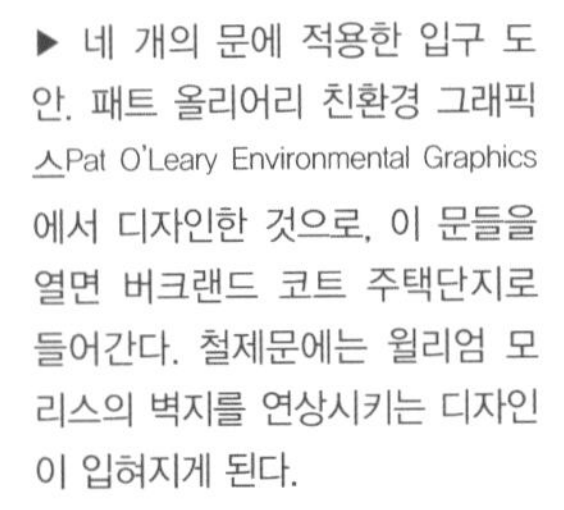

▶ 네 개의 문에 적용한 입구 도안. 패트 올리어리 친환경 그래픽스Pat O'Leary Environmental Graphics에서 디자인한 것으로, 이 문들을 열면 버크랜드 코트 주택단지로 들어간다. 철제문에는 윌리엄 모리스의 벽지를 연상시키는 디자인이 입혀지게 된다.

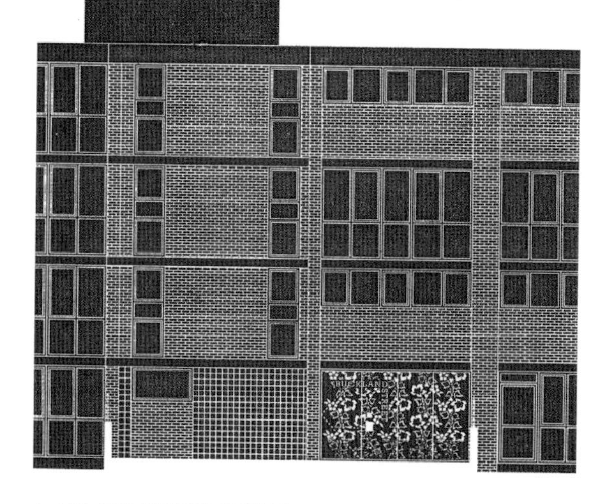

▲ 뇌문 절개 철제문의 위치(중앙 오른쪽)를 보여주는 버크랜드 코트 주택단지의 에칭화

우리는 새롭게 확보된 안뜰 한가운데에 목초와 함께 오솔길 하나가 있는 허브 및 기타 향기 식물을 위한 실용주의자의 정원을 마음속에 그리고 있다. 이는 여기 살고 있는 사람들을 농촌의 전원 풍경으로 초대하려는 의도다. 나무, 작은 언덕, 조그만 계곡은 아이들에게 푸와 피글렛이 우즐을 찾아냈던 40헥타아르의 숲이나 앨리스가 내려왔던 원더랜드를 연상시킬 것이다.

데크 억세스 주택 블록에 설치할 문에는 어떤 언어가 적합할까? 이 블록의 건물들은 콘크리트 골조 위에 벽돌을 붙이는 것으로 마감했다. 농촌에 대한 동경이 담겨 있는 윌리엄 모리스William Morris의 벽지는 몇 세대에 걸쳐 도시와 교외에서 쓰였다. 코르텐Corten 철판을 뇌문 절개fret-cut한 육중한 문에는 풍부한 정원 조경을 반영한 나뭇잎, 채소, 과일 등의 무늬가 새겨질 것이다. 진한 갈색의 풍화된 느낌의 문은 신생가치와 수명가치를 한꺼번에 지니게 될 것이다. 부지구석 보도 옆에는 반쯤 자란 소나무를 심을 예정인데, 그 크기는 기존 건축의 지배적 성향에 맞서게 할 목적으로 설계된 것이다. 단지의 벽돌과 콘크리트 건축을 바꾸지 않고 대문을 포함한 조경의 변화에만 개입함으로써 중요한 인식의 변화를 가져오게 하려는 것이 우리의 의도이다.

요크셔 굴 소재의 예술시민센터

기존의 시장 구조물은 1980년대에 지어졌다. 문틀 구조의 철골이 비대칭적으로 경사진 지붕과 벽을 감싸기 위해 분말로 도색한 갈색 금속 골판을 받치고 있다. 골판은 벽돌 기초 위에 사용되었다. 이 놀라운 건물은 그 물질적 특성이 기하학적 형태의 기묘함을 감쇄시켜 준다. 우리의 재건축 작업에서 토압에 의해 지지되는 콘크리트 슬래브와 철강으로 된 현관 문틀은 그대로 유지된다. 이상하게도, 완성된 건물은 다시 한 번 비슷한 금속 골판으로 피복될 것인데, 이번에는 검은색이 될 것이다. 외피 안쪽은 목재 골조와 병렬 배치된 극장, 휴게실, 카페와 공방, 그리고 상부의 사무실과 시의회로 축소되었다. 그리

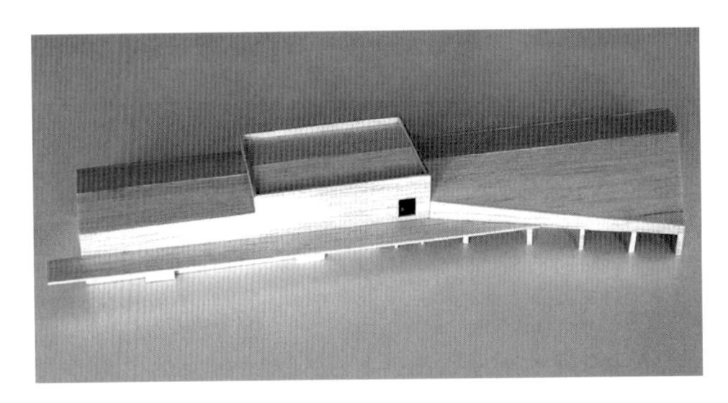

▲ 굴 예술시민센터를 위해 개조된 건물의 건축 모형. 건축가 사이먼 헨리가 말했던 '흥미로운 기하학적 형태'가 강조돼 있다.

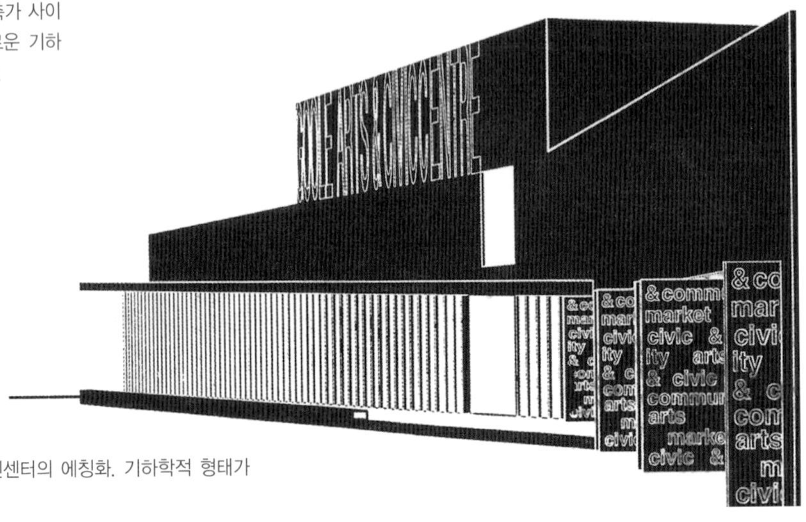

▶ 재설계된 굴 예술시민센터의 에칭화. 기하학적 형태가 원근감을 왜곡시킨다.

고 이를 통해 옥외 공연 공간과 시장 매점을 위해 지붕으로 덮은 구역을 만들어냈다.

이 건물은 측면 도로에 이웃해 서 있다. 이 도로는 역사적인 거리인 부스페리 로드Boothferry Road와 새로 완공된 웨슬리 광장 쇼핑센터(1977)를 잇는 보행 통로로 인해 최근 그 중요성이 커졌다. 건물 형태는 본질적으로 같은 것이지만 건물과 부지의 기하학적 구조에 문틀을 세우기로 한 결정이 공간을 '십자' 형태로 바꾼다. 측면 도로를 따라 모자의 차양과 같은 테두리와 베란다를 추가함으로써 방문객과 행인에게는 비와 햇빛을 피할 곳을, 상인에게는 매점을 설치할 공간을 제공한다. 차양의 밑면은 황금 광택이 나는 스테인리스 스틸로 마감되어 그 아래 목재 피복의 풍성한 색채가 여기에 비친다. 그러나 부지로부터 직접 기하학적 형태가 도출된 이 단조로운 금속 골판 건물을 아주 특별한 재료의 조각으로 변화시키는 것은 십자의 형태를 첨가하고 원래 건물의 기하학적 형태대로 변형시킨 차양의 경사다. 이는 투시도상에서 시각적 왜곡을 이끌어낸다.

결론

기존 건물을 보존하고 재사용하면서 우리는 조직을 보수하고 교체하며, 서비스를 현대화하는 것 이상의 일을 한다. 리글의 말을 빌리자면, 우리는 가치 있는 것을 이해하려고 한다. 우리는 건물이 되고 싶어 하는 바를 알려고 한다. 이는 '있어 왔음 직한 것what might have been'에서 '지금도 여전히 될 수 있는 것what still can be'까지의 범위에 걸쳐 있다. 이 작업은 건물을 다시 만들 수 있는 하나의 기회다. 또한 형태와 건축 재료가 주인공인 기억을 채택함으로써 원래의 건물에 없는 집합적 이해를 제안할 수 있는 기회이기도 하다. 원래의 형태와 재료는 적용과 증축의 본질과 우리가 사용하는 건축적 기술을 드러낸다.

이러한 접근은 개입의 요점이 분명치 않다. 그리하여 시간이 지나도 낡지 않고 판에 박히지 않은 결과를 만들어낸다. 우리의 목적은 원래의 것을 보존하는 것도, 새로운 것을 낡은 것과 대비시키려는 것도 아니다. 대신 우리는 우리의 개입이 대비가 아주 작은 역할을 하는 더 모호하고 복잡한 해결 방법이 있음을 믿는다. 우리의 목적은 다시 만들어진 건물 안에서 거주 경험의 연속성을 창출하려는 것이다. 비의도적인 원형의 진정성을 넘어 거기에서의 유사물과 관련한 일관된 경험은 우위를 점한다. 이로써 원래의 구조는 미리 의도하지 않은 의미를 가질 수도 있다. 또한 이는 새로운 용도에 제공될 수도 있는 세속적 자원이다. 그리하여 원래의 구조는 특별한 영감(형태와 사건)의 원천으로 다루어지게 되는 것이다.

성 캐서린 예배당과 극빈자 숙소

데본 엑스터

데이비드 리틀필드
David Littlefield

- 1457년 지어졌고 1942년 공습으로 파괴되었다.
- 2005년 BDP 건축사무소의 조명과 더불어 파트리시아 매키넌데이의 설치 작품의 대상이 되었다.

▲ 광섬유 그리드로 비춘 이전 극빈자 수용소의 예배당. 이것은 봉납 촛불이 연상되도록 제안된 조명 전략이다.

1457년 존 스티븐John Stevens 수사는 열세 명의 남자들에게 집을 제공하기 위해 성 캐서린에 극빈자 숙소를 지었다. 약 350년 뒤인 1799년 7월 윌리엄 스캐인William Scanes은 '2파운드 2실링 2펜스' 짜리 장소라는 불쾌감을 제거하기 위해 고용되어 1804년 5월 오래된 우물을 대체할 새 우물을 조성하도록 요청받았다. 오래된 우물에서 흘러나오는 물은 거의 질식할 정도의 일반 하수에 가까웠다. 1942년 5월 구세군에서 관리하던 건물들은 독일 공군의 폭격을 맞았다.

이 기묘한 디테일의 모음, 즉 건물의 시작과 끝, 아주 사소하고 관계없는 사건들은 예술가 파트리시아 매키넌데이Patricia MacKinnon-Day에게 원재료를 제공했다. 나중에 BDP 건축사무소[1]로부터 조명 전문가의

1 Building Design Partnership: 영국에 기반을 둔 국제적인 건축사무소로 1,200명의 건축사와 기술자가 일하고 있다.

도움을 받은 이 예술가는, 첫 개발업체인 랜드 시큐리티Land Securities로부터 노숙자들이 공간을 점거하는 것을 막기 위해 폐허가 된 부지에 담장을 설치하는 임무를 맡았다. 그러나 매키넌데이는 부지의 표면과 질감에서 묘한 부유함을 느끼기 시작했고, 프로젝트는 간섭주의자의 제안 쪽으로 기울어갔다. 기존 문의 정확한 치수와 위치를 표시하는 유리 박스는 존재하지 않는 과거의 흔적이며 공간을 표시하는 사인이다. 건물의 동선은 역으로 이루어지게 된다. 방문객은 벽이 있던 곳을 걸어 들어가게 되는데, 이 벽은 통과할 수 없게 만들어진 문과 연계해 설정된 것이다.

매키넌데이는 이 부지를 처음 방문했을 때 이전 건물의 흔적이 남아있는 작은 공간에 흠뻑 빠져들었다. 이곳에 거주한 사람들은 가로와 세로 각각 2.4미터와 1.5미터 정도를 넘지 않는 작은 방에 움츠리고 살았다. 예술가들은 문의 위치를 드러내는 것이 벽의 폐쇄성을 드러내는 것보다 훨씬 감성적이며, 감정적으로 주의를 끌 수 있다는 점을 고려했다. 문을 상징하는 것은 기념비가 되고, 문은 주춧돌처럼 이전 사람들의 삶을 상징하게 된다.

매키넌데이에게는 건물의 소리가 바로 들리지는 않았다. 흔히 소리는 역사적 자료의 세심한 변천과 그 자체가 암시하는 힘의 물리적 단서를 면밀히 조사하는 과정에서 시간을 두고 들리게 된다. 남겨진 돌에 의해 명시되어 있는 극빈자 숙소의 작은 공간들은 '누가 여기에 살았는가?'라는 질문을 하게 한다. 이런 질문은 어떤 면에서는 매키넌데이에게 익숙한 글래스고Glasgow 주택들의 밀실공포증적인 분위기 때문에 발생한 감정적 반응이다. 다행스럽게도 정확한 기록이 극빈자

◀ 극빈자 수용소는 1457년에 설립되어 1942년에 파괴되었다. BDP 건축사무소와 함께 예술가 파트리시아 매키넌데이는 유리를 사용해 이전 출입구들의 위치를 기념비적으로 표현해 옛 장소를 재현했다.

Saturday the 12 May 1804

They ordered a new Well to be dug at Saint Catharine's almshouses the present Well being so near the common Sewer as to be frequently choked by the Oozings from it.

▲ 소장 기록들에 대한 텍스트들은 1804년 5월 12일의 것처럼 부지의 돌에 새겨져 있다.

수용소 당국과 교회에 보관되어 있어서 매키넌데이는 누가, 언제 이곳에 살았는지 알 수 있었다. 이 기록에는 윌리엄 스캐인이 의뢰받은 새 우물에 대한 것과 1828년 앤 기들리가 새 침대 프레임을 받은 것, 1810년 필립 베이커가 굴뚝 청소를 위해 10실링을 받은 것까지 적혀 있다. 매키넌데이는 호기심에서 현재 노숙자들의 거처와 노인들의 집을 방문해 극빈자 숙소에 적용된 일정과 규칙, 허가 사항들을 현재와 비교해보았다. 그리고 언어는 변화되었지만 그 의도들은 같다는 것을 발견했다.

▼ 프린세스헤이Princesshay의 예술 프로그램은 건물보다는 거주 방식에 더 초점을 맞추고 있다.

매키넌데이는 "이런 기록은 장소의 인간적 콘텍스트를 나타냅니다. 이것은 모두 평범하지만, 나에게는 이런 평범한 것들이 중요합니다."고 이야기한다. 그리고 그녀는 자신의 작업을 희미한 흔적에서부터 분석해 접근해 들어갔다. 공간이 소리를 지니고 있다면, 그녀는 그 소리를 너무 크게 증폭시키려 하지 않는다. 부지 자체가 그렇듯이, 그녀는 다른 청취자들이 탐정 역할을 할 수 있게 남겨두는 것을 좋아한다. 그녀는 "나는 사람들에게 단서, 즉 비밀스러운 부분을 보고 있는 듯한 느낌을 주고 싶습니다."라고 말한다.

이 '문'들은 장식장으로 전시됨으로써 이중적 성격을 띤다. 장식장에는 부지의 역사로부터 회수된 작은 오브제들, 즉 반짝이는 천연색의 로마 시대 항아리와 중세의 질그릇, 1942년 폭격으로 주변 선술집으로 흩어져 녹은 맥주병의 유리 조각들이 포함돼 있다. 매키넌데이는 지역 신문이 실망감을 표출했던 것들, 즉 1970년대 음료 캔의 둥근 고리따개 같은 것들도 고고학자들에게 참고가 되도록 전시에 포함시켰다. (고리따개는 자주 변해서 우리 시대의 정확한 연대를 추정하는 데 도움을 줄 수 있기 때문이다.)

'시간 새기기'라 불리는 매키넌데이의 아이디어는 요청했던 사항보다 더 야망적이었지만 절제해야 한다는 충동이 균형을 잡게 했다. BDP 조명회사의 이사 마틴 럽톤Martin Rupton은 석조물에 조명을 비춰 폐허인 부지가 품고 있는 극적 감각을 높일 수 있다는 것을 알았지만 그렇게 하지 않았다. 그는 "우리는 부지 전체에 조명을 비출 수 있고, 그것은 매우 훌륭하게 보일 것입니다. 정말 우리가 훌륭하게 일을 마칠 수 있을 것이라고 확신합니다."고 말했다. 예술 프로그램은 부지에

▲ 유리문들은 역사적 파편, 즉 로마 시대의 항아리들, 중세의 질그릇들, 맥주병의 유리 조각들을 담은 장식장으로 이중적인 기능을 한다.

조명을 비추기보다는 삶과 건물이 지닌 작은 역사에 초점을 맞추어 가볍게 진행하려 했다. 그리하여 폐허의 외부에 조명을 비추지 않는 대신 방문객을 유인하는 빛의 근원을 배열하려는 궁리를 했다.

보관소의 기록을 통해 복제되고 새로운 석조물로 살아난 입구에 조명을 비추는 한편, 예배당 내부를 광섬유 그리드로 온화하게 밝혔다. 벽의 질감과 테두리 그리고 깊이에는 오직 선택적인 조명만을 비추었다. 오래된 출입구에는 이러한 유리 기념물들이 남겨진 것이다. 그 자체로 매력적인 출입구들의 상징주의와 함께 말이다.[2] 이는 매키넌데이가 말하는 '과거 여정의 흔적trace of past journeys'을 제공하고 더 많이 알리기 위한 것이다. 이러한 '문'들은 예술가들이 음성적 공간negative space이라 부르는 것에 대한 일종의 기념이다. 이러한 기념은 첫 번째 장소에 없었던 것을 드러나게 만든다. 즉, 사물들 사이의 그 공간을 말이다.

2 가스통 바슐라르의 고전적인 저서 『공간의 시학Poetics of space』은 작가 피에르 알베르비로Pierre Albert-Birot의 말을 인용하면서 1장을 시작한다. "A la porte de la maison qui viendra frapper?" 즉, "집 앞문으로 누가 노크를 하고 들어오게 될까?"

해크니 성 요한 교회와 성 바나바스 교회

런던 해크니

데이비드 리틀필드
David Littlefield

- 런던 해크니의 성 요한 교회는
  제임스 스필러의 설계로 1797년에 완공되었다.
- 성 바나바스 교회는 C. H. 라일리가 1909년에서 1910년에 설계했다.
- 두 교회의 설계는 매튜 로이드 건축사무소가 맡았다.

▲ 성 바나바스 교회. 교회는 고립되어 있고, 포장도로로부터 완전히 격리되어 있다. 그리고 많은 주민들은 교회가 거기에 있다는 것조차 잊고 있었다.

성 바나바스 교회는 런던 해크니Hackney 주민들에게 주목받지 못한 채 버려졌다. 이 교회는 비잔틴 양식으로 지어진 숨겨지고 잊힌 도시의 건물 가운데 하나다. 이 교회는 비록 버려졌지만 보존이 매우 잘 되어 있다. 합창단 예복들이 제의실 옷장에 걸려 있고, 음악은 오르간에 스며들어 연주될 준비가 되어 있다. 하지만 섬세한 거미줄이 의자들 사이에 쳐져 있고, 교회 후미의 붙박이장에는 1953년에 열린 축제를 기록한 전단이 있으며, 여기에는 1938년까지 거슬러 올라간 어린이 예배용 컬러 소책자 묶음이 있다. 심지어 점자로 된 찬송가도 있다. 이곳은 마치 신도들의 영혼이 육체를 떠난 듯이 보인다. 분위기, 의식, 예배 스타일은 평범해 보인다. 이 건물은 문화적 기억, 사회적 무덤의 징후이다.

사실 이 교회는 완전히 버려진 것이 아니다. 교구 신부와 보좌 신부는 측면의 작은 예배실에서 매주 자신만을 위한 예배를 드린다. 성스러운 장소에 대한 헌신은 용기 있는 행동이지만, 그들의 예배는 4백

명을 수용할 수 있는 본당에서는 떨어져 있는 장소에서 이루어진다. 교리보다는 종교의 깊이에 대한 믿음에 더 비중을 두는 교인이자 건축가인 매튜 로이드Matthew Lloyd는 이 장소에 대해 어떻게 대응해야 할지 고민이 되었다. 그것은 건축적 합리성과 의구심에 빠진 신도들에 대한 고려와 초인적인 섬세함 사이의 싸움이었다.

이 건물이 왜 존재하는가에 대해 무거운 책임감을 느낀 매튜 로이드는 이렇게 말한다. "이곳은 신을 위해 만들어진 실제 건물입니다. 사람들은 간절하게 실제로 믿을 수 있고 손으로 만질 수 있는 신을 위해 교회를 만들었습니다. 우리들의 종교에 무슨 문제가 생겼을까요? 이곳은 더 이상 사용되지 않고 있습니다."

만약 건물이 소리를 축적할 수 있다면, 아마도 예배 장소가 그런 행위를 가장 잘 허용할 것이다. 건축물에서 들려오는 소리의 모든 감각, 즉 스타일, 역사성, 상상력, 분위기 등에 교회나 성스러운 장소는 강력히 공명한다. 단순한 십자가의 교차하는 두 선만으로도 평범한 공간을 특별한 공간으로 만들기에 충분하다고 기독교인들은 생각한다. 성 바나바스 교회는 특별히 많은 의미를 지닌 곳이다. 건축적으로 볼 때, 단순히 산업적 기능들만 지니고 있는 콘크리트 상인방은 아치형으로 솜씨 있게 만들어졌으며 조금 대담하기도 하다. 로이드는 '사랑이 넘쳐나는 이 건물'을 공경하고 있다. 역사적으로 이 건물은 가난한 사람을 대상으로 하는 선교를 위해 설립되었으며, 이스트엔드East End 지역의 전초기지와 같은 선교회의 좋은 예였다. 잊힌 장소이기는 하나 반달리즘이 전혀 보이지 않는다. 가끔은 크고 빈 공간에 혼자 남겨진 것처럼 장엄함을 느낄 수 있는 충분한 공간이기도 하

◀ 성 바나바스 교회. 오르간이 있는 다락방에서 스크린을 통해 바라본 신도석. 상부에 예수 수난상이 있다.

▲ 성 바나바스 교회. 상대적으로 잘 정돈된 교회 안 유물 가운데 하나인 전투 깃발. 사다리는 청소한 지가 오래되었음을 보여준다.

다. 로이드는 성 바나바스 교회가 들려줄 수 있는 단순한 소리보다 '개성'에 대해 말한다. 이것은 버려진 교회의 독특한 상태에 이끌려 관찰하는 것이다. 이곳은 호기심이 되어버린 의도적인 폐기로 고통을 겪고 있었다. 이 건물은 마리셀레스트호(19세기에 선원 전원이 사라진 채 표류한 배)와 데이비드 로딘스키 David Rodinsky의 방처럼 삶이 없는 공간과 같았다.

▲ 성 바나바스 교회. 관련 없는 잡동사니 및 진공청소기와 함께 제의실에 걸린 채 잊힌 예복들

로딘스키는 런던 화이트채플White chapel의 프린슬렛 스트리트Princelet Street에 있던 한 시나고그synagogue(유대교의 회당) 위에 살던 유대인이었는데, 그에 대해서 알려진 것이라고는 1960년대에 난장판이 된 방을 떠나 다시는 돌아오지 않았다는 것뿐이다. 로딘스키의 방에는 그 자신과 그의 마음 상태를 말해주는 흔적들, 즉 책과 일기, 이해하지 못할 서류, 맥주병과 같은 평범한 물건들만 남겨져 있었다. 화가 레이철 리히텐슈타인 Rachel Lichtenstein은 이 장소에 사로잡혔고, 나중에는 그곳에 살았던 사람에 대한 기록을 만들기 위해 작가인 싱클레어Sinclair와 협력했다. 이 방은 나름대로의 생명력을 지니기 시작했다. 게다가 그곳은 로딘스키를 상징하는 것이 아니라 여러 모습으로 로딘스키 그 자체가 되었다. 싱클레어는 이렇게 쓰고 있다. "닫힌 방을 들여다보는 것, 곧 무너질

◀ 성 바나바스 교회. 제의실에는 한 번도 입어보지 않은 것 같은 제의가 역대 신부들의 사진과 함께 걸려 있다. 이것들은 교회 자체보다 더 버려진 분위기를 강하게 풍긴다.

▲ 성 바나바스 교회는 주변 건물에 둘러싸여 있다. 외부 공간은 잘려 있고, 교회의 바닥 부분은 거의 햇빛이 들지 않을 정도다.

◀성 바나바스 교회의 대부분은 1909년에서 1910년 사이에 지어졌다. 내부는 중앙 창의 꾸미지 않은 노란 십자가처럼 단순하고 엄격하다.

듯한 계단을 기어 올라가는 순간의 내 느낌은 여전히 그대로였습니다. 방이 되어버린 남자의 느낌이었습니다. 남자는 남고 방은 사라집니다."[1]

싱클레어의 시적인 시각은 성 바나바스 교회를 효과적으로 설명한다. 책과 의상, 예배 순서나 기념품과 같이 교회에 남겨진 물건들을 조사할 때 사라진 신도들이 느껴진다. 사회적이고 문화적인 감각 속에서 신도들은 여전히 확실하게 거기에 있는 것 같다. 최소한 아주 멀게 느껴지지는 않는다. 이는 살아 있는 것 같지 않은 사람의 초상이 담긴 오래된 사진의 비현실적 실체 같은 것이다. 성 바나바스 교회의 신도석은 제의실에 걸려 있는 암스트롱 벅Amstrong Buck 신부의 사진과 동일한 존재감을 갖는다. 사진에는 생명이 없는 듯 시선의 초점이 흐릿한 젊은이가 있다. 세피아 색으로 바랜 그의 초상화는 그의 인격보다 그의 상태를 보여준다. 그것은 기독교 예배에 헌신한 사람, 즉 개인의 야망보다는 하느님의 영광을 위해 선교에 목표를 둔 사람의 이미지다. 사진은 벅 신부 자신만을 드러내는 것이 결코 아니다. 왜냐하면 그 자신은 중요하지 않기 때문이다. 그것은 그의 신도들도 마찬가지다. 이 사진은 유령 같은 존재였다. 로이드는 이것을 보고 "귀신이 나올 것 같다."고 했다.

마찬가지로, 성 바나바스 교회는 훼손되지 않은 상태에서 기독교의 쇠퇴함을 경고하고, 그것을 슬퍼하는 은유적 목소리를 완벽하게 들려준다. 영국 교회가 소유하고 있는 성당처럼 보이는 이 전통적인

▼ 성 바나바스 교회의 거미줄로 덮여 있는 십자가상. 건축가 매튜 로이드는 "이 장소는 하느님의 이름으로 만들어진 실체입니다. 사람들은 심오하게 존재하는 믿음의 대상인 하느님을 위해 이 교회를 지었습니다. 교회는 지금 제대로 기능하지 못하고 있습니다."라고 말한다.

1 레이철 리히텐슈타인과 이언 싱클레어, 『로딘스키의 방Rodinsky's Room』, 그란타, 런던, 2000.

교회는 자신의 죽음에 대해 상심한 것처럼 보인다. 예수와 마리아의 그림과 조각상, 이들의 얼굴은 예수가 십자가에 못 박힌 뒤의 체념을 보여준다. 이는 사용되지 않는 교회에 대한 애통만큼 상징적이다. 이것은 이미 예상된 것이다. 런던 정치경제대학의 건축과 도시설계의 밥 태버너Bob Tavernor 교수는 이 책의 소개에서 건축의 소리가 어떤 순환 과정을 통해 나타나는지에 대해 설명한다. 건물은 관람객들의 기

성 바나바스 교회는 1909년에서 1910년 사이, 18세기 후기 고전주의를 옹호하는 모더니스트 C. H. 라일리Reilly가 설계를 맡아 1929년에 봉헌되었다. 교회는 반원통형 둥근 천장과 상부가 둥근 아치창을 한 비잔틴 양식으로 되어 있다. 벽돌과 콘크리트로 솜씨 있게 지어진 교회는 머천트 테일러 학교Merchant Taylors' School의 선교 프로젝트 일부였다. 1937년 제의실이 추가되었다. 하지만 최근에는 창을 개조하거나 오르간 다락방에 잘못 자리 잡은 물탱크를 손보는 등의 흔적이 거의 보이지 않는다. 샤클웰 가Shaklewell Row에서 후퇴한 교회는 거리에서 보이지 않게 되었고, 커뮤니티 홀과 공공주택들로 둘러싸이게 되었다.
해크니 성 요한 교회는 제임스 스필러James Spiller가 설계했다. 보수가 필요한 만큼 하나의 중세 교회를 대신했던 해크니 성 요한 교회는 확장되는 교구의 늘어나는 신도를 수용할 수 없었다. 새 첨탑이 1814년까지 완성되지 않았지만 교회는 1797년에 봉헌되었다. '해크니 팰랭스Hackney Phalanx'의 중심에서 성 요한 교회는 천천히 쇠퇴했다. 해크니 팰랭스는 영향력 있는 교인과 정치인이 매우 활발히 활동하는 집단이다. 1929년 교회를 보수했고, 1954년 종합적인 재건 프로그램에 착수했다. 공사는 1955년 5월 19일 마무리할 계획이었으나, 5월 18일 건축자재에 불이 났다. 이후 새로 지은 교회가 1958년에 재봉헌되었다. 1980년대 이후로 교회 당국은 아파트, 심지어 수영장 등이 포함되기도 했던 건물 용도의 변경을 연구해왔다.
교회 소책자의 기록을 보면 1991년 잉글리시 헤리티지English Heritage의 앤드류 세인트Andrew Saint는 해크니 성 요한 교회를 다음과 같이 묘사했다. "도시의 골칫거리면서 거대한 배와 같은 위엄이 있는 교회는 …… 본질적으로는 평범해 보입니다. 중앙 집중형 강당에는 그리스 십자가처럼 읽혀지기에 충분한 양측과 후면 그리고 동측으로 돌출된 좁은 갤러리가 있습니다. 그러나 노출된 서까래의 둥근 천장이 있는 중앙 공간은 강력합니다. 내부는 외부와 마찬가지로 장엄하나 가난, 종교적 변화, 더 나쁘게는 1955년의 화재와 그에 따른 부실한 복구로 거의 껍데기만 남게 되었습니다. …… 스필러의 대규모 손질은 섭정시대 색상의 특성인 풍부함을 표현하기 위해 절규하고 있습니다." (데이비드 맨더David Mander, 해크니 성 요한 교회: 교회 이야기, 『해크니 교구*Parish of Hackney*』, 런던, 1993.)

▲ 성 바나바스 교회의 의자들은 너무 오래 사용하지 않아 온통 거미줄로 덮여 있다. 교회는 마리 셀레스트호처럼 일종의 완벽하게 사람이 없는 장소에 해당한다.

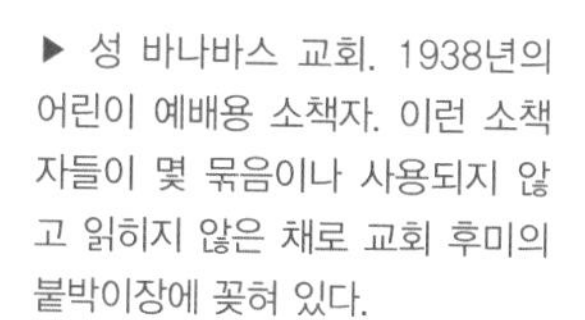

▶ 성 바나바스 교회. 1938년의 어린이 예배용 소책자. 이런 소책자들이 몇 묶음이나 사용되지 않고 읽히지 않은 채로 교회 후미의 붙박이장에 꽂혀 있다.

▶ 보우의 성 바울 교회. 매튜 로이드 건축사무소에서 재건축한 교회의 단면. 커뮤니티 시설을 담은 목재로 덮힌 공간의 삽입은 1층 레벨에서 들어 올려져서 교회의 예배를 위한 대부분의 공간을 자유롭게 남긴다.

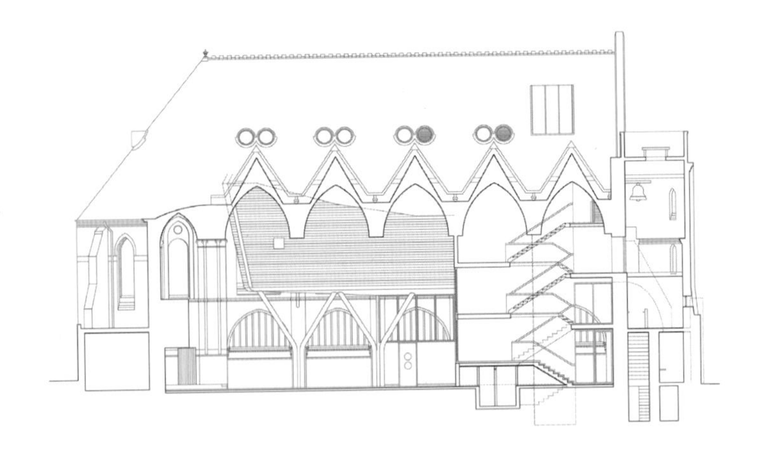

억과 감성적인 반응을 자극한다. 머릿속이 개인적이고 문화적인 기억으로 가득한 관람객들은 자극받기를 기다리고 있다. 태버너는 "그것은 궁극적으로 당신이 듣고 있는 내적인 음성입니다."라고 말한다. 로이드는 이와 같은 이유로 성 바나바스 교회를 증폭기로 표현한다. "이 건물은 우리의 의문을 더 증폭시키고 있습니다. 이것은 우리들의 경험을 위한 확성기입니다."

도시의 다른 지역에서 실무에 임하고 있는 로이드는 해크니 지역의 교회와 다른 지역의 시설을 현대화하는 데 발탁된 건축가다. 그는 보우Bow 근처에 있는 성 바울 교회의 재발견으로 확실한 명성을 얻었다. 로이드는 빅토리아 양식의 교회 신도석에 커다란 목재 마감의 다목적 공간을 배치하여 신도석과 예배당을 줄이고, 이를 사회적으로 쾌적한 공간으로 만들었다. 그 결과 지금은 더 많은 사람들이 성 바울 교회를 방문하고 있다. 새로움과 옛것 사이에서 꼼꼼하게 계획된 이 프로젝트로 로이드는 해크니 성 요한 교회의 주목을 받게 되었다. 조지안 스타일의 거대한 규모의 해크니 성 요한 교회는 2천여 명이 넘는

▲ 성 바나바스 교회의 제의실에 걸려 있는 암스트롱 벅 신부의 사진. 이미지는 그가 응시하는 것만큼이나 초점이 없어 보인다.

▶ 보우에 있는 성 바울 교회. 매튜 로이드 건축사무소의 도면은 보우의 성 바울 교회 공간에 건축가가 어떻게 새로운 볼륨을 추가했는지를 보여준다. 그리고 이는 성 바나바스 교회와 해크니 성 요한 교회에서도 크게 다르지 않다.

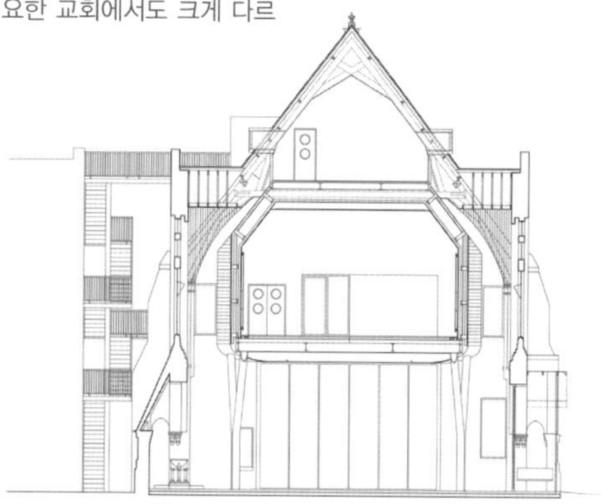

◀ 성 바나바스 교회. C. H. 라일리가 설계한 원통형으로 된 둥근 아치형 창문은 비잔틴 양식의 영향을 보여준다.

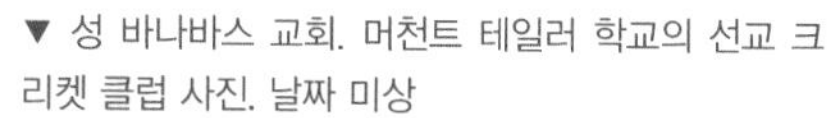

▼ 성 바나바스 교회. 머천트 테일러 학교의 선교 크리켓 클럽 사진. 날짜 미상

교인을 수용할 수 있게 지어졌지만, 지금은 고정적인 추종자들이 70명뿐이다. 지역사회에서 잊힌 성 바나바스 교회 역시 한계에 이르렀고, 교회는 로이드에게 건축, 역사, 그리고 개인적인 도덕성과 결부된 문제들을 보여주었다. "난 도대체 무엇을 해야 할지 몰랐습니다. 무엇인가를 제거한다면 그것은 역사의 조각을 제거하는 것이 되고, 그것은 고통이었습니다."라고 로이드는 말했다.

▲ 헤크니 성 요한 교회. 이 동굴 같은 교회는 빈 공간과 무거운 구조로 이루어진 빛과 어둠의 공간이다. 교인 개인들에게 이 공간은 교회 현관까지 광대해보인다. 그러나 18세기 후반 이 교회에 모인 2천 명에게는 아마도 적절했을 것이다.

▶ 해크니 성 요한 교회의 제의실. 성 바나바스 교회처럼 벽에는 이 교회의 전임 신부들 사진이 걸려 있다.

▶ 해크니 성 요한 교회. "위엄 있는 교회는 …… 도시 내부의 성직자들에게 골칫거리인 거대한 배 같은 것이다." (데이비드 맨더)

교회의 문제점 중 하나는 주변 건물들 속에 갇혀 있고 실제적으로 접근할 방법이 없다는 것이었다. 그래서 개발업자들도 관심을 보이지 않았다. 성 바나바스 교회 자체는 하나의 수수께끼였다.

해크니 성 요한 교회는 보다 직접적인 그림을 제공한다. 1950년대의 대형 화재가 아니더라도 장기적인 쇠퇴와 점차 줄어든 신도들의 수가 건물의 폐허를 야기했기 때문이다. 교회는 2천여 명의 신도를 수용할 수 있게 설계되었지만, 사실 이보다 더 많은 사람들을 수용했다. 심지어 1837년 여름에는 단 사흘 동안 3백여 명에게 세례식을 거행했고, 1903년에는 약 750여 명이 예배를 보았다. 그러나 지금은 그 수의 10분의 1만이 정기적으로 예배를 보고 있다. 4백여 명의 신앙심 강한 신도들이 그의 목사를 뒤로 한 채 떠난 것으로 보이는 성 바나바스 교회와는 달리, 성 요한 교회는 매우 오랫동안 쇠퇴해왔다. 1955년 화재로 인간적인 감성은 사라지고, 교회는 단순한 장소로 재건되었다. 1980년 이후 보조 날개 공간을 노숙자들을 위한 데이케어 센터로 사용하는 것과는 별도로 교회 당국은 건물의 대안적 용도를 검토해왔고, 교회는 아직도 답을 찾고 있다.

매튜 로이드는 해결책을 찾기 위해 천천히 일을 진전시켰다. 그는 말한다. "적극적이어야 합니다. 역사를 잃어버려야 합니다. 이런 생각이 나를 슬프게 만들었지만 그 어떤 정신적 요소도 오랫동안 남아 있지 않았습니다. 상당 부분이 변경된 건물 속에서 인간적인 요소나 삶의 흔적을 찾을 필요가 있었죠. 그러나 여기에는 많은 것이 사라지고 없었습니다." 다시 기억하자면, 제의실에는 낡은 사진들이 걸려 있다.

이 사진들에는 교구사제 앨저넌 로울리Algernon Lawley와 그의 여섯 후

계자들이 포함되어 있다. 성 바나바스 교회에 있는 벅 신부의 이미지와는 달리 이 사진들은 삶이 있는 인물들, 즉 평온하고 신념이 있으며 건방지기까지 한 인물들을 묘사하고 있다. 어딘가를 강렬하게 응시하고 있는 로울리 신부를 제외하고는 모두 미래를 보고자 하는 낡은 포즈를 취하고 카메라를 응시하고 있다.

"이곳이 건물의 소리가 있는 곳입니다."라고 로이드는 말한다. 제의실에는 해크니를 통해 각자 그들의 길을 걸어간 옥스브리지Oxbridge 졸업생들을 보여주는 사진들이 쭉 걸려 있다. 그러나 이것은 단순한 유물이 아니다. 거기에는 교회보다 그들 자신의 삶이 담겨 있다. 교회와 사진들은 거의 도리언 그레이(오스카 와일드의 『도리언 그레이의 초상』에 나오는 주인공 이름)와 그의 초상과 같은 관계를 맺고 있다. 몰락하는 교회의 공허함은 사진에서 보이는 젊고 늙지 않을 것 같은 보좌 신부들의 신선함과 병치된다. 성 요한 교회에는 부서지기를 기다리는 주문이 있다.

▲ 세련되게 조각된 단순하고 긴 의자가 배치된 해크니 성 요한 교회의 상층. 한때 대규모였던 신도들을 위해 만들어진 것이다.

◀ 해크니 성 요한 교회. 75명이 모이는 현재에는 교회가 예배자를 왜소하게 만든다. 이는 하나님의 거대함보다는 줄어드는 신자 수를 떠올리게 한다.

▶ 해크니 성 요한 교회. 한때 부속 예배당이었던 전쟁 기념관

was dear to them,
the path of
MUNDAY.
PAGET.
PARKER.
POTTER.
READ.
SWIFT
TILBY

부재의 힘

• 게리 유다와의 인터뷰 •

▲ 스튜디오에서의 게리 유다

게리 유다Gerry Judah는 인도의 캘커타에서 태어나 런던에서 살고 있다. 그는 골드스미스 대학Goldsmiths College에서 예술을 전공했고, 런던 대학의 슬레이드 예술학교Slade School of Fine Art 대학원에서 조각을 공부했다. 그의 작품은 런던 화이트채플 아트갤러리London's Whitechapel Art Gallery, 캠던아트센터Camden Arts Centre, 요크셔 조각 공원Yorkshire Sculpture Park에 전시되었다. 1980년 이후로는 필름, 텔레비전, 극장, 미술관 등을 설계하고 있고, 왕립 셰익스피어 회사나 왕립 오페라하우스, 영국국영방송 등을 위한 공공 설치 예술을 해왔다. 최근에는 2005년 런던팀버야드의 〈개척자들〉과 영국건축사협회의 〈천사들〉과 같은 전시를 하며 순수예술의 뿌리로 돌아왔다. 새로운 작품들은 사치 컬렉션Saatchi Collection을 비롯한 국제적으로 알려진 사립 및 공립 미술관에 전시돼 있다.

게리 유다는 '부재'의 예술가다. 그에게 예전에는 있었지만 더 이상은 없는 감각의 부재는 긍정적인 생성원이 된다. 폐허, 오랫동안 닫혀 있던 신호의 잔해, 비어 있는 방……. 이 모든 것들이 거기에 마땅히

▲ 〈천사들〉(2006). 특색이 없는 평원의 무너진 건물들을 묘사한 대규모 스케일의 그림

있어야 할 것이나 또는 있을 수 있는 것에 대한 무거운 감정을 자극시킨다. 그는 지난 것에 대해 슬퍼하거나 감성적인 태도를 보이지도 않는다. 그 대신 무엇이 현존할 수 있을까 하는 것을 생각한다. 유다의 작품에서 부재는 매우 강하게 표현되어 실제로 거기에 있는 어떤 부차적인 것을 생각하게 한다. 유다는 은유를 통해 자기 자신을 추적하고 질문하며 어떤 결론도 날 수 없는 순환적이고 자기 회상적인 논쟁을 한다.

부조나 조각처럼 보이는 유다의 그림 시리즈 〈천사들*Angels*〉(2006)은 갑작스럽게 종말적인 공격을 당할 수밖에 없는 건물과 정주에 대해 묘사하고 있다. 점진적인 퇴색이 보이지는 않지만, 건물들은 폭력적으로 목적과 거주자를 빼앗겼다. 이미지는 전쟁이나 자연의 예측 불가능한 변화를 따른 것으로 보이고, 인간의 정주는 하나의 질감으로 축소된다. 즉 황량하고 오묘한 그림 같은 사건이 된다. 이 사건은 아주 평평하고 황당할 정도로 특징 없는 풍경을 가로막고 있다. 이들은 현실과 비현실적인 것으로 사람들의 이해 사이에 최면을 거는 것 같은 오브제들이다. 현대의 폐허에 대한 평범하고 뚜렷하지 않은 이런 묘사는 위성 접시나 물탱크 등 매우 현실적인 불도저가 이끈 습격의 잔해들을 포함한다. 그러나 부서진 건물 사이에 있는 전기선이나 전화선으로 보이는 케이블은 지나치게 의도적이고 주관적인 구성이어서 신념 있는 재현에 있어서는 실수로 볼 수 없다. 대신, 멀리서 보면 이 선

▲ 1830년 조지프 갠디Joseph Gandy가 그린 존 손 경이 설계한 영국은행의 폐허 그림. 런던은 멸망했지만 한때 영광의 제국이었던 미래의 로마로 상상되었다. 동시에 이 그림은 건물을 다이어그램으로 보여주는 건축가의 부등각투상도(화면의 중심으로 좌우와 상하의 각도가 각기 다른 축측 투상을 말한다)이다.

들은 섬세한 사건으로 보이는 것에 거미줄 같은 방향성을 제공한다.

이 작품은 유다가 예술 분야에서 학위를 받고 골드스미스 대학을 졸업한 1970년 이래로 계속 만들어졌다. 예술가의 작품과 관련된 영향들에 대해 기록하는 것은 일종의 위험하고 진부한 일이다. 거의 대부분 이러한 영향들은 고안되거나 사후에 합리화되기 때문이다. 그러나 유다는 이전에 사적인 공간이었던 곳에 통행인들의 시선을 허락하고, 반쯤 폐허가 된 건물에 대한 감성을 이미 발전시켰다. 물리적 잔해, 이를테면 벽에 걸린 사진들, 이미 존재하지 않는 공간을 향해 열려 있는 문들, 거리 풍경에서 멀리 떨어진 벽난로들은 발견되거나, 상상 속 이야기의 징후가 되거나, 기억의 잔해가 되었다. 1980년대에 그는 런던의 이즐링턴Islington에 있는 스튜디오를 비워야 했다. 스튜디오는 철거되고 한동안 유다의 메모지와 그림들에 덮여 있던 내부 벽들은 공공에 노출되었다. 유다는 "나는 나 자신을 보고 있었습니다."라고 말한다.

예술 작품들을 편견과 상상으로 도금하려는 사람들에게 도전하는 유다에게 건물은 스스로에 대해 거의 말하지 않는다. 유다는 다음과 같이 말한다. "건물이 당신에게 이야기하는 것이 건물의 소리를 만드는 것은 아닙니다. 그것은 당신이 건물로부터 말할 수 있는 것입니다. 당신이 도출해내고 그것을 위한 여지를 만들어야 합니다." 구분은 분명하다. 유다에게 있어 방문객은 결코 자신의 사인과 신호를 내보내는 건물의 관찰자가 될 수 없다. 대신 방문객들은 건물의 삶에 대한 참가자이다. 만약 어떤 소리라도 들으려 한다면 그들은 어떤 작업을 해야 한다. 유다는 브레히트Bertolt Brecht(1898~1916, 독일의 극작가)처럼 단순히 들으려 하기보다는 더 적극적으로 소리를 청취하기를 기대한다. 그리고 그 청취는 각자의 개인적이고 집합적인 기억으로 무게가 실리게 된다. 더불어, 유다는 반사적으로 취급되는 청취 방법, 그렇지 않으면 단지 기대하는 것만 들을 수 있는 방법에 대해 묘사하고 있다.

유다는 나치의 강제수용소에 대한 일련의 연구, 특히 2000년 제국전쟁기념관Imperial War Museum을 위해 만든 아우슈비츠-비르케나우의 사회적 모델을 위한 연구를 진행해왔다. 따라서 그는 이렇게 감성적으로 충전된 공간을 통해 측량하고 보고 듣고 느끼는 자신의 방법에 상당한 시간을 투자했던 것이다. 그런데 이러한 장소들은 유다에게 강력하게 말하지 않는다. 대학살의 공간에 남아 있는 것들은 단순히 사건 자체에 대한 실험의 흔적들만을 제공하지 않는다. 그는 수용소

▶ 〈천사들〉(2006). 부식, 포기, 파괴가 전체적으로 균등하게 번져 있다.

▲ 〈천사들〉(2006). 이 그림 시리즈는 갑작스럽고 계시록적인 공격에 노출된 건물들과 촌락을 묘사하는 구조나 조각의 영역에 접근하고 있다. 2006년 영국건축사협회에서 전시

▶ 〈천사들〉(2006). 그림에는 색과 인간성이 없다. 그것들은 단색 세계의 시각이다. 그것들의 중성성은 해석과 의미의 적용을 요구한다.

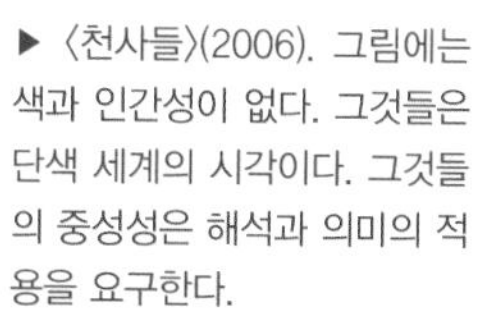

를 방문한 후 다음과 같이 썼다. "나는 두려움으로 경악하게 되기를 바랐지만 그저 멍해졌습니다. 남겨진 것에는 악마의 울림이 전혀 없었습니다. 그 장소는 교회나 은행처럼 건물의 목적을 표현하도록 설계되어 있지 않고, 오히려 그것을 숨기도록 설계되었습니다. 남아 있는 볼품없는 건물들의 흐트러짐은 극단적인 악마를 표현하지 않았습니다. 만약 그 장소를 지나친다 해도 아마 당신은 그곳을 주목하지 못할 것입니다. 20세기 공포의 상징 가운데 하나인 수위실조차 그저 작은 실용주의자의 벽돌 건물일 뿐이었습니다."

◀ 〈천사들〉(2006). 유다의 〈천사들〉은 실제 폐허를 그대로 복사하지 않는 대신 사람들이 상상할 수 있는 폐허를 보여준다.

◀ 〈천사들〉(2006). '천사들'이라는 제목은 이 조각의 구성에서 비롯되었다. 전체적으로 살펴보면, 이 그림들은 중심점 주위를 회전하는 비행기를 연상시키며, 모호하게 대칭적인 형태의 선적 구조물을 보여준다. 자세히 살펴보면, 단지 파괴만을 보여준다.

유다는 "나는 마비가 되는 듯했습니다. 그러나 움직일 수 없는 것은 아니었습니다."라고 말한다. 분주함과 소음과 삶이 있었지만 조용한 크라코프(폴란드의 도시)의 빈 유대인 교회에서 가장 감성적이었던 유다는 "이 소리가 없는 부재는 매우 심오합니다."라고 말했다.

유다의 작품은 은유('모든 것은 무엇인가의 은유다')의 연쇄반응에 대한 탐구이고, 어떤 것도 그 자체를 나타내지는 않는다. 부재는 존재를 제안하고, 존재하는 무엇인가를 해석하여 이를 드러내려고 한다. 그의 작품은 모호한 가능성에 대한 질문이다. 〈천사들〉 시리즈에서 그의 그림들은 폐허가 된 공간을 체계적으로 나타낸다. 그리고 이미지들은 명명되지 않는다. 그는 특히 그의 유사한 컬렉션 〈프런티어 *Frontiers*〉(2005)에서 전쟁을 미화하는 것으로 비난을 받았다. 〈프런티어〉는 비슷한 기초를 갖고 있지만, 혼동의 잔해들에

▼ 〈천사들〉(2006). 〈천사들〉은 주로 백색시리즈지만, 유다는 몇 개의 검은 조각들도 넣었다. 색은 극적으로 변한다. 부재의 감각을 손으로 만질 수 있을 듯하다. 이 장소들에 떨어진 계시록의 대참사는 더 최근의 것으로 보인다.

의해 더 교묘하게 영감을 받는다. 거기에는 무엇인가가 있다. 그러나 이 작품의 모든 아름다움은 순수하게 관객의 발견에 의존한다. 〈천사들〉의 그림에서는 색채와 인간이 제거되었다. 그것들은 까맣거나 하얗다. 만약 미리 결정해둔 시각이 있었다면, 그것은 정찰기에서 본 시각이거나 또는 구글 어스에서의 이미지일 것이다. 그리고 이러한 오브제는 해석에 있어 열려 있으며, 의미가 그것들에 적용되기를 간절히 바란다.

1830년 존 손 경Sir John Soane은 조지프 갠디Joseph Gandy에게 영국은행(손의 걸작의 건축 작품 가운데 하나)의 이미지를 폐허로 그려달라고 요청했다. 결과적인 이미지는 모호하다. 동시에 그것은 미래의 로마를 영국의 로맨틱한 비전으로 재해석한 것이다. 이는 또한 잃어버린 문명의 성취에 대해 놀라워하며 공간적 배열과 건물의 구축을 열거한 기술적인 도면이기도 하다. 건축 모형과 마찬가지로 이 이미지는 어떻게 건물이 지어졌는가 하는 것을 어떤 평면이나 단면보다 더 명백하게 보여준다. 그것은 시적이기도 한 동시에 기술적인 자료이기도 하다. 유다의 〈천사들〉은 거의 동등한 모호함을 지녔다. 그들은 폐허가 어떨까를 보여주지 않고, 그 대신 사람들이 폐허를 어떻게 상상할 수 있을까를 보여준다. 갠디도 마찬가지다. 그는 큰 참사를 충분히 견딜 정도로 강한 벽을 그린다. 그러나 그는 또한 부지에 있을 것 같지 않은 가는 아치들로 그곳을 채운다. 마치 부지는 선택되지 않고 파괴되지 않은 것 같다. 그리고 어떻게 반응을 해야 할지 알 수 없게 만든다. 이것이 〈천사들〉의 중심에 놓여 있는 모호함이다. 이 부지들 역시 선택되지 않았고, 이 장소들은 선택적인 대파괴에 놓였다. 구조벽들은 사라지고 위성 접시만 남았다.

전면을 잃어버리고, 문짝과 벽지는 찢겨나가고, 배관이 매달려 있는 이상한 건물이나 대학살의 장소처럼, 유다의 〈천사들〉은 어떤 상태에 대한 다이어그램이고 상징이다. 그런데 이 상태란 무엇일까? 정확하게 이런 장소들은 무엇을 말하려 할까? 그들은 무엇을 바라며, 우리가 무엇을 생각하기를 바라는 것일까? 그들은 그저 응시한다. 그리고 아무것도 말하지 않는다. 반응을 찾고 의미를 적용하기 위해서는 매우 열심히 생각해야 한다.

▼ 〈천사들〉(2006). 이 장소에 생긴 대참사가 〈천사들〉에 묘사되었다. 위성접시는 그대로 남겨진 반면, 구조벽은 조각으로 존재한다.

▼ 〈천사들〉(2006). 유다의 작품에서는 부재가 너무 강해서 부차적인 생각이 엿보인다. 관람객들은 그 틈을 채우고, 이러한 증거에 적합한 역사를 만들도록 초대되었다.

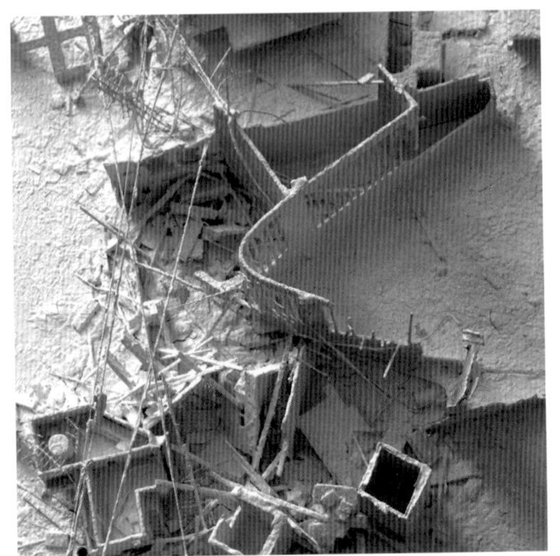

클럭하우스

옥스퍼드셔 콜스힐

사스키아 루이스
Saskia Lewis

▲ 콜스힐 저택의 1층짜리 양쪽 주방 별채 건물 사이로 본 클럭하우스의 북쪽 전경

버니 가족이 다음날 그들의 임대 계약서에 사인을 했는지 정말 궁금했다. 그 집이 다른 입주자를 원하지 않았다는 것을 의심조차 할 수 없는지가 매우 궁금했다. 내가 보기에 그 집은 낯선 사람들을 좋아하지 않았던 것 같았다. 낯선 사람들이 그 집에서 편히 지낼 수 있는지가 의심스러웠다. 세상의 상식으로는 당신 가족은 그 집에서 머물 수 있겠지만, 절대 현대적인 상태로 살 수는 없을 것이다. 아마 그 집은 사라지기를 바랐을 것이다. 그리고 웅장하고 위엄있게 사라졌다.

– 1952년 9월 30일, 윌트셔의 북부 하이워스Highworth 프레스던Fresden에서 레이 코크레인이 도리스 플레이델–부베리Doris Pleydeu-Bouverie에게 쓴 편지에서 발췌함.

콜스힐 저택은 소리를 지니고 있을 뿐 아니라 스스로 의지를 갖고 있는 듯하다. 저택은 이곳이 의도된 특별한 종류의 공간이라는 것을 알고 있다. 로저 프랫Roger Pratt(1620~1684)이 설계한 이 저택은 1650년

▲ 낡은 콜스힐 저택 지붕에서 클럭하우스와 보조 건물, 마구간, 양돈장을 내려다본 전경. 이 사진으로 저택의 높이를 짐작해볼 수 있다.

경 지어졌다. 이 저택은 17세기 중반 프랫이 여행하면서 경험한 팔라디오나 그 밖의 다른 것들을 바탕으로 하여 귀국 후 영국 전원주택의 정체성을 해석하는 일종의 습작으로 지어졌다. 그는 이니고 존스Inigo Jones에게 설계에 관한 자문을 구했다. 1966년 페프스너Pevsner는 "이는 17세기 중반의 영국 최고의 요네시안Jonesian 양식[1] 주택이다. 이 주택은 아홉 개의 구획과 2층, 큰 모임 지붕, 꼭대기 난간과 둥근 지붕의 전망대를 갖추고 있다."라고 칭송했다. 둥근 지붕의 꼭대기에 있는 황금구는 몇 마일 밖에서도 보인다. 반대로 데크 역할을 하는, 평평한 납으로 된 지붕에서는 몇 마일을 내다볼 수 있었을 것이다. 저택은 지역사회의 등대였고 중심이었다.

로저의 사촌인 조지 프랫George Pratt이 콜스힐 저택을 맡아 지었다. 후에 그의 딸은 15세기부터 콜스힐 부지를 소유했던 토머스 플레이델Thomas Pleydell과 결혼했다. 저택과 부동산은 20세기 중반에 이를 때까지 결혼을 통해 스튜어트와 부베리 가족을 한데 모으며 세대에서 세대로 대를 물려 내려왔다. 마지막에 살았던 사람은 몰리와 비나 플레이델-부베리였다. 그들은 결혼을 하지 않았고 자식도 없었지만, 저택에서 조카인 도리스와 베르트랑 플레이델-부베리를 양육했다. 이 저택은 제2차 세계대전 때 군에 수용되면서 등화관제 시 달빛에 반사되

1 윌리엄 존스 경이 발명한 것으로 동양문자를 영국문자로 옮기는 시스템

는 것을 막기 위해 지붕 위의 황금구를 양탄자로 덮었다. 플레이델-부베리 자매는 이 시기에도 계속 저택에 살았다. 그러나 그들의 집이 특급 비밀 아래 저항군을 훈련하는 예비 부대의 본부가 되었는지에 대해서는 알지 못했다. 수많은 폭격훈련이 이루어지는 동안 개들에게 아스피린과 브랜디를 먹여 안정시켜야 했고, 주방 한쪽은 사고로 무너져 내렸다.

고모와 함께 저택에 살았던 베르트랑 프레이델-부베리는 지붕의 한쪽 끝에서는 느릅나무에 있는 까마귀 둥지와 그 속의 알이 내려다 보였고 다른 쪽에서는 세탁실이 보였던 것을 기억한다. 한 장의 사진이 있는데, 거기에는 세탁실, 세면실, 페인트숍, 잡동사니방, 양조장 등이 있고, 후면에는 지금은 클럭하우스Clock House라 불리는 마구간과 양돈장이 있던 보조 건물의 다소 수수하고 별다른 장식 없는 마당이 있다. 들려진 1층과 8개의 큰 굴뚝, 절제되고 정연한 정원, 확장된 잔디, 자갈로 포장된 차로 등, 이 건물의 보조적인 수집품은 극적인 전망이 있는 저택의 웅장함에 반해 기능적인 질서감을 갖추고 있었다. 전망은 산등성이로 향하는 공원 위로 펼쳐졌다. 그런데 상황이 바뀌었다.

콜스힐 저택은 1952년 9월 23일 극적인 화재로 소실되었다. 다음날 석간신문인 「스윈던스 이브닝 애드버타이저*Swindon's Evening Advertiser*」는 녹아버린 납이 은비처럼 지붕에서 흘러내렸다고 보도했다. 저택은 임대를 위해 소규모로 보수를 하고 있었다. 거의 2백 년 동안 첨탑에서 천장 속으로 꿀을 흘려보내던 벌집을 제거하고, 추가로 모든 목재를 긁어내 다시 도장을 하고 있었다. 그런데 지붕의 뻐꾸기 창을 도장할 때

▲ 북쪽을 바라보는 클럭하우스의 전경. 세면실이 서쪽의 날개 건물에 자리 잡고 있고, 세탁실, 페인트 창고와 잡동사니 방은 시계탑 하부 건물 본체에 있으며, 양조장은 동쪽 날개 건물에 있다.

사용된 작은 화염기의 불꽃이 화재를 일으켰고, 이 불은 크게 번질 때까지 발견되지 않았다. 저택의 북측에 직각으로 자리하고 있으며 길에서 약 15미터쯤 떨어진 클럭하우스는 대재난을 피할 수 있었지만 평생 동안 기능을 해오던 저택의 파괴를 목격해야 했다.

이것이 같은 시기에 속하지만 다른 상황에 처한 두 건물에 대한 이야기다. 실제로 많은 훌륭한 건물들이 이런저런 이유로 20세기에 생존하는 데 실패했다. 막대한 유지 비용이 들기 때문에 그 큰 덩치를 현대적인 삶에 적응시키는 데 실패한 것이 주된 이유였다. 현대적인 생활에 적응하기를 거부하고 3백여 년을 변함없이 서 있었던 건물을 생각하면 신기하게도 불안감이 사라진다. 법적으로 이 땅은 작게 나

▲ 1946년 4월 10일, 2차 세계대전 당시 군에 수용된 뒤의 콜스힐 저택 항공사진. 초원 남쪽의 흔적은 군부대의 훈련에 따른 결과다.

Evening Advertiser SPECIAL

FIRE DESTROYS COLESHILL HOUSE

Estate hands help firemen to save art treasures

Busmen get 7s. rise in basic pay

Smuggling in ship threat to revenue

▲ 석간신문 「스윈던스 이브닝 애드버타이저」 1952년 9월 24일자 기사의 사본. 전날 화재로 인한 콜스힐 저택의 피해에 대해 다루고 있다.

눌 수 없었다. 반면에 상속과 죽음을 통해 반복된 손실은 자매가 저택과 땅을 유지할 수 없을 만큼 가족의 재산을 고갈시켰다. 이는 많은 귀족 저택이 철거되는 결과를 낳은 20세기 중반의 일반적인 문제였다. 자매는 이런 상황을 피하기 위해 적당한 가격으로 어니스트 쿡Ernest Cook에게 저택을 팔았다. 그가 죽을 때 저택을 내셔널 트러스트에 기증하는 것이 조건이었다. 쿡은 화재 후 대지를 평평하게 만들었고, 그가 죽은 뒤 사유지는 내셔널 트러스트에 넘겨졌다. 거의 십여 년 동안 파괴된 부지는 완전히 버려졌다.

1960년대 초 클럭하우스는 '주 건물'이 되었다. 예술가이자 목수이며 사진가인 마이클 위크햄Michael Wickham과 건축가 키트 에번스Kit Evans는 내셔널 트러스트로부터 저택을 임대했다. 그들은 이 저택을 런던의 가족과 함께하는 주말 휴가지로 사용했다. 클럭하우스는 주 건물을 향해 남쪽으로 열려 있으며, 마당을 감싸는 무게감 있는 단일 건물이다. 그리고 주 건물에서 잘 보이지 않는 증축된 부분과 함께 길 건너에 있다. 단층으로 된 두 개의 날개 부분은 열려 있는 복도에 의해 분리된 채 콜스힐 저택의 동쪽과 서쪽을 향해 있다. 이곳에는 연

▼▼ 콜스힐 저택의 부속 건물과 인근 건물 배치도

▼ 콜스힐 저택의 화재. 이 시점에는 건물이 비어 있었고, 사람들이 살지 않아 남아 있던 가구들은 재빨리 밖으로 옮겨졌다.

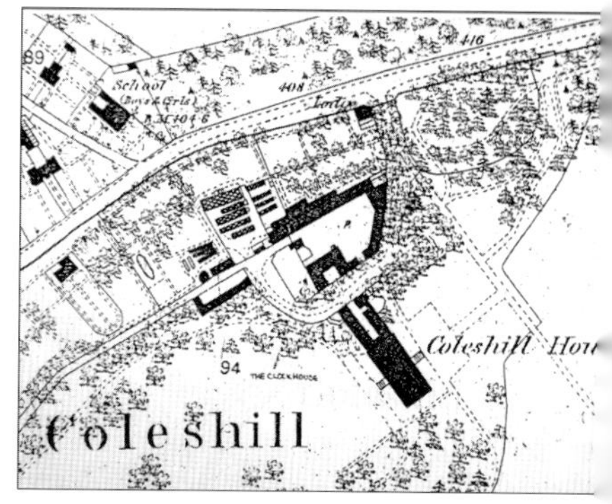

◀ 1952년 9월 23일 화재로 손상된 콜스힐 저택 내부. 홀을 장식한 회반죽의 일부가 잔해의 혼돈 속에 남아 있다.

▼ 산등성이를 향해 남서쪽을 바라본 초원 지대. 콜스힐 저택 부지를 둘러싸고 있다.

▶ 클럭하우스 입구에 있는 두 개의 동상. 하나는 집이 타는 것을 보는 듯 입을 벌리고 놀라는 표정이고, 다른 하나는 엄숙한 공군 군복을 입고 있다.

료, 음식 창고와 주방, 하인들의 거처가 포함되어 있다. 이 부분은 부분적으로 전쟁 도중 군에 수용되어 파괴되었고, 화재 뒤에는 콜스힐 저택과 함께 완전히 철거되었다.

이후 위크햄 가가 거기에 눌러 앉았다. 그들은 여유롭지 않은 예산으로 저택 내부를 직접 계획하고 설계하고 지어 살 만하게 가꾸었다. 마이클과 신시아, 아이들 젬마와 폴리는 건물 서북쪽의 세면실과 세탁실이었던 곳에 거주했다. 신시아는 그들이 '거실 바닥의 슬리핑 백 속에서 어떻게 첫날밤을 났는지'[2] 기억하고 있다. 그곳은 원래 빨래를 서까래에 걸수 있게 2층 높이로 된 세탁실의 서쪽 끝부분이었다. 세면실은 주방이 되었고, 이는 저택의 중심부가 되었다. 마이클은 최

2 게마폭스Gemma Fox, 『콜스힐2000 – 콜스힐의 추억』, 애드리언 버라타Adrian Buratta에 의해 개인 출판됨, p.120.

▲ 보초 동상이 있는 클럭하우스 중앙 정원. 보초 동상은 낡은 집을 바라보고 있다. 사람들은 여름밤이면 여기에 모여 음식과 와인을 나눈다.

소 열두 명이 둘러앉을 수 있는 둥근 식탁을 만들어 사용했다. 난방은 기름 난로가 담당했다. 그리고 주방에는 주방기구가 있었다. 욕실과 침실은 주방 상부에 두었다. 침실은 원래 본 건물이 있던 부지의 남쪽을 바라보고 있고, 욕실에는 포장된 정원을 내려다볼 수 있는 마룻바닥까지 내려온 낮은 은색 창이 있다. 서쪽의 정원은 빨래의 건조 공간이었던 것으로 보이며 담이 있다. 지금의 정원에는 나무와 온실, 의자, 테이블 등 아름다운 것들이 격의 없이 가득 차 있다. 깨진 돌로 이루어진 90센티미터나 되는 벽이 감싸고 있는 공간은, 겨울에는 난방이 천천히 되고 여름에는 기온을 시원하게 유지하기가 용이하다. 1층에서부터 창은 높고, 창가에는 나무와 장식들이 가득하다. 창 가까이 앉으면 나무와 하늘이 바라보인다.

키트, 마르샤, 토비와 댄 등 에번스Evans 가족은 단지의 동쪽 날개인 낡은 양조장과 헛간으로 보이는 2층에 정착했다. 그들은 저택을 조금 다르게 바꾸었다. 외부 공간은 낡은 양조장의 1층으로 흘러들어온다. 그곳은 장화와 코트로 가득 차고, 가을에는 정원의 사과나무에서 바람에 떨어진 사과를 담은 바구니로 가득하다. 사실 모든 것들이

▼ 본래 클럭하우스 서쪽은 건조 마당이었다. 담장이 있는 포장된 마당은 지금 데니 위크햄Denny Wickham이 관리하며 사용하고 있다.

▶ 게시판에 붙어 있는 콜스힐 정원의 항공사진

▼ 2층으로 올라가는 계단은 그림과 도면, 화분, 거울, 골동품들로 화려하다.

임시로 보관되고 있었다. 내부의 동쪽에는 단순한 목재 계단을 따라 2층으로 올라가고, 이는 돌로 된 외벽에 매달린 목재 층으로 연결된다. 거실은 양조장 벽 안에 있고, 양조장과 헛간 사이의 정점에 주방이 있다. 그리고 거실과 침실은 이 주방으로부터 분리된다. 토비와 댄은 오래된 공원에서 신나게 뛰어다니며 암흑을 탐구했고, 지저분한 것들로 가득하지만 맘껏 뛰놀 수 있는 오래된 집에서 어린 시절을 보냈다. 댄은 지금 가족과 함께 이 집에 살고 있고, 집에서 건축사무소를 운영하고 있다.

신시아는 이사를 갔고, 마이클은 데니와 결혼했다. 젬마가 자신의 가족을 이루었기 때문에 주택의 서북쪽에는 제3의 가

▲ 창 문설주 위에 놓인 오브제들의 컬렉션. 창은 세탁실이었던 곳의 상부 2층을 증축한 부분에 있다.

▶ 이전 세면실 안의 주방. 마이클 위크햄은 가족과 친구들이 모일 수 있게 아름다운 원형 식탁을 만들었다. 이곳이 주방의 중심이다.

▲ 이전의 귀족 저택의 경계를 표시하던 회양목 울타리. 라임나무 가로수길의 잎 사이로 낮게 손질된 부분을 볼 수 있다. 이 부분은 창의 위치를 표시해준다.

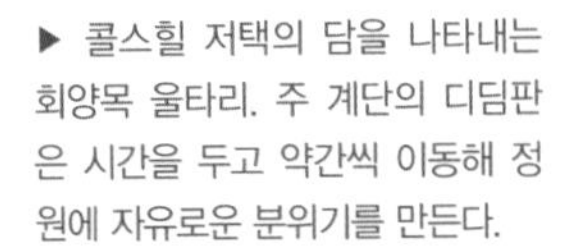

▶ 콜스힐 저택의 담을 나타내는 회양목 울타리. 주 계단의 디딤판은 시간을 두고 약간씩 이동해 정원에 자유로운 분위기를 만든다.

▶ 1960년대에 조성된 새로운 라임나무 가로수길. 이 가로수길이 주 건물로서 클럭하우스의 새로운 위상이 인정될 수 있게끔 부지의 방향 전환을 도왔다.

족을 위한 칸막이가 세워졌다.

폭스Fox 가족은 시계탑 밑에서 산다. 2층 높이의 거실에는 더 많은 공간을 만들기 위해 층이 추가되었다. 세탁실의 동쪽 끝부분이었던 주방은 과거의 흔적과 함께 기존의 바닥을 남겨두기 위해 목재로 들어올려졌다. 돌로 된 오래된 세탁실 바닥의 배수구와 그레이팅 등은 새로운 층 바닥에 남아 있다. 건물은 여전히 전체적으로 사용되고 있다. 항상 한 집에서 다른 집으로 걸어 다니는 사람들이 보이고, 그들은 각자의 집에 누군가가 오는 것을 환영한다.

클럭하우스는 까다롭게 허세를 부리지 않고 유기적인 방법으로 발전해왔다. 또한 건물들은 지나치게 길들여지지도 않았다. 상부 바닥을 삽입했음에도 불구하고 공간은 여전히 수직적이다. 건물의 전체적인 느낌을 변화시키기보다는 생활의 편의를 위한 개입이 조금씩 이루어졌다. 경계는 조정되었고, 내부는 세월을 거치면서 필요에 따라 열

▲ 건물 서쪽 날개 부분에 있는 세면실과 세탁실로 들어가는 문. 이곳이 데니 위크햄이 살고 일하는 장소다. 그녀는 색깔이 풍부한 인도 의류를 주문하여, 이를 그녀의 고유 브랜드로 만들어서 클럭하우스에서 팔고 있다.

리고 닫혔다. 다른 큰 건물들처럼 웅장하지 않다면, 이 건물은 멋진 곳으로 불리며 사랑받을 것이다. 이곳은 생활의 복잡함으로 가득 차 있다. 이곳은 집이기 때문이다.

오래전에 비워지고 기능적이었던 마당은 지역의 활기찬 중심부가 되었다. 흩어져 있는 테이블과 의자가 공간을 가득 채웠고, 비공식적인 모임, 특히 따뜻한 여름 저녁에 와인 한 잔 마시는 모임에 어울리는 장소가 되었다. 이런 모임은 양조장이 일꾼들의 비형식적인 술집이었던 시절의 추억을 떠올리게 한다. 군복을 입은 고전적인 동상 두 개가 이 마당 쪽의 입구를 지키며 없어진 건물 쪽을 바라보고 있다. 하나는 놀라서 입을 벌리고 눈을 크게 뜬 모습이고, 다른 하나는 엄숙

▶ 클럭하우스의 시계탑으로 가는 홀과 계단. 폭스 가족의 집으로 들어가는 현관홀이기도 하다.

하게 찌푸린 얼굴로 고정되어 있다.

마이클 위크햄Michael Wickham은 그의 글에서 1961년 이곳에 도착했을 때 잔디밭이 얼마나 굉장한 잡초밭이었는가를 묘사하고 있다. 그곳은 잔디를 전부 깎은 뒤에도 무엇이 있는지 아무런 암시를 주지 않는 주름진 옷 같은 느낌을 주었다. 늘 거기에 있었던 것처럼 1989년까지는 과거를 뒤로한 채 화려한 파티를 위한 장면을 제공했다. 지금은 사람이 살고 있는 클럭하우스와 함께 부지와 관련해 축의 변화가 일어났다. 1965년 본 건물에서 서쪽 장소를 가로지르는 곳에 라임나무 가로수를 심어 변화를 주었고, 남쪽으로의 전망을 재설정했다. 이 가로수길은 예전의 가로수길을 모방한 것이었다. 예전의 가로수길은 지금은 없어졌지만 저택에서 보면 건물 정면 잔디밭의 북쪽 테두리에 라임나무들로 조성된 것이었다. 가로수길은 다른 가로수길과 함께 서로 직각으로 놓였다.

이러한 요소들은 바로 옆 부지의 비공식적인 보초가 된다. 20세기 중반 대규모 귀족 주택의 소멸에 대한 이야기는 흔한 것이다. 그러나 콜스힐에 존재해 있던 것들을 그 부지에 표시하기로 한 결정은 콜스힐을 뭔가 특이한 것으로 만든다. 테니스 코트를 표시하기 위해 하얀 선을 그리는 계획에 대한 이야기가 오갔는데, 이는 없어진 주택의 1층 평면에 정원을 조성하자는 것으로 번복되었다. 클럭하우스 2층에서는 남쪽으로 잔디밭과 공원 용지, 콜스힐 저택이 있던 넓은 정원을 내려다볼 수 있다. 마이클과 데니 위크햄은 배치 계획을 세우고 후원금을 모아 작업에 착수했다.

이 정원은 경계가 중요한 것이 아니다. 끝없는 잘라내기가 필요한 정원도 아니다. 건물의 흔적을 나타내던 잔디는 걷어내고 자갈과 함께 잡초가 나지 않게 플라스틱을 깔았다. 저택의 외벽은 기존의 창이 있던 부분에 상자형 울타리를 조성했는데, 이 울타리는 지금은 새들의 보금자리가 되었고 여름에는 벽처럼 보이지 않는다. 울타리에서 새가 떠나면 딱 한 번 가지를 짧게 친다.

모든 계단은 건축 도면에 나타나 있는 것처럼 원래의 계단과 테라스의 위치가 표시되도록 델라볼Delabole(노스 콘월에 있는 마을)의 슬레이트 판으로 재현되었다. 이 슬레이트들은 정원을 거니는 방문객으로 인해 오랜 세월에 걸쳐 이동되었고, 결과적으로 더 자유롭게 흩어지게 되었다. 1층이 들어 올려 있으므로 주택의 정문과 후문에는 외부 계단이 있었을 것이다. 주택의 정문과 후문은 이것이 동쪽에서 서쪽으로 건너가는 통로임을 나타낸다. 영화 〈사일러스 아저씨*Uncle Silas*〉(1947)에서는 정면 계단에서 잔디를 가로질러 달려가는 진 시먼스가 보인다. 이 건물에 익숙한 사람들은 누구나 그녀가 계단으로 뛰어올라 양끝이 계단에 의해 극적으로 펼쳐진 홀로 들어가는 모습을 상상하게 될 것이다.

이 건물의 남북 방향으로 펼쳐져 있던 좀 특이한 중앙 계단은 각 층에서 이 건물의 앞과 뒤를 분리하고 있다. 이 중앙 계단에는 라벤더가 심겨져 있는데, 여기는 벌과 나비들의 집이며, 클럭하우스의 중정으로 직선 산책로를 만들어낸다. 영국에서는 이런 유형이 첫 사례였으나, 그 시기의 유럽에서는 일반적이었다. 일부 내벽은 목재로 되어 있는데, 여기에서 식물이 자라며 조금씩 움직여 원래 방들의 경직된 배치를 변경시켰다.

이 정원의 성공은 자유로움에 있다. 만약 이것을 집의 재현이라고 한다면, 이 정원은 정말 사람들이 살았던 집일 것이다. 대재난에서 나온 재가 원래 1층의 흔적이 드러나게 자리 잡은 자생식물을 왕성하게 양육하는 것과 같다. 각 방을 덮고 있는 카펫들은 부드러운 작은 구멍이 많은 백리향에서부터 야생딸기나 겨울 세이보리로 다양하게 덮여 있다. 정원에서는 끊임없는 변화가 이루어진다. 맨발로 카펫 위

◀ 클럭하우스의 정면을 가로질러 바라본 동쪽 전경

▶ 이전에 양조장이었던 에번스 가족의 집 입구. 1층은 장화, 자전거, 바구니, 건조 중인 옷으로 가득 차 있다.

▲ 건조 마당의 한 틈새에는 세월을 거쳐 가족과 친구들의 키를 잰 연필 자국이 남아 있다.

▲ 콜스힐 저택의 중앙 복도는 클럭하우스와 직접적으로 축을 이루는 라벤더나무 길로 정리되어 있다. 관목들은 벌과 나비를 유혹하고, 이는 부활한 부지를 활기차게 한다.

를 걸으면 향기가 공중으로 퍼져나간다. 클럭하우스와 정원은 모두 편하다. 그것들은 겉치레 없이 품위를 갖추고 있다. 지역 사회의 생명력을 보존한다는 정체성을 유지하고 있다.

협동적인 관계 속에서 콜스힐과 거주자 사이에는 수고와 창의에 대한 유산이 있다. 건물과 정원에서는 아직도 지역 주민들과 멀리에서 오는 방문객을 위한 정기적인 모임이 열린다. 그리고 이곳에 거주하는 이들이나 방문한 이들에게 깊은 감동을 준다. 주저택이 존재하는 동안 주저택을 점유해온 플레이델 가족을 따르는 것이 적합하다. 지금은 위크햄, 에반스와 폭스의 가족이 살고 있으며, 이들은 클럭하우스에서 새로운 세대를 양육하고 있다. 다른 가족들은 더 최근에 이 지역으로 이사와 지역의 정서를 나누고 있다. 여기서는 서로 다른 세대가 전체적으로 현대 사회에서 소외된 것 같은 방법으로 함께 시간을 보내고 있다.

비록 변형이 되더라도 건물의 소리가 살아 있다는 것은 아주 가까운 과거의 신화이고 구전되는 지식이다. 정말로 시간이 느리게 느껴지는 장소는 거의 없지만, 콜스힐은 예외다. 남아 있는 건물들은 오히려 그들이 거주자를 돌보고 있는 것처럼 보인다. 여기에는 친밀함과 고요함, 정적이 있다. 거주자들은 저택의 땅과 마을의 유산이 맺은 그 관계를 상속해 왔다. 그리고 저택의 땅은 건물과 함께 생애를 이곳에서 보낸 사람들의 특성에 토대를 두고 있다. 과거는 보물이 되었고 현재와 하나가 되었다.

▼ 이전에 세면실과 세탁실이었던 2층 욕실에서 건조 마당을 내려다본 조망

▼ 복도에서 욕실을 본 전망. 빛이 구멍을 통해 스며들고, 내부는 부드럽게 채광된다.

▶ 에번스 집의 거실. 또 다른 현관이 건물 동쪽에 있는 마구간으로 직접 유도한다.

▼ 지금은 역할이 뒤바뀌었다. 예전에 세면실과 세탁실이었던 지금의 2층 침실에서 밖을 내다보면 정원이 보인다. 정원에는 콜스힐 저택이 있던 흔적이 표시돼 있다.

배터시 발전소

런던 배터시

데이비드 리틀필드
David Littlefield

- 자일스 길버트 스콧 경이 설계했다. 1933년 위임되었으며, 1983년 문을 닫았다. 현재 재개발에 대한 제안이 논의 중이다.

배터시 발전소Battersea Power Station는 두 부분으로 지어졌다. A부분은 1933년에 개방했고, B부분은 1944년 공사를 착수해 11년 뒤에 개방했다. 각 부분은 각 단부에 굴뚝이 있다. 이곳은 1983년 발전소가 폐쇄된 이후로는 망각의 장소가 되었다. 홍콩에 기반을 둔 가족 회사 파크뷰 인터내셔널Parkview International 개발회사가 1983년 발전소를 매입해 건물과 부지를 동시에 재생하는 계획안을 마련했으나, 2006년 말 400만 파운드에 부지를 아일랜드계 그룹인 리얼 에스테이트 오퍼튜니티Real Estates Opportunities에 매각했다. 매각되기 전에 건물의 상징인 네 개의 굴뚝은 상태가 나쁘다는 이유로 해체하고 다시 짓자는 의견이 있었다.

존 콜링우드John Collingwood는 열여덟 살이던 1969년에 배터시 발전소에서 일하기 시작했다. 전기공이었던 그는 이직하고 런던으로 갈 때까

▼ 배터시 발전소는 각각 두 개의 굴뚝이 있는 두 부분으로 나누어 지어졌다. A부분은 1933년에 지어졌으나 1950년대까지는 상징적인 네 개의 굴뚝을 모두 볼 수 없었다. 발전소는 빠르게 런던의 랜드마크로 자리를 잡았고, 1983년 문을 닫을 때까지 열두 개의 작은 발전기들이 가동되었다.

지 5년 동안 그곳에서 일했다. 콜링우드는 지금은 은퇴하고 최근 센트럴 성마틴 예술대학Central St. Martins College of Art and Design 회화과에서 공부하고 있었는데, 텅 빈 공간이 되어버린 발전소를 촬영하기 위해 배터시로 돌아왔다. 이 방문은 공간들과 콜링우드 자신의 기억들 모두를 탐구하게 만들었으며 사진들은 확실한 실망감을 전하고 있다.

콜링우드는 폐허가 된 뒤에도 런던의 풍경에 있어 상당한 무게감을 지니고 있던 발전소를 기억한다. 그곳은 뜨거우면서 동시에 차갑고, 오점이 없을 정도로 깨끗하면서도 동시에 불가능할 정도로 불결한 곳이었다. 건조하면서 습하고, 귀가 먹을 정도로 시끄러우면서도 반대로 조용한 곳이기도 했다. 장비 기술자로서 콜링우드는 믿을 수 없이 광대한 공간 안에서의 복잡하면서도 작은 메커니즘들을 경험해왔다. 그의 기억은 지붕이 제거된 오늘날의 모습과 대조되면서 증발해 버렸다. 그리고 건물은 그곳에 존재하는 것 외에는 더 이상의 변화나 경이로움을 제공하지 않는다.

배터시 발전소는 비밀과 신화의 장소다. 콜링우드에 따르면, 미군이 무장한 채 정기적으로 건물 보일러실에서 태울 서류 무더기를 이곳으로 가져왔다고 한다. 지역 주민들은 영국은행도 여기에서 은행권 지폐를 태웠다고 믿고 있다. 그리고 온도와 압력의 의심스럽고 우연한 조합으로 많은 지폐들이 잿더미 속에서 타지 않았을 거라고 믿고 있다. 은행이 얼마나 많은 지폐를 태웠는지, 또는 사라졌는지, 통화 회전을 위해 얼마나 회수했는지 결코 알지 못한다. 더욱이 제2차 세계대전 중 독일군 폭격기 승무원들은 건물이 전략적으로 중요함에도 불구하고 교묘하게 건물 폭격을 자제했다. 발전소의 상징인 굴뚝

▲ 이곳에서 전기공으로 일한 적이 있는 사진작가 존 콜링우드는 건물의 현재 상태가 세심하게 무시되고 있으며, 나중에는 반달리즘을 불러올 것이라고 믿고 있다. 사진의 이 구멍은 철거공의 작품이다.

은 방향을 나타내는 기준점으로 역할을 했다. 그 때문에 계기판이 고장난 비행기들이 그들의 기지로 찾아갈 수 있게 도왔고, 이는 굴뚝이 계속 존재해온 의미였다.

정말 아이러니한 것은 독일 공군의 항공지도 역할을 해온 건물이 지금은 지상에서 서 있기도 너무 힘들다는 것이다. 발전소 내의 어떤 곳이든 접근할 수 있던 콜링우드가 1999년과 2002년에 발전소를 다시 방문했을 때는 이곳에서 길을 잃었다. 그는 말한다. "건물을 처음 방문하는 것처럼 느껴졌습니다. 나는 좀처럼 어디에 무엇이 있는지 찾을 수 없었습니다. 정말 크게 실망했어요. 나는 내가 찾아야 했던 것들을 포기해야만 했습니다."

콜링우드의 사진 기법은 장시간 노출에 의지하고 있다. 그는 빛과 그림자의 트릭, 그리고 공간의 '역사'를 잡으려는 노력의 일환으로 조리개를 장시간 열어둔다. 그는 "과다 노출로 필름이 너무 타서 사물이 거기에 있었는지 절대 알 수 없습니다."라고 말한다. 그러나 배터시의 후원자들은 인내심이 없었다. 그는 말한다. "내가 정말 바라는 것은 장시간 거기에 있는 것이고, 나에게 허용되지 않던 것들을 취하는 것입니다." 여기서, 셔터는 오직 90초만 열려 있었다. 콜링우드는 이런 사진을 찍을 때 자신이 기억하고 싶은 공간만 촬영한다. 불쾌감을 주지 않는 문, 빈 공간과 특이한 디테일의 사진들이 그렇게 해서 촬영된 것들이다. 이러한 사진들은 그의 상상 속에서 다시 건물에 살게 된다. 이 사진들은, 대화를 하려면 귀를 멀게 할 정도의 철커덕거리는 소리가 나 입 모양을 읽어야 하는 곳, 그러니까 입하되기 전 보일러 시스템의 압력으로 석탄을 잘게 부수는 철재 베어링이 있는 데서 일하는 사람들에 관한 것이다. 또 이 사진들은 이 건물에서 다양한 직위나 직종을 상징하는 색(갈색, 녹색, 흰색, 파란색)의 작업복을 입은 사람들, 아르데코의 비상 조정실과 '화려한' 이탈리아 대리석 터빈 홀의 〈플래시 고든*Flash Gordon*〉의 열정을 연상시키는 사람들에 관한 것이다.

콜링우드는 발전소를 살아 있는 개체지만 성실한 일꾼들의 봉사를 필요로 하는 '비인간적인' 집단으로 묘사한다. 그곳은 무에서 유를 창조하는 기량이 풍부한 많은 퇴역 해군 기술자를 포함해서 세심하게 기계적으로 움직이는 사람들로 붐볐다. 그곳은 기계가 있는 큰 창고 같은 곳이 아니라 통합된 전체로 구성된 곳이었으며, 잘 조정된 장소였다. 콜링우드는 철거된 보일러를 기억한다. 보일러의 철거는 장시간에 걸친 대수술이었다. 철거를 마무리하는 데 3년이 넘게 걸렸을 정도로 조심스러운 수술 중 하나였다. 그는 말한다. "건물은 살아 있습니다. 건물로 들어가는 것은 정상적인 사회의 바깥으로 나가는 것과 같습니다. 당신은 이곳에 들어갈 때마다 놀랄 것입니다."

오늘날, 콜링우드를 특히 불안하게 하는 것은 건물이 너무 철저하게 폐기되었다는 것이다. 정말이지 이곳은 의도적으로 방치되었기 때문에 이 기계의 미로들을 풀어낼 어떤 인간적인 실마리를 찾을 수 없다. 어떤 곳에서는 겨울에 너무 추워 종업원들이 잠수부 양말을 신어야 했던 반면, 다른 곳에서는 너무 덥고 습기가 차서 모슬린으로 된 조끼를 입어야 했던 곳이다. 또 무슨 이유에서인지는 확실치 않지만 여성 청소 직원이 나무로 된 나막신을 신고 있었던 곳이다. 이렇듯 여러 가지 이유로 발전소는 이상한 장소였다. 어느 부분은 잔뜩 증기가 차고 반짝이는 불이 있었던 반면, 다른 곳은 건물 꼭대기의 환풍기 층처럼 조용하고 춥고 사람도 없었다. 게다가 다른 데보다 더 높이 들어 올려진 공간들은 '달 표면의 풍경'처럼 방해받지 않는 회색 먼지의 반복되는 형태로 있었다. 그는 말한다. "그것은 색이 없는 형태와 빛의 충돌이었습니다. 그것은 솔 르윗Sol LeWitt(1928~2007. 미국의 화가)의 그림과 같았죠. 처음 솔 르윗의 그림을 보았을 때 나는 '본 적이 있다'고 생각했습니다."

현재의 상황에도 불구하고 콜링우드는 발전소가 부분적으로 강점을 지니고 있다고 느낀다. 그는 일종의 잠재력을 느끼는 것이다. 이 느낌은, 그 순수한 덩어리가 지붕도 없이 맞이한 여러 고집스러운 반달리즘으로부터 살아남았다는 사실에서 생겨나는 것이다. 발전소는 "번Vern은 GBH를 위해 10년 동안 일하고 있다. 그를 배신하지 말라." 고 한 외벽의 모호한 낙서에서 볼 수 있는 것처럼 매력적인 동물이다.

▼ 대부분의 내부 바닥은 철거되거나 떨어져 나갔다. 건물의 커다란 내부 벽에는 이전에 있던 계단과 바닥의 위치를 표시하는 흔적만이 남아 있다.

에릭 패리와의 인터뷰

▲ 에릭 패리

"내가 정말 이해하려고 노력하는 것은, 건물이 자신을 담고 있던 인간의 삶을 통해 어떤 목소리를 얻을 수 있을까 하는 것입니다. 건물과 사람 사이에는 상징적인 관계가 있습니다. 그들은 서로에게 표시를 남기죠. 나는 성 마틴-인-더-필즈St. Martin-in-the-Fields 교회와 폴랭성Château de Paulin의 순결파(중세 유럽에서 시작되었으며, 이단으로 지목되고 있는 기독교 일파) 신자의 부지에는 과거의 삶에 대한 풍부한 증거들이 있다고 상상합니다. 나는 당신이 어떻게 기존 건물과 모호하게 묘사된 것 사이에서 관계하고, 또 당신이 역사와 장소의 수수께끼에 대한 대화 속으로 들어가는 것을 받아들일 것인지 아니면 무관심하게 당신의 표지를 만들어낼 것인지 궁금합니다……."

에릭 패리Eric Parry는 클러큰웰Clerkenwell 방의 황환 안에 앉아 내 의도에 대해 생각한다. 일을 끝내고 로열아카데미Royal Academy에 참석해야 하는 사이의 40분 동안, 그는 내시Nash, 깁스Gibbs, 렌Wren, 런던, 폐허, 프랑스의 전원, 그리고 전원의 삶에 대한 자신의 영감들을 이야기한다.

▲ 성 마틴-인-더-필즈 교회의 1층 홀로 접근을 열어주고, 2층 높이의 공간으로 떨어지는 파빌리온 부분의 단면. 이곳에 새로 복구된 지하층의 채광정이 있다.

"이 나라, 특히 런던은 자연 그대로인 것이 거의 없죠. 모두 층을 이루고 있습니다. 결과적으로 많은 프로젝트들은 강력한 사회·역사적 배경을 갖고 있습니다. 그리고 이는 건축 작업을 할 때 건축가가 느린 침투작용에 의해 아마추어 역사가가 된다는 것을 뜻합니다. 보존 전문 건축가는 마치 어떤 사건의 역사를 숙지한 병리학자나 법정 변호사처럼 역사적 분석으로부터 건축 작업을 시작할 것입니다. 그리고 그들은 자신이 상세히 알게 되고, 건물 또는 그 장소의 역사에 대한 모든 질문에 답할 수 있을 때까지 빠져들 것입니다. 현상 설계를 할 때나 잠재적인 프로젝트에 대한 답변을 위해 초청을 받았을 때, 나는 사람들이 근본적으로 창의적인 직관과 함께 작업한다는 것을 알게 되었습니다. 급하고, 격정적이며, 직관적인 초기의 기본적인 판단 또는 결정은 프로젝트의 발전과 재현을 통해 모든 과정에서 도전받을 것입니다. 그리고 이 과정에서 그들은 산산이 부서지거나 아니면 강

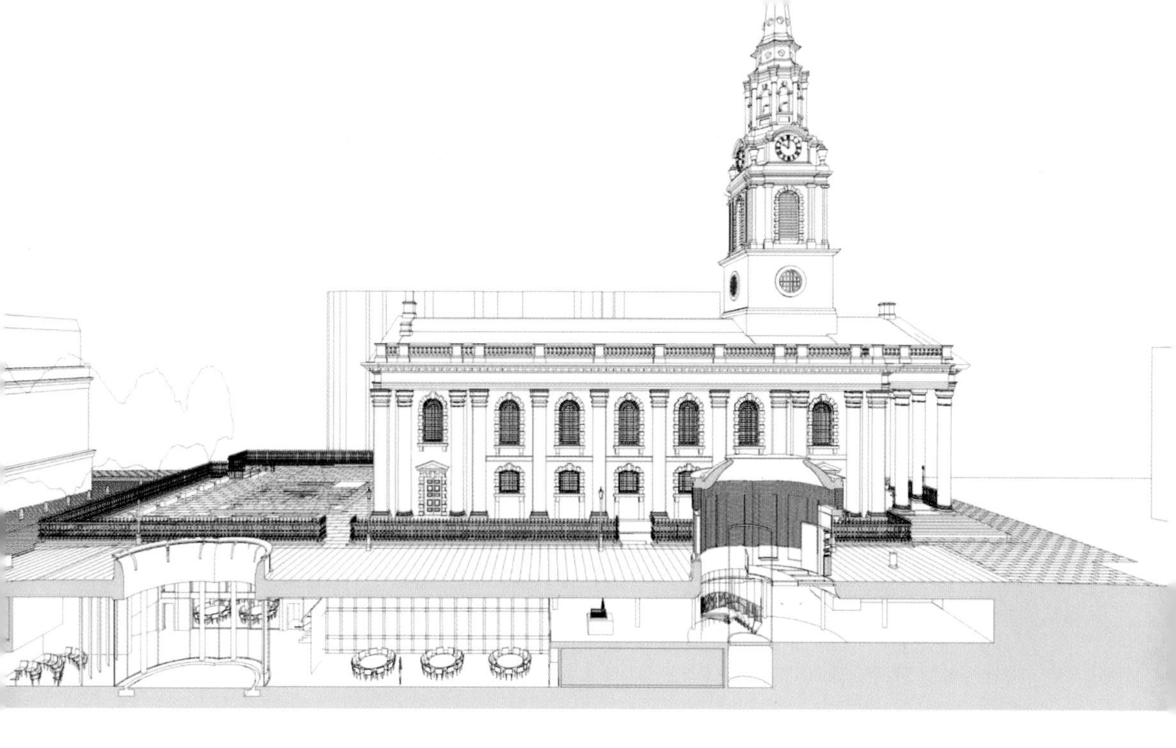

▲ 성 마틴-인-더-필즈 교회. 교회의 북쪽 입면과 지하층의 공간의 흐름을 보여주는 단면 투시도

해질 것입니다. 어떤 규모든 이러한 작업 환경 내의 간섭은 매우 강합니다. 나는 이런 사물들 속에서 순수에 대한 확실한 감각을 유지하는 것이 중요하다고 생각합니다. 공포심을 느낀다면 성공하지 못합니다. 이것이 건축적인 교육에 있어 중요한 것입니다. 여기에는 사고의 자유가 있습니다. 그러나 당신은 언제나 당신 스스로 그렇게 하지 못하게 하는 것을 방어해야 하며 당신의 생각들과 늘 토론해야 합니다."

그는 성 마틴-인-더-필즈 교회의 보존과 확장에 대한 진행 과정을 담고 있는 서류철을 펼친다. 트라팔가 광장Trafalgar Square의 북동쪽에 있으며, 런던 중심부에서 잘 알려져 있는 이 교회는 노숙자를 위한 사업과 촛불 연주회로 유명하다. 프로젝트는 4년 전 현상 설계를 통해 이루어졌다. 완공된 지는 1년 정도 되었다.

"성 마틴-인-더-필즈 교회는 깁스, 내시와 함께 또는 이 둘 사이에서 작업할 수 있는 기회를 제공합니다. 부지를 걷는 동안 내게는 두 가지가 떠올랐습니다. 첫 번째 것은 내시의 둥근 천장의 미로와 거기서 일했던 모든 사람들입니다. 그러니까 음악가들을 위한 휴게실, 중국인 지역 사회, 화장실, 그리고 젊은이와 노숙자를 위한 야간 숙소와 작업에서의 강한 분위기 속에서 일했던 모든 사람들 말입니다. 두 번째로 떠오른 생각은 빛과 방향이 설계에 있어 중요한 문제가 될 것

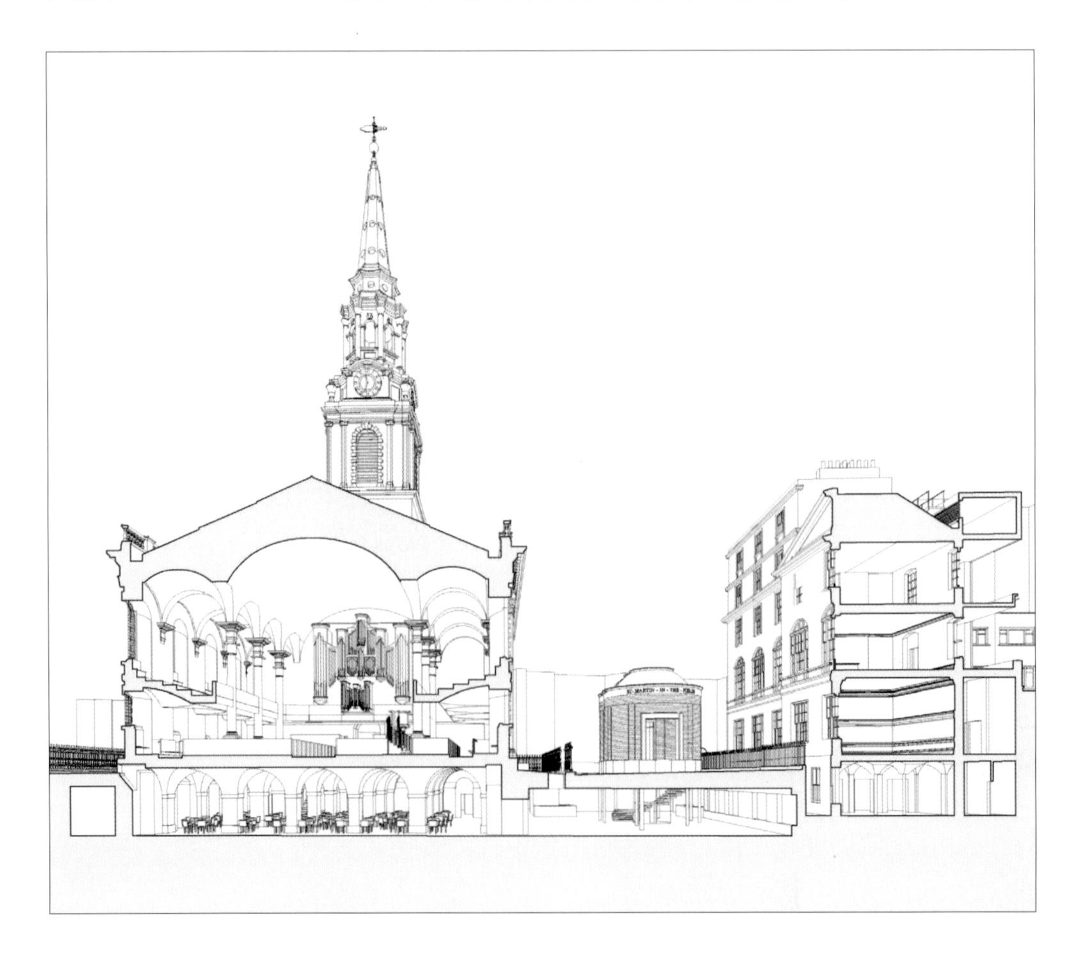

▼ 성마틴-인-더-필즈 교회. 교회의 본당과 리모델링된 지하, 새로 판 공간, 그리고 서쪽을 바라보는 단면 투시도. 이것은 내시 레인지에 의해 보수된 부분을 보여주고 있다. 도면은 새로운 작업을 전체적으로 명백하게 보여주며, 공간이 어떻게 서로 연결되는지를 알려준다.

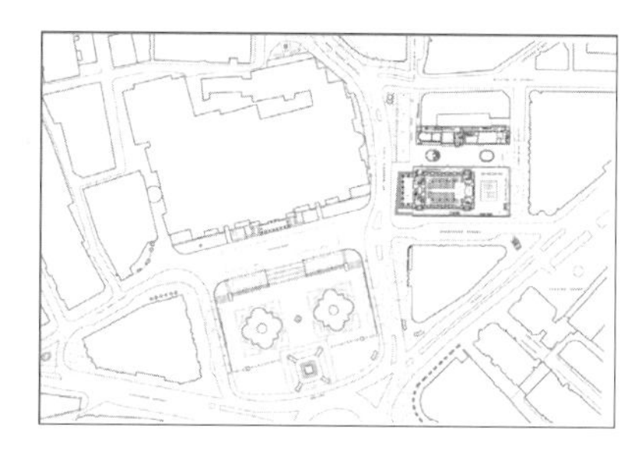

▲ 성마틴-인-더-필즈 교회. 트라팔가 광장과 지역 도로와 교회의 위치 관계를 보여주는 배치도

이고, 무엇 하나 땅 밑으로 숨는 즉시 두 가지를 다 잃을 거라는 즉각적인 깨달음입니다. 좀 더 철학적인 관점에서 이러한 빛의 문제는 흥미로운 것이었습니다. 교회가 서쪽에서 동쪽으로, 내부와 외부에서 교회 안의 빛을 건축적이고 도해적으로 구축했다는 점에서 말입니다. 현상 설계 단계에서 만들어진 도면들은 이런 즉각적인 반응에 기초한 것이었습니다. 그리고 설계의 구조는 그들의 본래 모습을 잘 보존한 훌륭한 골격 그 자체였습니다. 당신이 알고 있듯이, 성 마틴-인-더-필즈 교회의 생애에는 각기 다른 몇 개의 단계가 있었습니다. 당신은 아마도 설계상에서 운명적인 도약을 만들어내기 위해서는 모든 세부 사항이 아닌 결정적인 요소들만 이해할 필요가 있을 것입니다.

▶ 성 마틴-인-더-필즈 교회. 트라팔가 광장을 향하는 서쪽에 새로 지어진 지하층과 파빌리온 그리고 채광정 모형

▼ 성 마틴-인-더-필즈 교회. 파빌리온과 채광정의 관계를 보여주는 북쪽을 향해 있는 모형. 도로에서 보면 이것은 최근 공사의 막중한 규모를 보여주는 두 개의 적절한 표시다.

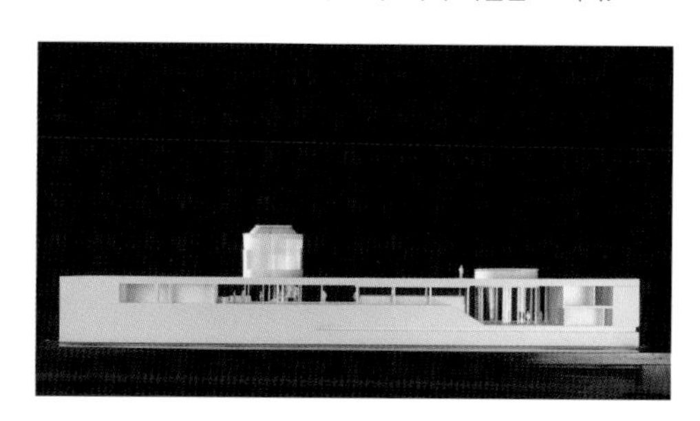

▼ 성 마틴-인-더-필즈 교회. 교회 지하 주변 굴토 공사의 세부 사항

▶ 성 마틴-인-더-필즈 교회. 서쪽을 향하고 있으며, 부지의 북서쪽 단부의 크레인에서 본 교회의 전경. 배경으로 트라팔가 광장과 넬슨 기둥이 보인다.

1721년에서 1726년 사이에 제임스 깁스James Gibbs는 중세시대의 문맥 속에서 교회를 설계하고 지었습니다. 깁스가 설계하기 전 기존의 교회 부지는 확실히 앵글로색슨적인 부지 중 하나였습니다. 그의 교회 재건축은 주목할 만한 것이었습니다. 교회는 거의 첨탑이 있는 어떤 신전의 초현실적 병치에 가까웠습니다. 교회는 성공회 교회 건축의 상징적 이미지가 되었고, 이 형식은 지금도 영국이나 해외에서 끊임없이 반복되고 있습니다. 19세기 초, 당시 등장한 내시는 트라팔가 광장에 대한 자신만의 시각을 가지고 있었습니다. 그는 교회 주변에 있는 모든 것을 없애버렸고, 풍경 속에서 교회를 거의 오브제로 취급했습니다. 20세기 들어서는 풍성한 둥근 천장의 무덤이 다시 사용되고 있는 것을 볼 수 있습니다. 이는 부지에 맞추어 건축한 세 번째 재건축입니다.

그리고 이 부지는 절대적으로 각각의 변화를 통해 말을 합니다. 나는 이전에 이곳을 거쳐간 손들, 즉 건물이 지어지고 이해된 방법들을 잘 알고 있습니다. 물론 몇몇 사물들은 지워졌습니다. 교회 주변의 시장과 지붕이 둥근 묘지들이 없어진 것입니다. 내시가 작업한 것들을 없애는 과정에서 우리는 그의 재개발 작업으로부터 훼손되지 않은 확실한 구역들을 발견했습니다. 거기서 스물여덟 개의 유골이 발견되었고, 그것들은 대부분 로마 석관을 사용한 앵글로색슨족의 무덤들이었습니다. 그리고 4세기 때의 로마 벽돌로 지은 가마도 발견되었습니다. 지금은

▼ 성 마틴 교회. 교회 지하는 런던 중심부로 밤의 은둔처이거나 젊은이들과 노숙자가 함께하는 사업을 위해 사용되었다.

교회를 거의 다 검토한 시점이며, 이곳에서 조지 왕조 시대의 토굴이 처음으로 노출되었습니다."

그는 밀착 인화지를 꺼낸다. 밀착 인화지 안의 이미지들은 1층 뒤편에서 철거된 교회를 보여준다. 1층 평면은 교회의 토굴과 기초로 만들어진 주초 위에 서 있다. 풍경 속에서 하나의 오브제가 된다는 교회에 대한 이 발상은 강화되었다. 주변의 흙이 굴토되는 동안 교회는 일시적인 고정점 없이 거의 부유하듯 앉아 있었다.

"성 마틴 교회는 모든 과거의 역사와 이 역사에 포함된 사람들에 대해 말합니다. 이곳은 참 독특한 장소입니다. 교회는 사우스 아프리카 하우스South Africa House 근처에 있기 때문에 반인종 차별 운동의 중심이 되었고, 국제사면위원회Amnesty International가 태어난 곳이며, 국가적 슬픔과 데모, 폭동의 장소로써 트라팔가 광장의 모든 시민들의 분노의 피신처로 생각되는 곳입니다. 누구에게나 열려 있는 곳이죠. 당신은 낮에 그곳을 보호소로 삼는 사람들을 보게 될 것이고, 연주회나 일주일 동안 열리는 스물일곱 개의 예배 가운데 하나에 참석하는 사람들을 발견할 것입니다. 연주회의 경우, 위그모어 홀Wigmore Hall에 가는 사람들보다 성 마틴 교회에 가는 사람들이 훨씬 많습니다. 성 마틴 교회는 다우닝 가Downing Street와 버킹엄 궁까지 교구에 포함하며 거대한 추모 예배가 여기에서 열립니다. 이 교회의 정체성 중 이것이 가장 특별한 것입니다.

▲ 성마틴 교회. 교회 기초 주변의 굴토 공사 모습

▲ 성마틴 교회. 트라팔가 광장을 향하고 있는 서쪽. 일시적으로 지하층에 붙어 있는 교회 주변의 굴토된 부분이 내려다보인다.

교회는 트라팔가 광장 옆에 있기 때문에 세계 광장의 거대한 일부분이며, 문화적 정체성의 전부입니다. 영적이고 탐욕적이지 않은 장소로 말입니다. 이곳은 런던 중심부의 선함에 대한 하나의 느낌입니다. 교회는 많은 관점에서 명백히 말을 합니다. 이 교회의 역사를 알지 못하고는 자신을 이해할 수 없을 것이라고 말입니다. 우리는 1층의 하부와 그 위로 공공 공간을 만들기 위해 교회 주변을 팠습니다. 지하 공간은 거대했습니다. 가로와 세로가 각각 거의 60미터와 16미터나 되었습니다. 단층 구조지만 어느 부분은 2층 높이로 교회의 홀이 되기도 합니다. 1층의 계획에서는 교회의 북쪽 정면으로 앉아 있는 파빌리온과 채광정이 서로 다른 양상으로 구성됩니다. 파빌리온은 내시와 깁스 사이의 세계에서 어떤 제안을 반영하는 유리 구조물입니다. 파빌리온의 경우 건축가의 음성은 거의 들리지 않습니다. 여기에는 공간이 있고 방이 있습니다. 파빌리온은 허풍을 떨지 않습니다. 그곳은 매우 세심한 지하 공간입니다."

▲ 워도어 저택. 입면도는 어떻게 과거와 새로운 건물이 서로 맞물리는지 둘 사이의 연결과 분절을 보여준다.

▲ 워도어 저택. 증축 공사로 주방과 식당 그리고 상부에 욕실이 들어간다. 내부가 빛으로 가득하고, 정원 쪽으로 전망이 탁 트이도록 설계되었다.

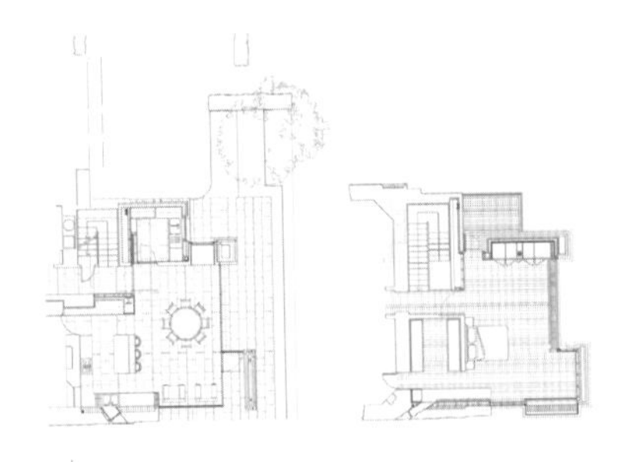

▲ 워도어 저택. 증축된 부분의 1, 2층 평면. 1층은 내외부가 유기적으로 연계될 수 있도록 열려 있다.

완공된 뒤 파빌리온과 천창의 빛은 이 프로젝트의 존재를 드러내는 표시가 될 것이다. 작업의 전체적인 규모가 막대하긴 하지만 말이다. 교회 주변의 굴토는 이해할 만한 것이고 예상 가능한 것이지만, 내시 레인지Nash Range가 계획한 부지의 북쪽 건물에서 이루어진 공사는 경이적이다. 이런 공간들은 지하에서 다 같이 연결된다. 그리고 프로젝트가 완성될 때 성공의 중요한 표시가 될 것이다. 그리고 이런 공간들이 그동안 건물 간 연계해온 역사적 방식에 대한 거대한 변화가 될 것이다. 그는 제러미 멜빈Jeremy Melvin의 『오늘날의 전원주택들*Country Houses Today*』이라는 책을 편다.

"한편 워도어 저택*Old Wardour House*은 유적의 기초에 집을 계획한 작은 프로젝트입니다. 그러나 당신은 이를 삶을 기록한 양피지나 영국 지방에서의 삶에 대한 영감의 한 종류로 묘사할 수도 있습니다. 1385년에 지어진 성은 사냥 공원이 있는 윌트셔에 있습니다. 이 성의 평면은 매우 희귀했습니다. 그곳에는 커다랗고 아름다운 방이 풍경을 찬양하고 있었습니다. 이 성은 방위적인 건물이 아니라 심지어 거기에 늘 있었던 것처럼 일종의 기묘한 조합물로 느껴집니다. 16세기에 스미스슨

▲ 워도어 저택. 확장된 부분은 독립적인 벽체처럼 보이도록 만들어졌다. 벽체를 통해 유적의 특성을 유추할 수 있다. 두 개의 벽체 사이에 2층 높이의 창이 자리 잡고 있고, 돌로 된 슬레이트 사이로 극적인 전망이 끼어든다.

Smythson이 공사를 맡았던 이곳의 랜싯 창들은 많은 부분이 파괴되었습니다. 시민전쟁 기간 중 크롬 웰 군대에 성을 점령당한 소유주인 아룬델이 성을 폭파했기 때문입니다. 다음 세기 아룬델 가는 제임스 패인James Paine의 설계로 거대한 신고전주의 결정체인 새로운 워도어 성(1770~1776)을 지었습니다. 파괴된 워도어 성은 새로운 건물의 전망을 장식해주는 폴리folly가 되었습니다. 오래된 성의 기초에는 17세기 건물의 조각들이 남아 있습니다. 조각 중에는 아름다운 석조 견본도 있습니다. 성의 어느 한 부분은 성직자들의 피난 통로와 터널로 가득

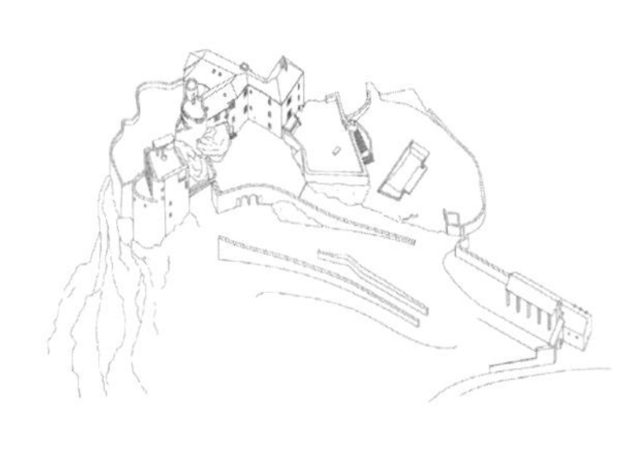

▲ 폴랭 성. 성에 이르는 길과 계곡으로 떨어지는 절벽 부지와 건물의 관계를 보여주는 부등각투상도. 부지의 지질이 기존 건축의 성질에 대해 알려준다.

한 예수회의 본부이기도 했습니다. 성의 잔해 중 19세기에 지어진 워도어 저택은 토지 집행관의 집이었습니다. 이 저택은 1960년대에 한 판사에게 팔렸습니다. 그는 도서실을 이 저택으로 옮겨 왔고, 이곳에서 음식을 해먹었습니다. 처음부터 주방에 대한 고려가 없었으므로 건물 한쪽 끝에 식당과 함께 주방을 만드는 건축 계획을 세웠습니다. 이 계획은 매우 단순한 벽체에 대한 전략으로 진화되었습니다. 이 폐허 위의 벽체들은 영국적인 풍경 속에서 한 가족이 더 민주적으로 거주하는 방법에 관한 모든 것입니다."

확장된 부분은 건물의 한쪽 끝에 앉아 있다. 이는 다른 부분에 비해 더 거칠고 젊어 보인다. 멜빈은 패리의 돌을 사용하는 것이 "과거와 현재 사이의 연결 부위를 엮어 맞춘다."고 설명하고 있다. 기존 건물에 대응하여 증축을 할 때는 돌의 질감으로 두 부분의 사이가 구별되더라도 두 돌이 서로 비슷해지도록 설계한다. 멜빈은 "새로이 석조 작업을 한 것은 예전 것에서 떼어낸 것이

▶ 워도어 저택이 시민전쟁 중 크롬웰 군대에 점령되었을 때 파괴된 워도어 성의 폐허와 대조적으로 서 있다.

다.”라고 썼다. “기존 건물과 떨어져 있는 부분은 새로운 돌이 마치 유리의 성질을 모방하듯 부드럽고 섬세하다. …… 그리고 워도어 저택은 자기 스스로가 역사의 한 획을 긋고 스스로가 역사가 될 것이다.”[1]

“프랑스 타른Tarn에 있는 폴랭 성Château de Paulin에는 단면에 관한 모든 것이 있습니다. 성은 절벽에 있고, 여기에는 전체적으로 지질학적인 이야기가 있습니다. 성은 원래 요새화된 작은 언덕으로 최북단부의 기독교 성체 가운데 하나였습니다. 나는 성을 조사하러 갔을 때 성의 2층 방에서 머물렀습니다.”

그가 계곡에서 찍은 200미터 절벽 위에 있는 성의 사진을 가리킨다. 그는 비어 있는 테두리의 2층 코너에 있는 방을 가리켰고, 순간 과거 속으로 들어갔다. 그리고는 서로의 입면이 직각인 오른쪽과 왼쪽에 있는 창을 가리켰다.

“나는 창을 열었고, 침대에서 구름이 그 방을 지나 흘러가는 것을 보았습니다. 그 공간은 완벽하게 하늘 속에 있었습니다. 그 방은 사라질 수 있고, 완전히 구름 속에 싸일 수도 있습니다. 이곳은 소리도 매우 특별합니다. 건축주는 물 흐르는 소리 같은 게 불만이라고 합니다. 그래서 우리는 소음의 수준을 시험했습니다. 그 결과 그 소리가 주변의 아주 조용한 소음이었다는 것을 알아냈습니다. 당신은 정말 식물이 자라는 소리까지도 들을 수 있습니다. 그곳은 모든 것을 들을 수 있는 절대적으로 조용한 곳입니다. 당신은 과하게도 스스로가 만들어내는 소리까지 지각할 수 있게 됩니다. 따라서 자신이 스스로 증

1 제러미 멜빈, 『오늘날의 컨트리 하우스』, 와일리 아카데미, 런던, p.184

▲ 폴랭 성. 성은 나무숲으로 떨어지는 바위가 많은 절벽 위에 있다. 시간과 침식이라는 효과가 건물의 재건축을 위한 계획에 반영되었다.

▼ 폴랭 성. 탑에서 계곡을 바라보는 전망. 성은 계곡 바닥으로부터 200미터 위의 바윗덩어리 끝에 있다.

폭되는 것입니다. 거기에는 장소에 관련된 전설이 많습니다. 고립되어 있으며, 정말로 아름다운 부지입니다. 시간과 침식은 그곳에서 시각적으로 만들어진 가장 강력한 것 가운데 하나입니다. 우리는 돌의 붕괴를 예상했습니다. 이후 건물의 침식을 고려하여 건물의 구조를 검토해줄 지질학자를 초청했습니다."

우리는 바로 1592년부터 1997년까지의 캠브리지에 있는 펨브로크 대학Pembroke College의 일련의 계획을 살펴본다. 그것은 연대기적으로 부지와 주변의 개발을 보여준다. 패리의 계획은 정원 주위의 중정을 완전하게 만든다. 그러면서 미래 프로젝트의 가능성을 더 분명하게 했다.

"모든 건축 프로젝트는 그 대상이 아주 새로운 건물이더라도 과거를 지니고 있습니다. 나는 호기심을 자극하는 무엇인가가 있다고 확

▼ 펨브로크 대학. 새로운 건물들은 부지의 끝에 있다.
이 건물들이 안뜰에 의미를 부여한다.

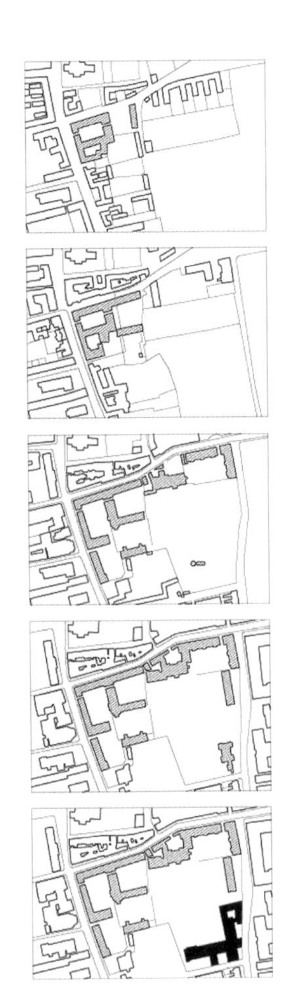

▲ 펨브로크 대학이 650년 동안 어떻게 발전되어 왔는가를 보여주는 일련의 도면

▶ 펨브로크 대학. 근처 거리에서 본 새 건물들

실하게 말할 수 있습니다. 그것은 연속성과 관계돼 있습니다. 그렇다고 그것이 건축적으로 연속되는 어떤 스타일과 관계있는 것을 뜻하는 것은 아닙니다. 어떤 장소에 대한 감각은 그것들이 어떻게 개발될 것인가 생각한다면 믿을 수 없을 만큼 중요합니다. 이를테면 펨브로크 대학은 캠브리지에 있는 그 부지를 650년 동안이나 점유해 왔습니다. 펨브로크 대학 재건축 계획은 어떻게 대학이 확장될 수 있을까 하는 마스터플랜을 통해 발전되어 왔기 때문에 더 분석적인 접근을 필요로 했습니다. 이 계획에는 학장의 작은 집을 철거하는 일도 포함되어 있습니다. 이는 학생 백 명을 수용할 수 있는 방을 갖춘 기숙사를 만들기 위한 것입니다. 이 전체 계획에 대한 또 다른 버전이 있을 것입니다. 사람들은 이 다른 버전을 위해 또 작업을 할 것이고, 나는 앞으로 공사를 위해 다른 계획이 실현되는 것을 볼 수 있을 겁니다. 따라서 이 다른 계획들은 계속되는 개발의 한 부분이 될 것입니다."

나중에 패리는 오래된 스케치북에 대해 이야기했다. 그는 상상했던 것처럼 건물이 아닌 사람들의 스케치가 담긴 것을 발견하고는 놀랐다. 그것은 연출되는 삶의 환경 창조에 대해 이야기를 하고자 했던 것이었다. 건축은 삶을 설명하는 배경으로서의 물리적인 순간으로 작용한다.

밀키 보이드 – 탄광 건물의 재해석

콘월 보탈랙

데이비드 리틀필드
David Littlefield

- 건축가를 알 수 없는 19세기의 탄광 엔진 건물에 미술가 켄 와일더가 2004년에 밀키 보이드를 설치했다.

"기계적이고 부수적인 구조를 빼앗긴 건물들은 아주 작은 규모를 숨기고 있으며, 무의식적으로 기념성을 선점하고 있다. 건물의 내부에서 규모의 이러한 모호성이 날카롭게 느껴진다. 기능적인 의무를 빼앗긴 건물들은 내부화된 조경의 타르콥스키안[1]적인 앙비앙스 ambience(주제의 표현적인 효과를 강조하기 위해 부가물을 덧붙이는 것)를 가진다. 그것은 어떤 건물도 안으로 쉽게 들어갈 수 없다는 사실로 인해 향상된 어떤 질이다. 위쪽 건물은 오솔길로 쉽게 접근이 가능한 반면, 깊이 꺼져 있는 화강석 바닥이 높은 '현관문'을 넘어 안으로 들어가는 것을 막고 있다. 아래쪽 건물로 접근하려면 아주 가파른 절벽

1 특히 〈잠입자*Stalker*〉와 〈솔라리스*Solaris*〉로 유명한 러시아의 영화감독 안드레이 타르코프스키Andrei Tarkovsky를 추종하는 사람들

을 기어 내려가야 한다. 결국은 지상에서 들어갈 수 있는 문이 없음을 발견할 것이다. 이것들은 숨겨진 비밀을 보호하려는 것처럼 보인다. 이것들은 구멍 난 입면 뒤에 숨어 있는 것이 폭로되는 것을 거부하는 구조물들이다."

— 켄 와일더Ken Wilder, 설치 작품 〈밀키 보이드*Milky Voids*〉 안내 책자에서

콘월Cornwall의 탄광 엔진 건물들은 독특하다. 탐욕스러운 탄광 산업의 잔재인 이 건물들은 지금은 대부분 절망적인 상태이다. 많은 건물들이 붕괴 직전이고, 정밀한 검사가 아주 조심스럽게 이루어져야 하는 상태이다. 한때 주석, 동, 비소, 진흙, 섬유 등을 생산하는 중요한 산업의 중심에 있었던 이 건물들은 전부 빈 공간으로 남아 있다. 풍경은 지나치게 탈공업화해서 여기에 공업 시설이 있었는지조차 상상하기 힘들다.

풍경에 강요하듯 자리 잡고 있기보다는 그 속에서 자란 것처럼 보이는 이 화강석 건물들은 3차원적인 수수께끼다. 예전에는 증기로 작동하는 거대한 기계들과 움직이는 부품들을 수용하고 있었기 때문에 이 건물들이 비합리적이며 수수께끼처럼 보이는 것이다. 인간의 스케일과 전혀 관계없는 기묘한 구멍과 개구부가 있는 이 구조물들은 시적인 덮개 안에서 모호해진다. 흔히 황량하고 거친 풍경 속에 고립된 오브제들, 이것들은 폐허다. 폐허는 로맨틱한 정신 속에 있는 매혹적인 유적과 같다. 비계몽주의자들을 향해서도, 건물의 형태는 기능적인 것을 제안하지 않는다. 또한 건물에는 규모로 속임수를 쓰는 어떤 방식이 있다. 이 건물은 매우 크게 보이면서도 동시에 오히려 절제되

어 보일 수 있다.

콘월 지방은 배에서 절벽의 동과 주석의 틈이 보이던 로마 시대부터 탄광 사업을 시작했다. 탄광 엔진들은 18세기에 지어지기 시작했다. 19세기 중반에는 6백여 명이 넘는 광부들이 일할 만큼 탄광 산업은 정점에 이르렀다. 근본적으로 이 모든 건물들은 같은 방법으로 운용되었다. 특징적으로, 두께가 1미터 정도에까지 이르는 거대한 '밥 월bob wall'(또는 '밥bob')은 빔의 지지대처럼 작동했을 것이다. 밥 월은 증기로 작동되는 건물 안의 엔진에 의해 위아래로 움직였다. 주철로 된 빔은 기어에 부착되어 여러 기능을 했다. 탄광의 물을 퍼올리거나, 광부들을 갱도로 내려 보내거나, 캐낸 광물을 지상으로 끌어올리는 일을 했다. 밥 월의 반대쪽에는 거대한 기계가 건물 안으로 들어올 수 있는 거대한 수직 개구부가 있었다. 개구부는 런던타워 내의 화이트 타워White Tower처럼 훨씬 위쪽의 지상에 설치되었다. 때문에 목재 계단을 통해야만 진입할 수 있었다. 기계를 작동시키기 위한 실제적 요구들이 건물 안팎의 화강석 토대에 깊은 구멍을 파내도록 만들었다. 따라서 바닥은 없고 주춧돌들과 단들의 연속만 있다. 그것은 기술적 경이였고, 왕실의 방문객들까지도 매혹시켰다.

오늘날 목재와 기계들, 임시적인 외부 건물이 모두 없어진 이 구조물들은 관찰자들에게 의미를 줄 수 있는 어떤 것을 잃은 채 외부 골격으로만 남아 있다. 이러한 건물들은 추측과 재발견을 북돋운다. 방문객에게 강하게 상상력을 발동시키고 석축 쌓기를 자극하는 것이다. 이 건물들이 비인간적이고 산업적인 기능을 했던 것은 분명하지만, 산업 시설들이 만들어내는 소름끼치는 소음이나 공해, 환경오염

◀ 영국 콘월 지방의 탄광 건물들은 모험과 좌절에 대한 감정을 동시에 불러일으킨다. 보탈랙에 있는 두 건물의 하부에는 지표면에 개구부가 없고, 깊이 파인 바닥은 방문객이 가까이 들어오는 것을 막는다.

등은 생각하기가 힘들다. 이 건물들은 그 장소에 있던 재료로 지어졌고, 장소와 편안한 관계를 유지하기 때문에 그리스 신전과 같은 방식으로 풍경을 점유한다. 이런 이유로 이 건물들의 수직성과 그것을 확실히 구축하는 문제 때문에 이 폐허의 공간으로부터 영적이고 수도원적인 분위기가 더 쉽게 느껴진다. 일반적으로 방문객들은 이 건물에 들어갈 때 저절로 경외의 자세를 갖게 된다. 곧장 성 히에로니무스 또는 성 시메온(30여 년간 기둥 위에서 설교를 했다는 시리아의 수도사)과 같은 이미지가 상상되는 것이다.

그러나 첫인상이 그렇다 해도 이 건물들이 종교적 건물이 아닌 것은 분명하다. 여기에 거주하는 것은 거의 불가능하고, 이 건물들은 사람보다는 기계의 규모에 맞게 설계되었다. 19세기 탄광의 실체를 모르고 방문할 경우 당신은 이런 질문들을 피할 수 없을 것이다. 여기에서 무슨 일이 있었을까? 어떻게 이런 건물들이 기능을 할까? 도대체 이것은 무엇을 위한 건물일까?

▼ "기계의 부수적인 구조물의 부재는 건물로 보면 작은 규모지만 무의식적인 기념성을 제공한다." (켄 와일더)

이렇게 불가사의하고 모호한 것들이 첼시예술대학Chelsea College of Art and Design의 켄 와일더Ken Wilder를 콘월로 불러들였다. 수년 동안 와일더는 이 탄광 엔진 부지를 디자인과 학생들이 고찰하도록 사용했다. 그리고 2004년 그는 특별한 설치 작품을 위해 보탈랙Botallack에 있는 두 개의 건물 중 하나를 사용했다. 성 저스트St. Just에서 북쪽으로 약 10킬로미터 떨어진 가파른 절벽에서 서쪽의 대서양을 바라보고 있는 이 건물들이 그러한 유형의 예들이다. 고립된 채 풍파를 맞아온 보탈랙은 콘월 지방 탄광업의 현실, 즉 위험하고 절망적이며 인간의 천재성과 용기에 대한 시험대로부터 깨끗하게 사라져갔다. 이 건물들에는 1846년 빅토리아 여왕이, 20년 뒤에는 웨일스의 왕자와 공주가 방문했다. 건물들은 와일더에 의해 절벽에서 750미터 이상 연장되었다. 이는 해수면 밑으로 408미터 깊이에 도달하는 탄광을 보조하는 엔진을 위한 건물이었다. 1863년 4월 18일, 광부들의 마차를 끌어올리는 체인이 끊어졌다. 안전장치가 망가지면서 광부 여덟 명과 열두 살 소년이 대각선으로 파인 갱도 바닥으로 떨어져 죽고 말았다.

첼시예술대학에서 실내·공간 설계의 건축학 석사 프로그램을 맡고 있는 와일더는 축적되는 어떤 심리 상태를 믿는다. 이는 사람들이 건물에 대한 정신적이고 상상적인 이야기들을 만들어내는 방법에 의한 것이다. 물론 어떤 건물들은 사람들로부터 특별한 반응을 이끌어내도록 설계된다. 그러나 와일더는 이곳에 설치된 건물들의 조합과 폐허의 상태, 규모의 모호함, 건축적인 형태가 특히 상상된 가능성 속에서 그것들을 풍부하게 만든다고 말한다. 와일더는 보탈랙에서 특히 상실감을 발견한다. 이러한 상실감은 부분적으로 역사의 폭력과 산업의 쇠락을 통해 발생하고, 또 다른 부분에서는 붕괴되어 가는 구조의 약화를 통해 발생하며, 또 어떤 부분에서는 바람과 파도 소리를 통해 발생한다.

공간의 목소리라는 메커니즘은 개인의 내재적 반응과 감수성, 공간 자체의 외적인 실제 사이의 상호작용에 의해 상상할 수 있는 것이다. 고딕 시대의 이야기가 무대를 통해 주인공의 마음 상태를 형성하

▲ 보탈랙의 두 개의 탄광 건물 중 최상단에 있는 '피어스 윔'이라 불리는 건물. 와일더는 이곳에 자신의 작품을 설치했다.

고 반영하는 것처럼 하나의 공간은 다른 하나를 많이 강화한다. 와일더는 "우리는 우리의 내적 세계를 어떤 장소에 표출합니다. 내 느낌 속의 어떤 공명 또는 울림은 우리가 건물에 표출한 것에 대한 결과입니다."라고 말한다. "그러나 거기에는 이 건물들에 관한 무언가가 있었습니다. 그것은 내게 상실에 관해 말했습니다. 하지만 전 거기에 완전히 집중할 수 없었습니다."

보탈랙으로 들어가는 것은 쉽지 않다. 오솔길은 가장 높은 건물로 인도한다. 반면, 화강암 속으로 깊게 파인 구멍은 진입하는 데 가장 명백한 장애가 된다. 낮은 건물로 접근하려면 가파른 절벽을 내려가야 한다. 그러나 내려가 보면 지표면 높이에 개구부가 없다. 이 건물들에서는 내부 공간을 경험할 수가 없고, 오직 위에서 내려다 볼 수만 있다. 특이하게도, 피어스 윔Pearce's Whim이라 부르는 위쪽 건물에 들어가 보면 내부 공간에 대한 느낌을 전혀 느낄 수 없다. 이러한 구조의 내부는 오히려 압박당한 외부 공간, 즉 밀실공포증의 풍경처럼 느껴진다. 건물은 보이는 것보다 훨씬 작다. 벽은 두껍고, 지표면이 깨진 건물의 풍경은 그 범위를 절대 가늠할 수 없게 만든다. 그래도 적절한 비례, 벽을 통해 존재하는 정확한 절단 등은 표면의 질감과 풍경 이상의 것을 볼 수 있게 주의를 끈다. 건물에는 단지 두 가지의 질감만이 있다. 여기에는 거침과 화강암의 시각적 무게, 그리고 빛의 패널에 의한 비실체성이 존재한다. 와일더는 밀키 보이드 설치의

▲ 와일더의 설치 작품은 탄광 건물의 전체 공간을 지워버림으로써 나타난다. 우유를 담은 트레이의 흰색 부분의 평평함은 화강암 질감과 완전한 대조를 이룬다. 화강암의 질감은 장방형 조각이 빛에 녹아들어가 나타나는 것이다.

시작점을 제공하는 이 이중성이 화강암의 화강암다움, 빛의 빛다움을 강조한다고 말한다.

피어스 웜에 와일더가 설치한 것은 패인 화강암 바닥 부분에 놓은 우유를 담은 얕은 트레이들이다. 이 패널들은 건물 사진에서 거의 꽉 차게 나타나는 빛의 강도를 복제하기 위해 설치됨으로써 석공사의 거칢과 거만함을 읽을 수 있는 하나의 막을 제공한다. 색과 질감의 부재에 의해 이 패널들의 흰색과 하늘의 흰색이 실제로 존재하는 화강암과 대비된다. 게다가 패널들의 직선 테두리는 건물에 부족한 명료성을 제공한다. 이러한 대조는 비존재 속의 존재 또는 존재 속의 비존재를 보여준다.

중요한 것은 와일더가 결코 완성된 작품을 보여주려 하지 않았다는 점이다. 대신, 설치 작품의 사진과 비디오 영상은 작품의 기록이라기보다 작품이 된다. 영상은 표면 가득 미묘한 주름을 드러낸 우유 패널을 보여준다. 이는 탄광 건물을 통한, 항상 부는 바람의 힘에 대한 임시적이고 물리적인 기억 장치다. 한편, 사진들은 우유의 반사성과 깊이를 아주 미묘한 방법으로 드러낸다. 평평한 표면으로부터 주변 건물의 흔적을 흘끗 볼 수 있는 반면, 우유는 보다 깊이 있는 존재로 인식되는 것이다. 이 결과 포토샵으로 일부분을 잘라내고 내용을 삭제하여 만들어내는 이미지와는 많은 차이가 난다. 이 패널들은 리처드 윌슨Richard Wilson의 설치 작품 〈20:50〉에서 볼 수 있는 것과 유사한 장치인데, 이를 통해 이 부지를 규정하는 것이다. 〈20:50〉에서 관객은 폐유로 가득한 방에 들어가게 된다. 그러나 윌슨의 기름은 사라지는 성질을 갖고 있다. 기름의 높은 반사성과 검은색은 그 자체로 빈 공

▲ 엔진 건물의 내부. 이 건물에 형태를 주었던 기계 장치가 없다는 것은 이 건물들을 삼차원의 수수께끼처럼 보이게 한다. 예술가 켄 와일더가 설치한 얕은 우유 트레이로 인해 건물의 이미지는 더 모호해진다. 무엇이 위에 있는 것이고, 무엇이 아래에 있는 것인지 불확실하다.

간이 된다. 그러나 와일더의 우유는 〈20:50〉의 기름과는 대조적으로 알뜰하게 사용되었기 때문에 우유가 지니고 있는 성질보다 더 강하게 존재하고 있는 것이다. 묘하게도 이 패널은 하얀 것이기 때문에 빛을 반사하기보다는 흡수한다.

와일더의 밀키 보이드 사진들은 또한 이 탄광 건물에서 예측 가능한 규모의 부재를 강조하고 있다. 여기에는 크기를 보여주는 어떤 이미지도 없으며, 건물의 크기를 추측하려 해도 아마도 별 도움을 받지 못할 것이다. 사실, 문으로 보이는 것은 4미터 높이에 있는 것이다. 다른 많은 사진들 역시 방향을 무시하고 있으며, 90도 직각의 회전 '감각' 들만이 생성돼 있다. 그리하여 이 삼차원적 수수께끼의 건물들은 극단으로 떠밀려 가게 되는데 보는 것만으로는 그 기능을 탐색하는 것이 불가능할 뿐만 아니라 방향 역시 추측해야만 한다.

그러나 사진에서 드러난 가능성에도 불구하고, 이 작품의 가장 심오한 충격은 물리적 존재와 이 공간에서의 실제적 경험에 있다. 이 건물 혹은 이 삼차원적 수수께끼는 탐구와 판독으로 당신을 초대한다. 불필요한 많은 아날로그 기술의 제품들, 즉 타자기, 카메라, 또는 전축 등과 같이 이 건물들은 종합적인 것이 될 수 있을 것이다. 사전 지식 없이도 에리히 폰 다니켄Erich von Daniken의 공상처럼 이 장소들을 멋진 용도로 만드는 것을 상상할 수 있다. 화장터가 공연장으로 변하는 것처럼, 와일더의 학생들은 이 엔진 건물을 다시 상상해냈다. 그런데 와일더의 작품에서 더 고무적인 것은 부지에 대한 세부적인 사전 지식이 다시 상상하는 과정을 막지 않는다는 것이다. 사실은 그 반대의 경우일 것 같다. 세심한 관찰과 질감의 섬세함, 장소에 대한 훌륭한 사회적·건축적 역사 지식의 결합이 더 독자적인 사고 과정을 자극한다. 와일더는 그의 작품이 존재하는 동안 피어스 윔을 특징짓는 시간의 늘어짐으로써 '시간의 생물적 진화'에 대해 이야기한다.

"그곳에는 정말 이상한 분위기가 있습니다. 그곳에는 매우 조용한 무엇이 있죠. 밖에는 격정 같은 움직임이 있는 반면, 건물 내부에는 고요함과 상실, 심지어 죽음의 감각까지 느껴지기도 합니다."

▲ 분류소는 작은 배의 함교를 떠올리게 하는 감시탑에 의해 관리되었다. 현재는 텅 비어 있는 감시탑은 완전한 감시를 상징한다. 감시탑은 고정된 응시 속에서 얼어붙은 채로 등장한다.

왕립 우편분류사무소

런던 빅토리아

데이비드 리틀필드
David Littlefield

- 1894년부터 1912년 사이에 헨리 테너 경과 왕립 우편사무국이 이 건물을 지었다.
- 리모델링은 스콰이어 앤드 파트너스 건축사무소가 2006년에서 2007년 사이에 했다.

▲ 사실상 이 건물을 작동시켰던 모든 하드웨어를 뜯어낸 뒤에도 이전의 분류사무소는 긁힘, 두들김, 끌린 자국과 헐거워진 조각 마루로 그 감성을 유지하고 있다. 유리는 흙, 더러움, 얼룩과 스티커로 인해 투명함을 잃고, 창은 부분적인 시야만을 허용한다.

런던 서남부 지역의 우편을 취급하기 위한 사무소인 전 왕립 우편분류사무소는 안정적이지 않은 부지에 지어졌다. 그곳은 낡은 지도에서나 볼수 있는 폐기되거나 이름이 변경된 길을 따라 건물들이 세워진 곳이었다. 미국 공포 영화에 나오는 인디언 매장소와 같은 이런 부지들은 역사를 담은 새로운 건물들을 제공하기도 한다.

왕립 우편분류사무소는 런던 빅토리아 내 호윅 플레이스Howick Place와 프랜시스 가Francis Street의 교차점에 있는 삼각형 부지를 점유하고 있으며, 한때 여성 죄수 감옥인 미들섹스 하우스Middlesex House가 있던 부지를 포함한 북쪽 가장자리를 차지하고 있다. 미들섹스 하우스는 1883년에 문을 닫았다. 1894년 완성된 분류사무소는 19세기 말엽 런던을 드나드는 홍수처럼 급증한 우편물의 관리를 돕는 것이 목적이었다. 그러나 곧 분류사무소가 그 일에 부적합하다는 것이 판명났다.

1902년 한 층이 더 추가되었으나, 그로부터 10년 만에 우편국 관료는 사용되지 않는 소방서로 눈을 돌렸다. 소방서는 우편국 건물 맞은편의 고립된 부지에 있고, 이 건물은 좀 더 확장 가능한 여지가 있었다.

확장의 구체적 계획은 분류사무소와 소방서를 나누는 도로를 채워 둘을 연결하는 것이었다. 웨스트민스터 의회는 이에 반대하면서, 만약 우편국에서 사용하기 위해 공공 공간의 용도를 전환하고자 한다면 자치구의 다른 곳에 우편국을 만들라고 요구했다. 장기간의 언쟁 끝에 소방서를 변경하기보다 소방서를 차라리 철거하기로 하고, 옛 건물 전면의 경계선을 뒤로 후퇴시켜 건물 북동쪽으로 더 많은 공간을 남기는 형태로 새로운 건물을 만들자는 결론이 났다. 그것은 실용주의적인 결정이었으나 거칠고 단순한 1884년 건물의 주요한 파사드는 1912년의 후기 에드워드 스타일로 이루어진 더 정교한 확장 공사로 사라졌다. 그러나 길은 아직 모호한 채로 남아 있었다. 결합된 조립물은 내적으로는 굉장한 두 개의 건물이고, 외적으로는 두 개의 깊은 골짜기가 새것과 옛것의 조합을 명백히 드러낸다.

왕립 우편국은 복스홀Vauxhall에 있는 템스Thames 남부와 우편 서비스를 합병하면서 2005년 8월 이 지역을 떠났다. 현재 이 건물은 문화재 범주 내에서 모호한 위치에 있다. 비록 웨스트민스터 자치구의 보존 지역 안에 있기는 하지만 문화재 보호 목록에 올라 있지는 않다. 이는 철거되지 않더라도 방치된 건물의 현저한 변화를 막을 수 있게 한 법령집에 그 이름이 올라가 있지 않다는 것을 뜻한다. 사실 건물의 철거 신청이 1990년 대 후반 취소되었으나, 왕립 우편국은 나중에 거의 건물을 철거하고 남겨진 건물의 전면 뒤에 120채의 아파트를 짓는 것에 승인을 받아냈다. 하지만 스콰이 앤드 파트너스Squire and Partners 건축사무소는 새로운 건축주를 찾았다. 그에게 건물을 유지하기 위해 철거의 대안으로 넓고 개방된 공간을 설계 스튜디오와 전시 공간으로 만든다는 제안을 했다. 아파트는 단지 아홉 채만이 건설될 것이었다.

웨스트민스터 의회의 관리들은 자치구에 독창적인 비즈니스를 끌어들인다는 이 발상에 흥분했다. 그러나 의회의 정책이 사무소 건물의 개발은 같은 규모의 주택사업과 일치해야 한다고 규정하고 있었다. 이 규정이 적용된다면 이 계약은 즉시 실행될 수 없는 안이 될 것이 뻔했다. 건축가와 건축주는 자신들이 사무소를 만드는 것이 아니며, 설계 스튜디오는 그들만이 사용하는 그런 종류의 공간이라고 주장했다. 이 역시 건물을 상대적으로 손상시키지 않는 최상의 기회라고 주장했다. 이 계획안은 마침 적절하게 승인되었다.

호윅 플레이스 분류사무소는 건축적으로 독특한 건물은 아니다. 건물을 보존하기 위해 노력한 스콰이어 앤드 파트너스 건축사무소조차 건물의 전면이나 내부 어느 것도 독특하거나 역사적인 흥미를 끈다고 하지 않았다. 건물은 튼튼하고 매우 전형적이지만, 오히려 이곳은 혼동되고 이상스럽기까지 한 장소이다. 건물은 명쾌하고 순수하며 기능적으로 지어졌고, 그렇게 사용되었다. 그리고 여기에는 1세기 동안의 많은 작업의 흔적이 남아 있다. 건물은 제2차 세계대전의 폭격으로부터 전체가 붕괴되는 것을 막기 위해 거대한 철골 구조로 이루어져 있다. 호윅 플레이스 분류사무소는 그다지 우아하다고 할 수 없는 건물인 것이다.

▼ 우편 가방이 미끄러져 내려오던 먼지 덮인 나선형 미끄럼틀. 그 구조는 그저 흥미로운 하나의 산업적인 조각으로 보인다.

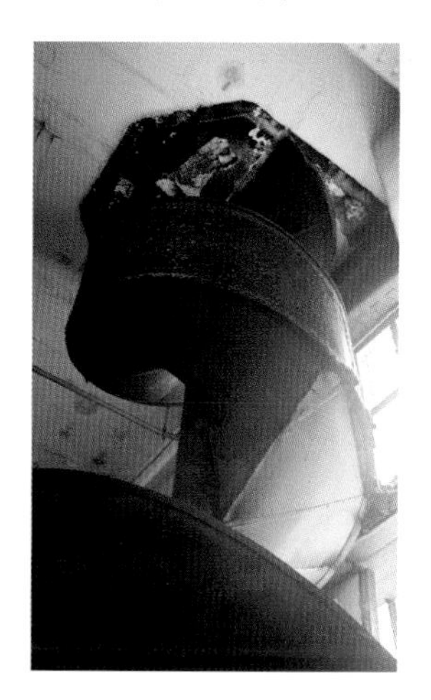

그러나 건물은 크고 밝으며 기묘함으로 가득 차 있다. 거기에는 우

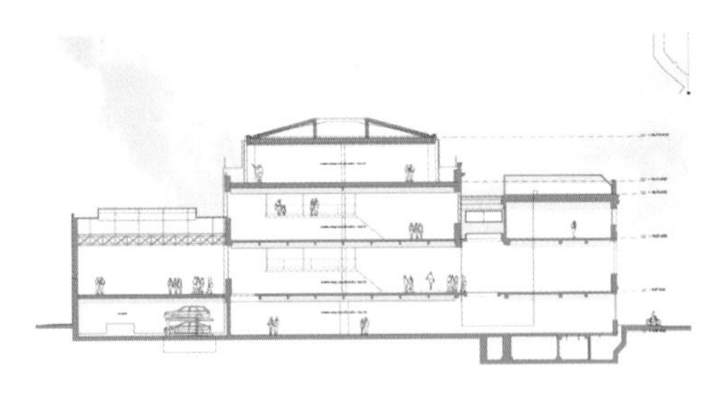

▲ 주 건물을 자른 횡단면. 넓고 개방돼 있는 바닥은 다른 용도로의 전환에 이상적이다.

편 가방이 던져졌을 나선형 미끄럼틀이 있다. 또 거기에는 넓고 노출된 나사가 박혀 있다. 건물에는 분홍색과 오렌지색, 녹색과 창백한 청색의 독특한 색조가 있고, 부서진 시계와 강화유리에 붙은 많은 얼룩, 스티커와 접착식 메모지들로 투명함을 잃은 유리창들이 있다. 벽에 아무렇게나 붙어 있는 타블로이드판 신문에서는 2002년 월드컵에서 백넘버 7번으로 빛나던 데이비드 베컴이 아직도 외치고 있다. 어두운 직사각형의 스누커라 불리는 포켓볼 테이블의 영혼이 최상층 사교 클럽의 카펫 위에 자리잡고 있다. 우편분류소가 이사한 지 6개월이 지난 지금도 식당에는 아직 기름 냄새가 배어 있다.

이 건물을 작동시켰던 모든 하드웨어들이 실질적으로 없어진 뒤에도 건물은 아직 긁히고 타격받고 닳아서 손상된 흔적들과 헐거워진 조각나무 마루들로 건물의 감성을 유지하고 있다. 그것은 '무대 뒤의 공간'과 같고, 억지로 나가려는 피곤한 사역마 같다. 실제적으로 분류 사무소의 높은 천장, 큰 바닥면, 넓은 유리창과 친밀하게 느껴지는 사무공간은 전시와 스튜디오에 있어 이상적일 수밖에 없다. 시적으로 건물은 이야기를 위한 배관 같고, 메시지를 위한 매개체이며, 사람 간의 대화가 이루어지는 일종의 구축된 시냅스와 같다.

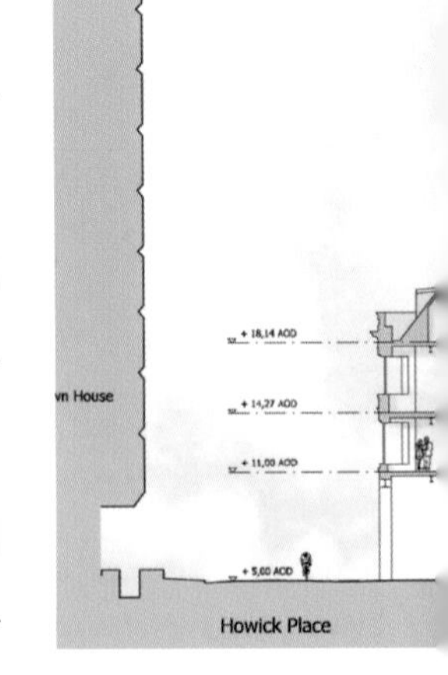

감정적으로 이 건물의 속삭임들, 특히 더 작고 더 어두운 것들, 즉 복도나 카운터, 작

은 반침들처럼 신중한 공간들은 감시와 의심으로 특징되는 정부 기관을 강력히 환기시킨다. 버킹엄 궁전에서 나오는 우편물을 취급하던 지저분했던 사무소는 사실상 거의 모두 뜯어냈지만 천장에 번쩍이는 검은 구체로 매달린 CCTV 세트는 아직 남아 있다. 사실, 두 개의 큰 분류사무소(하나는 파란색, 다른 하나는 분홍색)는 이 19세기 카메라에 의해 나누어진다. 플랫폼, 즉 수직 사다리만으로 접근할 수 있는 조금은 밀폐된 사무실은 감독관이 아래서 취급되는 우편물을 면밀히 검사할 수 있도록 높은 곳에 두었다.

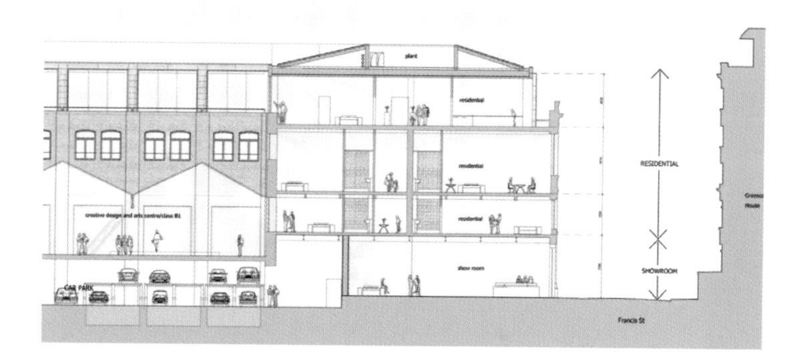

▶▼ 건축가의 시각을 보여준다. 분류사무소를 디자이너를 위한 스튜디오와 전시를 위한 넓은 공간의 아파트로 재창조했다.

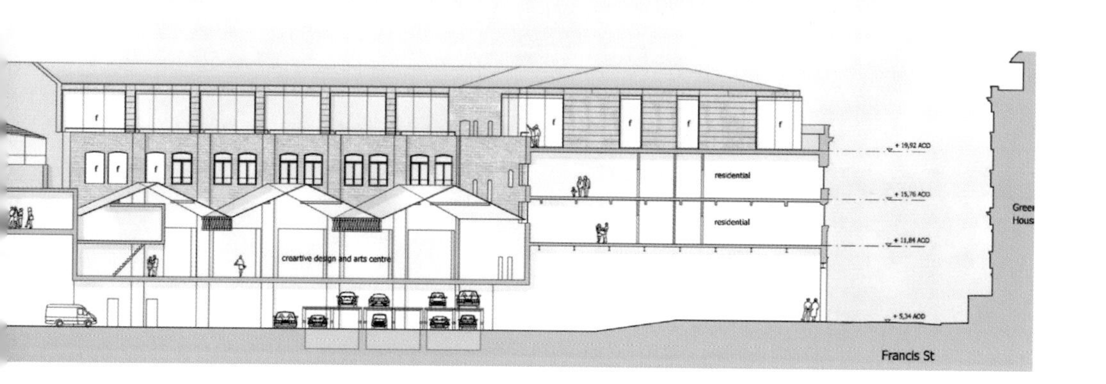

▲ 가구와 중앙의 시계까지 뜯어낸 분류실 중 하나. 건축가 마크 웨이는 "건축가로서의 최초의 반응은 장소성, 빛과 공간의 인식과 연관돼 있다."고 믿는다.

어느 것도 놀라운 것은 없다. 런던의 이 구석은 항상 경계와 소음의 장소였다. 이곳은 감옥과 소방서의 구역이었고, 전에는 감옥이었으며, 소싸움 대회의 링이 있었고, 그전에는 시장이었다. 그러므로 왕립 우편국이 건물을 비우면서 이곳은 의류업체 막스 앤 스펜서Marks & Spencer가 임시 패션쇼를 개최하기에 적합해 보였다. 이 부지는 항상 관찰하고 관찰되는 장소였으며, 행위를 수용하고 시각을 만들어주는 장소였다. 기능은 변했지만 인간 행위의 과정은 눈에 띌 정도로 유지되어 왔다. 아마 건물을 아파트로 대체하는 건축적 제안이 지속될 수 없었던 것은 불가피해 보인다. 그 계획은 역사적 지속성에서 본다면 지나친 단절일 수 있기 때문이다.

소설가 윌 셀프Will Self가 '심리지리학psyco-geography'이라고 불렀던 이러한 종류의 분석은, 도시를 통해 물리적·감정적·상징적인 관계를 추적하는 책 피터 애크로이드의 『런던: 일대기*London: The Biography*』와 같은 영역에 속하는 것이다. 이 책의 저자와 애크로이드의 대화에서, 그는 사람들이 지어진 구조물에 대해 계획되지 않은 부분이 되는 장소의 정체성을 강요한다고 제안한다.

애크로이드는 이렇게 서술하고 있다. "장소성은 건물의 역사와 관계될 수도 있습니다. 과거는 매우 강력한 존재이었을 수 있죠. 건물들은 단순히 무거운 돌들의 조립품이 아니고, 인간의 거주와 생활에 의해 강한 영향을 받습니다. 어떤 건물들은 도덕적 가치를 지니는데, 이를테면 이는 인간 의지와 상징주의의 기념품과 같습니다. 어떤 건물들은 신성함으로 뒤덮이며, 어떤 건물들은 수익 창출을 위해 만들어집니다. 각각의 건물들은 해를 거듭하면서 벽돌이나 돌처럼 구조의 부분들을 종합하게 되고, 이를 통해 정체성을 얻는 것입니다."

스콰이어 앤드 파트너스 건축사무소의 건축사들 또한 장소성에 대해 이야기한다. 결국에는, 이것이 런던 중앙에 있는 작은 빅토리안 건물을 4층 주거 단지로 대체하는 허가가 떨어진 이유가 됐다. 재무적인 결과에도 불구하고 감독들은 철거에 반대하고, 대신 이전의 작업장을 술집으로 변화시켰다.

▼ 밝은 색상의 벽으로 된 지하 공간을 어둠침침한 형광등이 비추고 있다. 어느 정도 공기가 빠진 풍선들이 환기 덕트에 매달려 있다.

"건물을 상업적으로 적절하게 유지할 수 없더라도 우리는 어떻게 할 수 없었습니다. 그런 종류의 결정은 건물에 대한 느낌을 가진 뒤에야 할 수 있습니다. 우리는 첫날부터 그럴 수 있기를 바랐습니다. 그것은 일종의 감성적인 생각이었고, 이 건물이 우리에게

▲ 이상한 기계에 의해 구멍이 나 있는 분류실 바닥은 우편 상자를 끌어올리고 그 내용물을 내려보내기 위해 설계되었다. 이것에 의해 산업 고고학적인 조각물이 창조되었다.

무엇이 될 수 있는가에 대한 감정적 응답이었습니다."라고 개인적인 작업 때문에 2005년에 스콰이어 앤드 파트너스 건축사무소를 떠난 마크 웨이Mark Way는 말한다.

"건축가로서의 첫 반응은 장소성과 빛, 공간의 인식에 대한 감수성과 관계가 있습니다. 사람들은 서로 다른 방법으로 건물의 소리에 대해 이야기합니다. 우리가 건물에 대해 이야기할 때 그것은 건축에 대한 일종의 배려가 되죠. 당신이 건물의 소리에 대해 얘기하고자 한다면, 그것은 건물에 대한 존중의 수준에 관한 것입니다. 당신이 귀를 기울이려 하지 않는다면, 당신이 대화를 만들어나갈 무언가를 가지고 와야 한다는 말입니다."

작업장과 분류사무소, 두 공간과의 대화는 건축적 겸손함을 가지고 이곳에 다가감으로써 이끌어낼 수 있다. 그것은 고요한 것이며, 암시와 가벼운 제스처에 대한 잠정적인 대화다. 이는 세심하고 능동적인 듣기의 하나다. 다행히, 스콰이어 앤드 파트너스 건축사무소는 그런 제한된 접근을 기꺼이 후원해 줄 건축주를 갖게 되었다. 프로젝트 건축가인 베티나 브렐러Bettina Brehler는 '최소한 우리가 만들어낼 수 있는 작업을 해내는 것'에 대해 이야기한다.

그러나 아직 고려해야 할 정도로 중요한 조정이 있을 것 같다. 이를테면, 중층은 바닥에서 천장까지의 높이가 임대를 위해 바닥 면적의 확대가 가능한 곳이어야 한다. 그리고 창과 리프트의 교체를 피할 수는 없다. 또한 건물을 가로지르며 존재하는 삼각형의 빈 공간을 어떻게 다룰 것인지도 아직 확정되지 않은 사항이다. 이는 빈 공간으로 남겨놓거나 겨울 정원으로 만들기 위해 지붕을 덮을 수도 있을 것이다.

그리고 거기에는 더 심각한 의문이 있다. 감독관의 감시탑으로 무엇을 할 수 있을까? 실제적으로 그것은 불필요하지만 실행 가능한 대안으로의 다른 용도로 제안할 수 있는 다의성이 결여된 것으로 보인다. 그러나 엄격하게 통제된 공백과 감시카메라를 통해서 볼 수 없는 관입된 인간적인 면에서 감시탑은 매우 실질적이며 간섭적인 존재성을 지닌다. 감시탑은 의심할 여지없이 이런 효과를 주기 위해 설계된 것이다. 해군 스타일의 철재 가로대가 있는 사다리가 주는 효과의 강도는 사람이 없다고 해서 줄어들지 않는다. 감시할 사람이나 감시받는 사람이 없어도 감시탑은 건물의 소리 중 일부로 남는다.

우리가 조사한 모든 것

● 장소에 대한 이야기를 그려내다 ●

캐롤린 버터워스Carolyn Butterworth는 건축가이자 셰필드 대학 건축학부의 강사다. 버터워스는 건축에 있어서 건물의 진짜 의미, 즉 심리 작용, 숨겨진 삶, 시적인 것을 얻기 위해 완곡한 시각을 받아들인다. 그녀는 예술가들과 협업을 했고 위험을 감수했다. 다음 글은 그녀가 관습적으로 행하는 건축적인 부지 분석이 왜 충분하지 않은가에 대해 설명하고 있다. 어떤 장소에 대해 진솔하게 이해하는 것은 개인적 헌신을 수반하는 것이다.

길거리 악단의 음악이 버스와 핫도그 판매대의 소음과 함께 들렸다. 클라우디아 아미코Claudia Amico는 아크링턴Accrington에 있는 대형 마켓 홀 앞의 임시 무대에 올랐다. 그녀는 먼저 천천히 스텝을 밟고 몸을 흔들기 시작하더니 확신에 찬 듯 속도를 냈다. 밝은 오렌지색 스커트를 더 빠르게 흔들며 발을 구르자 박수 소리가 더욱 커져 주위의 시선을 끌었다. 사람들은 다양하게 반응했다. 몇

몇은 거의 주목하지 않았고 눈을 돌리기도 했지만, 어떤 사람들은 서서 지켜 보았다. 작은 소녀 둘은 소박하고 가볍게 춤을 추기 시작했다. 아미코가 춤을 추자 그들의 기억은 자극을 받기 시작했다. 구경꾼들은 아크링턴에서의 다른 춤들과 공연들을 기억하며 회상에 젖는다. 많은 이들이 이곳에서 어떻게 춤을 추었을까? 그리고 왜 더 이상 이곳에서는 춤을 추지 않게 되었을까?

건축가들은 어떻게 하나의 부지에 대해 알게 되는 것일까? 건축가들의 교육과 전문적인 설계 실무는 어디에나 적용되고 오랜 기간에 걸쳐 확립된 '부지 조사' 방법론을 제공한다. 건축가들의 도구는 카메라와 건축 도면 그리고 물리적·역사적·사회적 자료들이다. 이러한 도구들은 해당 부지를 이해하는 증거로 조사 과정에서 적용된다. 사무실로 돌아오면 부지 조사는 서류철에 남겨질 정도로 축소된다. 이러한 축소 작업을 통해 부지에 대한 지도는 특정한 영역이 된다. 부지 조사가 장소에 적용된 설계를 위한 실질적 부지가 되는 것이다. 부지와 부지 조사의 관계에서 이루어지는 부지의 실제적인 전환은 건축가들에게 설계 장소에 대한 독특한 태도를 자극한다. 부지는 현실로부터 추상화되고 개념적인 거리에서 재평가된다.

관습적인 조사에서 나온 결과 자료는 만져볼 수 있는 것들을 묘사하기에는 적합한 것이지만, 관습적인 조사는 임시적이고 비물질적인 것, 인간적이고 시적인 것을 기록할 수 없다. 관습적인 조사는 부지가 무엇이 될 수 있으며 어떻게 느끼는가보다는 어떻게 보이는지에 대해 말하고, 무엇이 없는가보다는 무엇이 있는지에 대해 말한다. 규범적 실무를 통해 찾을 수 없는 부지의 질은 건축 설계에서 중요한 위치를 차지한다. 그것은 관습적 부지 조사에서 형성된 건축가와 부지의 격차가 좁혀지지 않는다면 설계에 통합될 수 없는 것이다.

셰필드 대학의 건축학부에 있는 내 스튜디오에서는 건축가와 부지의 격차를 줄일 수 있는 방법을 개발해왔다. 이 방법은 부지에 대한 능동적 참여를 증진하고, 이미 존재하는 것과 존재 가능한 것에 대해 이해할 수 있게 해준다. 스튜디오에서는 개념적인 예술 실습 프로그램을 이용한다. 이는 부지뿐 아니라 부지를 사용하는 사람들과 직접 작업하기 위한 도구들과 더불어 우리에게 제공되는 것이다. 우리는 소피 칼Sophie Calle, 에이드리언 파이퍼Adrian Piper, 마이얼 래더만 우클레스Mierle Laderman Ukeles의 작업으로부터 배운다. 이 예술가들은 자신들을 장소 탐구의 중심에 놓고, 어떤 장소의 관계성에 대해 다시 생각해보려는 사용자들을 초대한다. 건축가는 예술 실무의 이런 형태를 적용함으로써 대지 조사에서 능동적인 역할자가 된다. 조사는 사건이 되고, 사건은 기대하지 않은 자료들을 위한 기폭제가 된다. 이는 건축적 제안의 형태로 나타날 수 있다. 스토리텔링이나 게임, 공연 또는 대화와 같은 개념예술 실무 방법에 의해 촉발된 기술들은 드러난 조사 자료를 받아들인다. 이는 객관적이기보다는 주관적이고, 단순히 반응적인 것보다는 제안적인 것이기 때문에 유용하다.

1868년에 지어진 아크링턴의 빅토리안 마켓 홀Victorian Market Hall은 랭카셔Lancashire에서 가장 오래된 마켓 홀이다. 아크링턴의 점포 대부분이 아른데일 센터Arndale Centre 근처로 옮겨 갔음에도 불구하고 마켓 홀은 실내 시장을 형성하고 있다. 마켓 홀은 외적으로는 도시적인 웅장함을 갖추고 있으나, 내부는 사용되지 않아 점점 황폐해지고 있다.

마켓 홀은 이웃 건물인 타운 홀과 함께 한때 번창한 제분소 타운의 중심을 형성했었다. 하지만 지금은 보행 공간에서 많은 사람이 오가는 뒤쪽 쇼핑 구역을 제외하곤 구 타운 광장에서는 사람들을 볼 수가 없다. 마켓 홀은 아크링턴의 번창하고 풍요로웠던 과거에 대한 상징으로 서 있는 것이다. 결과적으로 지금은 그 자체로 유령이 되어가고 있다. 건물은 침묵 속으로 빠져든다.

2005년 우리 학생들은 아크링턴에 있는 공공 공간에 대한 가능성을 탐구했다. 그리고 많은 학생들이 마켓 홀에 빠져들었다. 몇 가지 대안으로 부지 조사가 실행되었다. 아미코의 멕시칸 댄스도 그중 하나였다. 아미코의 부지 조사는 어떤 관습적 조사에서도 드러날 수 없

▼ 건축과 학생인 클라우디아 아미코가 2005년 아크링턴의 마켓 홀에서 멕시칸 댄스 공연을 하고 있다. 이 공연은 지역 사람들이 잘 아는 공간에 대해 생각하게 만들고, 이 장소에서 행해졌던 과거의 공연들을 상기시키기 위해 계획한 것이다.

▲ 2006년, 건축학과 학생 리처드 게이트홈스가 아크링턴의 빅토리아 아케이드에서 낚시를 하고 있다. 아케이드가 힌드번강을 덮고 있다는 사실에 호기심을 느낀 게이트홈스는 부지에 대한 연구의 한 부분으로 낚시 공연을 보여주고 있는 것이다.

▲▲ 아크링턴의 영광과 풍요로운 과거에 대한 상징이었던 마켓 홀. 지금은 조용하고 숨이 막히며 유령 같은 장소가 되어버렸다.

는 양의 공연과 춤에 대한 이야기를 찾아냈다. 그녀의 춤은 보행자들이 그저 평범한 장소로만 알고 있었던 곳을 놀라운 곳으로 바꾸어놓았다. 대안적 형태의 이 부지 조사는 진정한 소리나 장소의 본질을 발견했다고 주장하지 않는다. 그러나 이 조사는 특별한 장소에 내재하는 이야기에 접근할 수 있게 해준다.

1년 뒤 더 많은 학생들 그룹이 아크링턴으로 돌아왔다. 자신들의 대안적 부지 조사를 수행하는 커스틴 에이트컨Kirstin Aitken과 리처드 게이트-홈스Richard Gaete-Holmes는 타운의 중심지 밑에서 흐르고 있는 힌드번Hyndburn강의 가능성을 탐구했다. '배수구 낚시꾼'으로 그들은 강으로 직접 연결되는 배수구나 배수로 밑에서 낚시를 하는 데 하루를 보냈다. 마켓 홀에서부터 타운 블록을 반으로 나누는 지붕으로 덮인 하나의 부지가 상점가 빅토리아 아케이드였다. 아케이드는 보존 목록에 등재된 건물이고 원형이 많이 남아 있기는 하지만, 분위기는 많이 망가져 있다. 배수 홈통 옆에 앉아 낚싯바늘

▲ 정말로 아크링턴의 길 아래로 흐르는 힌드번강에서 배수구를 통해 잡아 올린 물고기. 이는 설치와 공연 예술을 통한 건축적 부지 조사다.

에 고기가 걸리기를 바라며 인내심을 가지고 기다리는 사람들의 광경은 많은 관심을 불러일으켰다. 보행자들은 멈춰 서서 자신들이 매우 잘 아는 공간에서 무슨 일이 벌어지고 있는지를 이해하려고 노력하며 그들을 응시했다. 낚시꾼들 발밑의 땅은 고기가 바글거리는 흐르는 물을 뒤덮고 있는 얇은 표면으로 변화되었다. 어떤 사람이 강이 가끔 바닥을 통해 거품을 내뿜는 것에 대해 이야기했다. 그러면서 강 표면이 덮이기 전에는 왜 이 강이 '악취의 강'이라고 불렸는지를 이야기했다. 배수구 낚시꾼이라는 아이디어의 명랑함과 단순함이 건축가와 사용자, 학생과 지역 주민, 낚시꾼과 상인 사이에 발전적인 상상과 대화를 유발했다.

건축가는 장소에 대한 이해의 전문가가 아니다. 건축가가 이러한 전문가의 수준에 도달하기 위해서는 그들 자신이 장소의 사용자가 되어야 한다. 관습적인 조사 기술로 모인 정보와는 대조적으로 사람들 사이에서 회자되는 이야기들은 숨겨져 있는 가능성을 드러낸다. 사람들은 상상과 은유의 헤아릴 수 없는 것들만을 이야기한다.

파크 팜과 리버 코티지 본부

데번 액스민스터 근교

사스키아 루이스
Saskia Lewis

▲ 농가 내부를 통해 뒷면의 주방 정원이 보이는 남쪽 전경. 출입구는 엘리 콜리어와 그의 후계자들이 농장과 집 사이에서 가장 자주 사용하는 문이다. 여름에는 통풍을 위해 두 개의 문을 열어두기도 한다.

20세기 들어 영국의 농업은 서서히 쇠퇴했다. 여전히 위기 속에 있으며, 이미지와 편의주의에 물든 영국인들은 인스턴트 식품과 게으름의 상징인 슈퍼마켓을 지나치게 많이 이용하고 있었다. 1990년대 중반 휴 핀리-휘팅스톨Hugh Fearnley-Whittingstall이 런던을 떠나 도싯Dorset의 오두막에 살며 농촌의 자급자족을 위한 기술을 실험하면서부터 리버 코티지의 정체성이 부상되기 시작했다. 인간의 정착 본능에 비하면 이것은 거의 무정부적 움직임이었다. 휴 핀리-휘팅스톨은 자신의 노력과 실험, 좌절, 이웃과의 관계, 가축 매입, 후회 등 감성적인 부분이 포함된 양육과 학살, 실수와 굴욕, 요리를 준비하고 만들고 그 결과를 소비하는 즐거움 등을 촬영했다. 채널 4에서 방영된 텔레비전 시리즈 〈리버 코티지로의 탈출〉은 한 나라를 움직였다. 음식의 생산과 소비의 기초적 진실에 대한 관심이 불붙기 시작했다.

▶ 농가와 작업장의 북쪽 입면. 주택 내부는 영화의 배경으로 사용되곤 했다. 한편, 리버 코티지 본부는 목재 오두막에 있다. 마당은 철거된 20세기 건물의 잔해들로 평탄해졌다.

휴 펀리-휘팅스톨은 지금은 잘 알려진 작가이자 저널리스트이고 진짜 음식real food의 옹호자다. 그와 리버 코티지 팀은 아직도 텔레비전 프로그램을 촬영하고 제작하고 있으며, 우리가 음식과 어떻게 관계하는지에 대해 질문하고 실험하고 있다. 그들은 사람들을 워크숍에 참여하게 하고, 땅과 조금 더 가까운 생활의 결과를 먼저 경험하도록 기회를 제공하면서 그들의 조직을 확장해왔다. 리버 코티지 요리책은 유기농 요거트와 리버 코티지 스팅거 맥주를 포함한 일련의 음식들로 구성돼 있다. 스팅거 맥주는 도싯에서 손으로 채집한 유기농 쐐기풀로 만든 것이다. 그들은 2005년 액스민스터Axminster에서 남쪽으로 5킬로미터, 남해안의 시턴Seaton에서 북쪽으로 8킬로미터 떨어진 데번Devon 동쪽의 파크 팜Park Farm의 소유권을 확보했다. 이곳은 리버 코티지의 새 본부가 될 것이다.

맑은 여름날 정오쯤 위에서 내려다본 파크 팜 풍경은 특히 매력적이다. 농장 위쪽으로 수십 년에 걸쳐 동물들이 만든 섬세한 거미줄 같은 오솔길이 농장으로 통하는 진입로로 펼쳐졌다가 다른 경계에 있

▲ 남쪽에서 본 농가의 전경. 주방 정원은 부지에 계획된 첫 번째 요소다. 2006년 10월 텔레비전에 방송되려면 여름에 수확할 수 있도록 채소가 준비되어야 한다.

는 통로로 다시 모여드는 것을 볼 수 있다. 늘어선 관목들과 나무들이 어떻게 부지를 분할하고 있는지도 볼 수 있고, 건물군의 지붕 풍경도 볼 수 있다. 그러나 지형이나 도보를 통해 부지를 체험하는 것에 대해서는 아무것도 이야기할 수 없다. 길은 바다 수면 182미터 높이의 능선에 있고, 여기서부터 풍경이 굽이친 계곡으로 굴러 떨어진다. 자갈길의 초반부는 가파르게 남쪽으로, 그리고는 급히 감아 돌아 북서쪽으로 향한다. 나무 사이로 농가 건물들이 나타났다 사라졌다 한다. 건물들은 길에서 50미터쯤 떨어진 곳의 평평한 부지 위에 자리 잡고 있다. 마침내, 당신은 아침 해처럼 동쪽에서 건물로 접근하게 된다.

엘리 콜리어Eli Collier는 이 농가의 마지막 거주자다. 그는 목장에서

▶ 파크 팜으로 진입. 평원에 있는 안뜰을 둘러싼 건물군의 전경. 평원은 주 도로로부터 50미터 아래 떨어진 길과 연결돼 있다.

▲ 부지의 항공 전경. 동물들이 만들어낸 오솔길이 목장의 거미줄처럼 존재하고 있다.

손으로 건초를 자르고 만든 마지막 사람이었다. 그는 이 초원에서 살찐 소를 기르고 양육하고 내보낸 마지막 사람이었다. 농가에는 1980년대 후반 벽난로 옆에 앉아 있는 그의 사진이 있다. 그는 남쪽에서 불어오는 계절풍과 바다 쪽으로 급히 떨어지는 비틀림, 그리고 서쪽에서 길쭉하게 수평선을 밝히는 환상적인 일몰에 대해 알고 있었을 것이다. 그는 또 여름날 건초가 만드는 향기로운 따스함에서부터 윙윙거리는 곤충 소리, 겨울바람의 냉기, 황량한 날의 사나운 공기와 빠르게 약해지는 창백한 차가운 빛도 즐겼을 것이다. 여름에는 통기를 위해 농가 문의 정문과 후문을 모두 열었을 것이고, 겨울에는 두꺼운 깨진 돌로 쌓은 벽과 벽난로로 혹독한 바람과 긴 밤을 피할 수 있게 피난처를 만들었

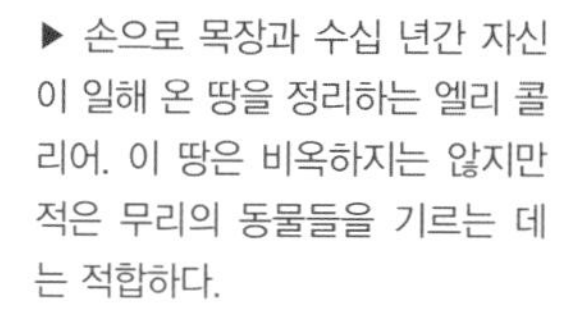

▶ 손으로 목장과 수십 년간 자신이 일해 온 땅을 정리하는 엘리 콜리어. 이 땅은 비옥하지는 않지만 적은 무리의 동물들을 기르는 데는 적합하다.

▶ 파크 팜 서쪽 입면의 합성사진. 투박하게 만들어진 20세기의 콘크리트 오두막은 철거되고 분쇄되어 안뜰을 평탄하게 하는 데 사용되었다.

◀ 벽난로 옆의 의자에 앉아 있는 엘리 콜리어. 벽난로는 파크 팜의 농가 주방 안에 있는 것이다.

▲ 엘리 콜리어가 20년 전에 앉았던 농가의 주방은 거의 변함이 없다. 방문객들은 그들이 수확하고 요리한 음식을 먹기 위해 식탁 주위에 모여들 것이다. 한편, 집 자체는 텔레비전 시리즈 프로그램의 주요 배경이 되어 건전한 시골 생활에 대한 아이콘이 될 것이다.

◀ 2006년 여름 촬영을 하기 위해 급하게 복원한 현관문의 전과 후. 회반죽 애벌칠이 수선되었다. 아래쪽의 손상된 패널을 복구하기 위해 위의 몰딩을 반복했다. 가짜로 그려 넣은 임시 패널과 함께 다시 도장되었다.

▼ 개조되는 동안의 탈곡장의 남쪽입면 야경

을 것이다. 현재 정문은 입구로 사용되지 않고 있다. 수십 년 동안 사람들은 안뜰을 통과해 집 건물로 들어왔다. 정문은 보여주기 위한 최상의 이미지이자 목가적인 곳인 반면, 후문은 하루하루 일하기 위한 현실적인 곳이다.

농장은 2005년 11월에 팔렸다. 2006년 초 수석 정원사인 맬컴 실Malcolm Seal이 농가 남쪽에 16세기와 연결선상에 있는 격조 높은 주방 정원을 배치했다. 그는 채소 정원을 관리가 용이하게 네 개의 마당으로 나누어 농가의 정문 축에 맞춘 십자가 형태로 만들었다. 토양은 변해야 했다. 촬영을 시작하기 위해서 늦여름에 채소 수확이 가능하도록 준비하고 씨를 뿌려야 했다. 수세기 만에 처음으로 땅이 파헤쳐졌다. 수년 동안 다져진 딱딱했던 표면은 체계적으로 부드러워졌으며 유기 영양소들로 풍요로워졌다.

맬컴 실은 다른 커플과 함께 2월부터 이용되지 않는 농가에 캠프를 만들고 정원 돌보는 일과를 시작했다. 그들은 덮개 없는 불 위에서 수프를 만들면서 검소한 농부 엘리의 존재를 느꼈을 것이다. 그는 그곳에서 밤을 보낸 마지막 사람이었다. 그들은 이러한 기본적인 의식을 통해 어떤 책임감이 자라는 것을 느꼈다. 농장과 사람, 이 땅에 남겨진 관습과 계절에 관련된 지식들을 존경해야 한다는 책임감이었다. 이를테면, 각 땅은 그 용도를 묘사하는 고대의 이름을 갖고 있었다. 이 이름들은 맬컴 실이 발견해낼 때까지 잊혀 있었다. 맬컴 실은 흙의 종류와 배수, 계절풍과 태양의 궤도, 그리고 이들과 결합해 있는 식물과 종자를 관찰했다. 그는 마치 반복되는 일의 연례의식을 정의하는 연극의 무대 절차를 쓰듯이 대지와 계절에 대해 주의를 기울여 세

▲ 복원된 주방 정원에서 수확된 호박들이 창턱에 놓여 있다.

심하게 조경 배치 계획을 세우기 시작했다.

그 사이, 런던의 새틀라이트 건축사무소Satellite Artchitects의 이사 스튜어트 도드Stewart Dodd는 이 전통적인 데번 농장을 다른 장소로 전환하는 작업을 준비하고 있었다. 여기에는 유기농 농장 촬영과 사진 촬영을 위한 영구적 세트, 1년에 2만 명의 방문객이 예상되는 방문 코스와 워크숍을 위한 숙소가 종합적으로 수용될 것이었고 언론의 주목을 끌게 될 리버 코티지 본부의 운영 사무실도 둘 예정이었다. 이 파크 팜은 몇 년 동안 이 프로젝트를 위해 물색한 곳으로, 40여 개의 후보지 중 하나였다. 휴 펀리-휘팅스톨과 리버 코티지 팀은 매우 먼 곳에 있다고 느껴지면서도 대중교통으로 접근하기 쉬운 장소를 원했다. 그리고 자기 충족의 세계에 둘러싸인 계곡 안에 자리 잡고 있는 이 농장은 그런 조건에 딱 맞는 그런 부지였다.

농장으로 걸어갈 때 당신은 현대의 삶으로부터 멀어지고, 시간이 느리게 가며, 강요되지 않는 공간으로 들어가는 것을 느끼게 된다. 농장 뒤쪽의 안뜰은 건축 프로그램의 일부분으로 이해된다. 그리고 기존 건물들은 제시된 공간이 어떻게 서로 관계를 맺으며 존재해야 하는지를 보여주는 명쾌한 모델이 된다. 농가 주택은 계속 농장의 주택으로 남을 것이고, 뒤쪽 마당은 작업 공간의 중심이 될 것이다. 경작과 더불어 연상되는 전통적 생산물뿐 아니라 파크 팜은 이제 경험을 생산하고 지식을 나누게 될 것이다. 실은, 농장은 언론과 거기서 열린 행사들에 의해 지원을 받는 삶으로 돌아와 있었다. 변화될 첫 번째

▲ 17세기의 규질암으로 된 벽은 보존되었고, 이는 리버 코티지 본부의 사무실을 만들기 위해 전통적인 건물 기술을 사용하여 확장되었다.

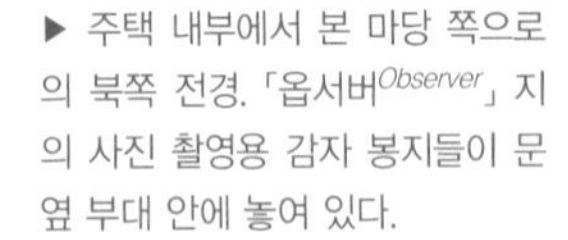

▶ 주택 내부에서 본 마당 쪽으로의 북쪽 전경. 「옵서버*Observer*」 지의 사진 촬영용 감자 봉지들이 문 옆 부대 안에 놓여 있다.

요소는 정원과 엘리의 주방이었다. 이것들은 몇 달 내에 완전히 가동되고 쉽게 알아볼 수 있게 해야 했다. 그곳은 완성되어야 할 첫 번째 공간이어야 했다. 이들은 가치와 지식을 시청자들에게 다시 소개하는 분위기를 제공해야 했다. 20세기에 단절되어 점점 잃어가던 가치와 지식 말이다.

농가 주택은 텔레비전 시리즈를 위해 익숙한 세트를 제공한다. 이

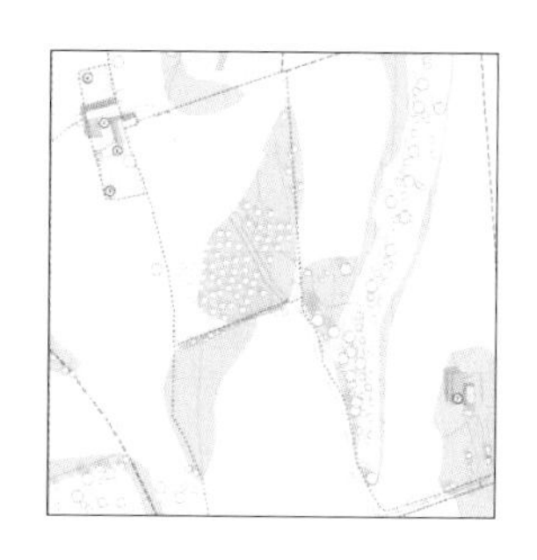

▲ 제안된 부지 계획

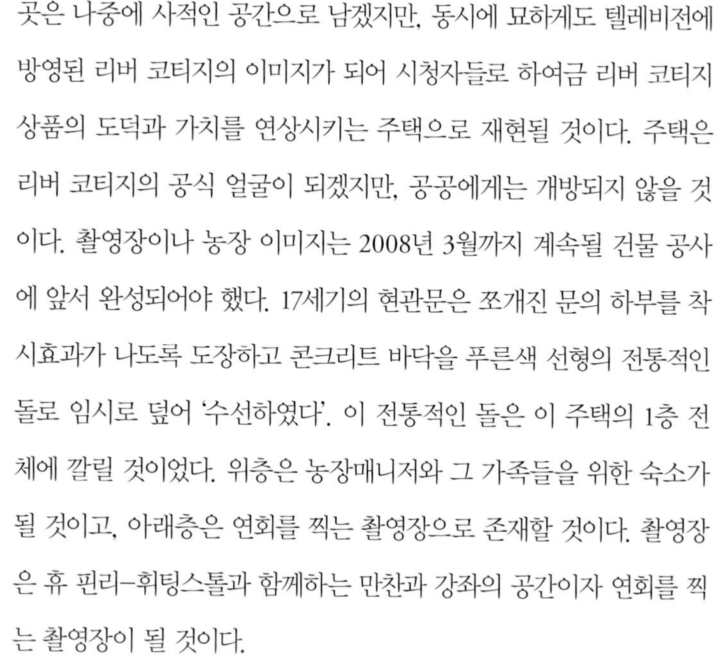

곳은 나중에 사적인 공간으로 남겠지만, 동시에 묘하게도 텔레비전에 방영된 리버 코티지의 이미지가 되어 시청자들로 하여금 리버 코티지 상품의 도덕과 가치를 연상시키는 주택으로 재현될 것이다. 주택은 리버 코티지의 공식 얼굴이 되겠지만, 공공에게는 개방되지 않을 것이다. 촬영장이나 농장 이미지는 2008년 3월까지 계속될 건물 공사에 앞서 완성되어야 했다. 17세기의 현관문은 쪼개진 문의 하부를 착시효과가 나도록 도장하고 콘크리트 바닥을 푸른색 선형의 전통적인 돌로 임시로 덮어 '수선하였다'. 이 전통적인 돌은 이 주택의 1층 전체에 깔릴 것이었다. 위층은 농장매니저와 그 가족들을 위한 숙소가 될 것이고, 아래층은 연회를 찍는 촬영장으로 존재할 것이다. 촬영장은 휴 핀리-휘팅스톨과 함께하는 만찬과 강좌의 공간이자 연회를 찍는 촬영장이 될 것이다.

2006년 10월과 11월에 편의점의 인스턴트 식품만 먹었던 한 그룹의 사람들이 휴 핀리-휘팅스톨과 2주일을 보냈다. 그들은 비둘기를 잡아서 요리를 하기 위해 촬영장을 찾았다. 이들은 비둘기의 깃털을 제거하고 배를 가르고 내장을 꺼내 보조접시에 담았다. 닭의 가슴을 도려내고 천천히 그릴 위에 올려 주방 정원에서 채집한 샐러드와 함께 따뜻하게 먹었다. 이들은 스스로 채집한 생산물이 놓인 낡은 주방의 식탁에 앉아 음식을 처리하는 데 따르는 혐오감을 점차 극복해나갔다.

▲ 휴 핀리-휘팅스톨이 야외에서 지글지글 요리가 만들어지는 동안 술을 마시고 있다.

친절하고 이해력 높은 감식가이자 열정적인 휴의 안내와 격려로 그들은 자신들이 만든 요리의 맛을 평가하기 시작했다. 그리고 선조들에게는 일상적이었던 것, 즉 지식과 존엄, 돌봄으로 만들어진 음식을 먹

▶ 주 농장 복합 건물군을 위해 제안된 부등각투상도

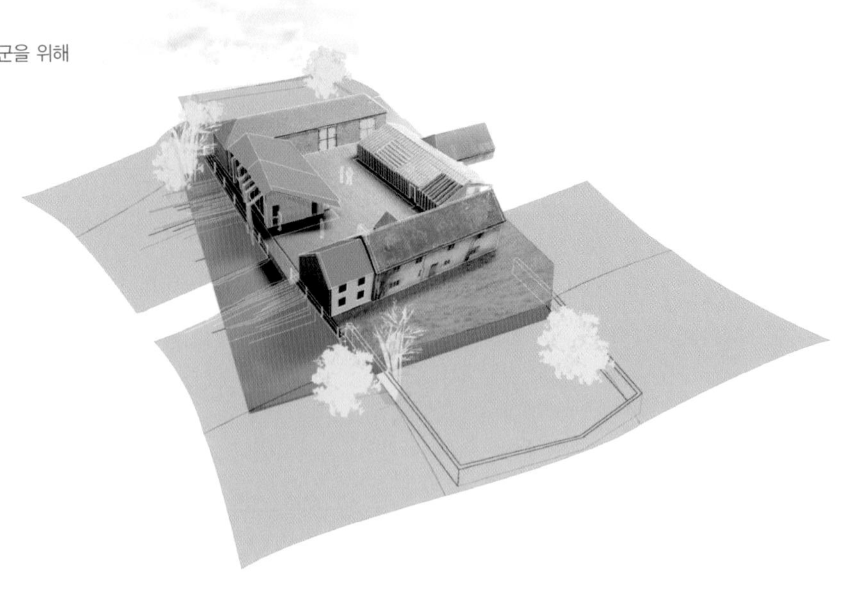

는 법을 배우기 시작했다. 그동안 그들 뒤에는 엘리와 그의 선조들이 붙이고 태우던 불, 오랫동안 없었지만 지금 새로운 형태의 삶으로 다시 타오르는 불의 그을음으로 얼룩진 벽난로가 있었다.

▼ 기존 건물과 새로운 건물을 보여주는 제안된 평면. 지금은 공공 공간으로 복원된 농장 마당을 중심으로 조심스럽게 모여 있다.

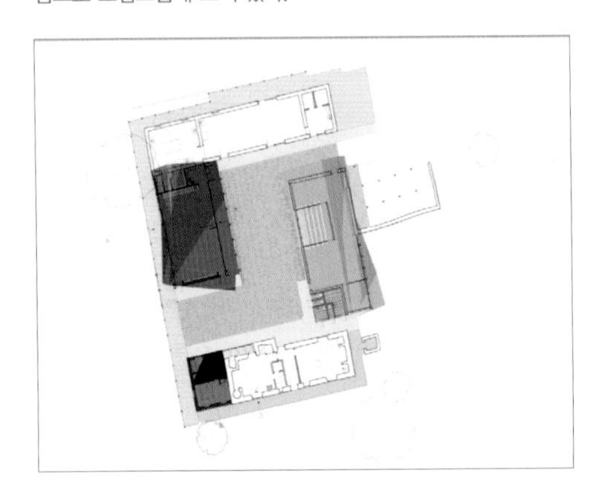

20여 년 전 농장의 중심으로 자리 잡고 있었던 농가의 북쪽 건물들은 부드러운 자갈 마당 주위로 입장료를 낸 일반인들을 위한 이벤트 공간이 될 것이다. 원래 건물 두 동은 보존과 동시에 그 기능이 전환될 것이다. 거기서 동쪽 끝, 마당 북쪽에 있는 18세기 탈곡 헛간은 절단실과 고기 창고, 냉장고가 들어갈 공간이 될 것이다. 이곳은 당일 코스로 어떻게 돼지를 도축하고, 도축된 전체 부속들을 꿰맞추는 법을 배우는 장소다. 레이 스미스Ray Smith는 음식을 위해 자신을 바치는 동물에게 경외심을 가지고 있다. 그는 40여 년의 경험을 살려 가능한 가장 평온한 방법으로 돼지를 도살하여 죽은 돼지의 몸에서는 피를, 그 눈에서는 돼지의 삶을 빼낼 것이다.

비록 더 이상 농장 부지에서 도축할 수는 없지만, 동물들의 시체는 신선할 것이고 피는 관절의 세밀함으로 하얀 타일을 물들일 것이다. 능동적이든 수동적이든, 이런 것과 관계없이 살아왔던 사람들은 날카로운 칼에 저항하는 동물들의 잘린 몸이 고깃덩어리가 되는 것에 처음으로 저항을 느낄 것이다. 그들은 점심에는 건조되고 보존 처리된 햄을, 저녁에는 또 다른 돼지고기 요리나 오븐에 구운 고기 또는 스튜를 먹을 것이다.

낡은 탈곡장의 서쪽 끝머리에는 많은 사람들이 시연과 요리를 둘 다 할 수 있는 보조 주방이 있다. 음식을 준비하거나 요리하는 주 구역들 사이에는 모이고 강의하고 먹고 마시고 논의하는 공간이 있다. 바닥은 평탄하게 되어 있고, 내부는 지붕 트러스 구조까지 오픈되어 있다. 출입구는 목재로 지었고 유리문이 달려 있다. 모든 보수와 장치들은 원래 건물의 공간 구조가 명백하게 읽힐 수 있도록 충분히 고려된 것이었다. 낡은 탈곡장 북쪽의 건초 마당은 북쪽 전면에 덮인 과수 체리나무 울타리와 함께 물냉이, 허브가 있는 산만하고 비형식적인 정원이 될 것이다. 맛보고 요리하고 지켜보고 토론하는 하루 일과가 끝난 뒤, 청중들은 산책을 위해 허브들 사이로 쏟아져 나올 것이다. 그리하여 허브에 대해 생각해보고, 나뭇잎을 들어 엄지와 집게손가락으로 짓이겨 향을 맡아볼 것이다.

입구 남쪽의 낡은 수레를 두는 오두막도 18세기에 지어졌다. 이곳은 보수를 할 것이고, 부지에서 농장까지 사람들을 운반할 현대적인 골프 카트를 둘 수 있게 만들 것이다. 그것은 부지에서도 충전 가능한 수단인 전기로 운행될 것이고, 이 모든 과정은 1960년대 컬트 TV쇼의 초현실적인 느낌을 줄 것이다. 이는 농장이 차로 막힌다거나 전원적이고 고립된 분위기를 해치지 않게 하려는 확실한 노력이다. 방문객들은 그들의 하루하루에 매달리게 될 것이다. 차량의 편리성은 없어지고, 사람들끼리의 왕래도 최소한으로 줄 것이다. 이 농장은 낡은 지식과 연계해 삶의 속도를 느리게 하는 모델인 동시에 그러한 장소로써 역할한다.

다른 두 개의 건물은 철거되었다. 건물의 잔해는 부지로 흡수되었고, 옅은 색 자갈로 덮기 전 안뜰을 평탄하게 하는 데 사용되었다. 이 두 건물은 1930년 또는 1940년대에 지어진 20세기 콘크리트 구조물이었다. 두 건물은 모두 각각 과거의 기초 위에 세워진 왜곡되고 술 취한 DIY식 오두막으로 안뜰의 동쪽과 서쪽에서 서로를 바라보고 있었다. 새로운 건물을 세움으로써 이 두 건물의 철거는 확실한 흔적을 남겼다. 동쪽의 착유장은 데번 지방의 초기 전통 건물의 한 예로 17세기 초기의 규질암 벽을 대응하여 서 있었다. 콘크리트 구조물은 지금은 철거되었지만, 규질암 벽은 남아 있어 같은 재료와 수백 년 전에 사용된 기술로 확장될 것이다. 리버 코티지 본부 관리 사무실은 단순한 기술의 외벽으로 만들어질 것이다. 직원이 부지를 오가는 것을 모니터할 수 있게 외벽에는 유리창 구멍이 뚫릴 것이다. 그러나 지붕은 내부를 들여다보지 못하게 되어 있으며, 컴퓨터나 기술 장비들을 외부로부터 보호하기 위해 튀어나와 있다. 마당에서 보면 이 건물은 세심하고 기능적이다. 마감은 목재로 되어 있고, 빛의 투과는 허용하되 들여다볼 수 없도록 시야를 차단하는 루버가 설치돼 있어 현대적이고 실용적인 건물로 보인다.

이와는 대조적으로 마당의 서쪽 언저리는 매우 아름다운 계곡을 바라보고 있다. 들판은 남쪽 방향의 바다로 흘러내리는 액스Axe강으로 굽이쳐 내려간다. 두 번째 행사 공간의 바닥과 동쪽의 벽은 전통적인 공사 기술을 사용하여 굳은 흙과 지역에서 구한 자재로 지어질 것이다. 나머지는 장관의 전망을 만들어내기 위해 커다랗게 유리를 끼운 녹색의 오크 목재 틀로 지어질 것이다. 진솔한 설계는 건물이 어떻게 지어졌는지, 어떻게 부분이 연결되고 서로 같이 있는지, 또 일련의 분절된 접합부까지 알 수 있게 할 것이다. 낡은 탈곡장의 서쪽 면과 평평하게 지어진 상업용 주방이 이러한 건물들이 서로 함께 있을 수 있게 하는 연결부이자 축이 된다. 거대한 문이 직접적으로 주방에서 거대한 공간 속으로 열린다. 이 새로운 구조는 매우 낡은 부벽으로 된 기초 위에 있다. 이 기초는 부지가 서쪽으로 흘러내리지 않게, 즉 안뜰을 보호하기 위한 옹벽으로 돼 있다.

▼ 제안된 파크 팜 서쪽 날개의 도면. 새로운 녹색 오크 목재 구조에는 서쪽으로 연결되는 풍경의 전망이 막히지 않도록 유리를 대대적으로 사용했다.

▶ 서쪽을 바라보는 합성사진. 녹색의 오크 목재 구조로 된 새 건물은 안뜰에서 서쪽 계곡으로의 전망이 허용되도록 다량의 유리로 지어졌다. 여름날 저녁에는 안뜰로 저녁놀이 넘쳐 흐를 것이다.

동쪽과 서쪽에 있는 두 건물은 모두 다 기묘하게 비뚤어져 있다. 지붕은 처마로부터 흘러나온 것처럼 벽을 덮고 있다. 이들은 20세기의 볼품없는 유령에 대한 직접적이고 애정 어린 참조이자 유머다. 건물들은 기품 있는 새 건물인 이웃에 속하려 들지 않고 신선하고 자유로우며 변덕스럽기까지 한 명쾌한 흔적이 된다. 둘 다 복합적·신화적인 역사를 지닌 목재인 삼나무를 따라 늘어서 있다. 향기로운 삼나무 향이 음식 냄새와 함께 열기 속으로 혼합될 것이다. 해질녘, 빛은 황금 시간의 석양을 가두고 있는 안뜰에 넘칠 것이고, 하루는 계곡과 저무는 해를 마주하고 있는 발코니에서 술 한 잔과 함께 마무리될 것이다.

도드는 가만히 있지 못하고 부지에서 부지로 옮겨 다니며 카멜레온 같은 질감의 보다 심화된 일련의 건물들을 창조한다. 이 전략은 리버 코티지 본부의 건설 기간 동안 필요한 임시 건물을 짓는 것을 목적으로 한다. 이로써 중간 시기의 숙소를 제공하게 되는 것이다. 이 오두막들 중 하나는 원래 2006년 6월 런던에서 개최된 건축 비엔날레에 출품된 것으로, 리버 코티지를 위한 이동식 주방으로 만든 것이었다. 이 프로젝트에서는 아무것도 버리지 않았다. 이동식 파빌리온은 정착시키기 위해 몇 달 동안 본부로 이전해왔다. 이 파빌리온은 새로이 목재로 마감하여 언덕 꼭대기에서 방문객을 맞이하는 건물이 되었다. 비슷하게, 임시의 화장실 오두막은 정원 화로에 공급하기 위한 오두막 뒤편의 목재 더미와 함께 2007년 후반에 철거되어 과일과 채소를 보관할 창고로 재탄생할 것이다. 창고는 도로 입구의 방문객을 환영하는 오두막 옆에 있을 것이고, 리버 코티지에서 여분의 계절 산물들을 팔게 될 것이다. 또 다른 오두막은 리셉션과 저택에서 대형 농장 헛간으로 사용될 것이다. 헛간에서는 바람으로부터 보호해야 하는 농장의 붉은 루비색 소들을 기를 것이다. 주 도로를 벗어나자마자 주차 공간이 조성돼 있음에도 불구하고 코스 참가자들에게는 대중교통을 이용하도록 권장될 것이다. 참가자들은 각자 차를 몰고 오는 대신 단체로 모이게 될 것이다.

가능한 한 이산화탄소 배출을 제로로 하는 것이 목표라고 도드는 말한다. 그는 리버 코티지의 기풍에 따라 건물이 도덕적이고 존경받을 만한 방법으로 이용되도록 도움을 주었다. 모든 자재는 지역에 근원을 두고 있고, 마감재는 가능한 한 무독성에 가까운 것을 사용했다. 과거의 전통적인 건축 기술은 최첨

▼ 변덕스러운 골조와 패널 구조의 버스정류장. 대중교통편을 이용해 도착하는 방문객들을 위해 리버 코티지 본부 입구 길가에 설치되어 있다.

▲ 마당 건물. 삼나무로 마감돼 있다. 빈 샴페인 병으로 만든 램프의 불을 밝힌다. 어떤 것들은 왕립 오페라하우스의 커다란 페리에주 병들이고, 어떤 것들은 메이페어 구역의 모비다에서 가져온 역시 커다란 루이 로드레 크리스털 병들이다.

단 기술과 함께 사용되었다. 그는 유효한 것이면 무엇이든 향상할 수 있도록 최적의 결합을 만들었다. 보일러는 바람과 태양 그리고 지역에서 생산되는 목재 조각을 태워 생산된 재생 에너지를 사용했다. 풍력 발전용 터빈은 산등성이 위의 도로 입구에 11미터 높이로 두 개가 나란히 서 있어 입구의 뚜렷한 지점이 된다. 계절풍을 잡을 농가 남쪽에 서 있는 작은 터빈은 미국 서부에 있는 것과 비슷해 보인다. 경사 위에 있는 건물 돌출부 북쪽의 대형 태양 전지판은 남쪽을 바라보고 있다. 그것은 GPS에 의한 추적 시스템에 연결된 1.8미터의 정사각형 판이다. 태양 전지판은 해바라기처럼 태양을 좇을 것이고, 유효한 에너지를 받아들여 이를 흡수할 것이다. 거둬들인 빗물은 농가 바로 옆 서쪽 탱크로 모아진다. 거기에서 중력에 의해 자연적으로 배수되고, 화장실에서 사용하기 위해 다시 퍼 올려진다. 오염을 줄이기 위해 더럽혀진 물은 갈대와 버드나무 침상 화단으로 퍼 올려져 액스강으로 보내지기 전에 정화될 것이다.

건물과 주변 목장의 역사는 이 부지의 보수 작업에 내장되어 있다. 리버 코티지가 받아들인 생태학적이고 유기적인 이상주의는 현대의 삶에 필수적인 것이다. 우리는 이러한 지식을 잃어버리기 전에 재활용해야 한다. 우리는 음식의 생산과 소비에 부주의하게 되는데, 이곳이 그런 실수를 해결하기 위해 애쓴 하나의 모델이 되었다. 건물들은 리버 코티지가 노력한 것들의 중심 공간들을 둘러싼다. 건물들은 역으로 매우 개인적이면서도 충실한 사람들에게 텔레비전으로 방송되는 풍부한 경험의 목격자가 될 것이다. 이것은 이상적이면서도 동시에 교육적인 도구로써 농장과 전원의 삶을 재창조할 것이다. 건물들을 둘러싸고 있는 것은 정원과 목장이다. 이것들은 리버 코티지에 사용될 음식의 재료와 토론의 주제를 제공할 것이다. 가끔 바다 안개가 감싸며 올라와 계곡에 갇힌다. 농장은 현대의 삶과 완전히 단절된 것처럼 보이고, 고대의 비밀과 계획된 정적은 모두를 느리게 만들 것이다. 이곳에서 목소리는 다만 아는 것만 말하고 부드럽게 말한다. 그리고 그것에는 품위 있는 생존을 위한 환경이 주어진다.

▲ 개성 있는 오두막. 마당에 있는 리버 코티지 화장실 오두막 중 하나로, 아연도금판으로 된 전면은 계절풍과 맞서고 있다.

▶ 동쪽을 바라보는 합성사진. 리버 코티지 본부의 사무실이 있는 건물들은 단순하고 실용적인 오두막으로 위장되어 있다.

왕립 군인자녀수련원

런던 첼시

데이비드 리틀필드
David Littlefield

- 1803년 건축가 존 샌더스가 지었고
  2006~2007년 폴 데이비스 앤드 파트너스 건축사무소와
  찰스 사치가 재건축했다.

▲ 1803년 왕립 군인자녀수련원으로 완공된 이 건물은 존 샌더스가 설계했다. 그는 존 손 경의 제자이기도 했다. 상당한 권위와 타협의 여지가 없는 형태를 자랑하는 이 건물은 강건한 외관과 그 시공법으로 두 세기가 지나도록 외형상의 큰 변화 없이 견뎌왔다.

왕립 군인자녀수련원The Royal Military Asylum은 1803년 군인 자녀를 양육하고 교육하기 위해 지어졌다. 이는 천 명에 가까운 소년, 소녀들을 절도 있는 분위기에서 군사훈련과 가사교육을 시키기 위한 시설로, 이 건물에는 한꺼번에 250명을 수용하는 대형 교실이 있다. 벽돌과 포틀랜드 석재 장식으로 지은 이 건물은 실용적이면서도 격식을 갖추고 있으며, 내면은 소박하다. 또 뚜렷하면서도 견고한 모습으로 당시의 시대적 가치를 타협 없이 보여주고 있다. 국가의 후원으로 운영된 이 시설은 간소화된 궁전 형태이며, 위협적인 느낌의 석재 입면은 그 웅장함을 뽐낸다. 건물 전면에는 육상 트랙이 있다. 이 트랙에서 1.6킬로미터를 4분 안에 뛰었던 전설적인 육상 선수 로저 배니스터가 훈련한 것으로 알려져 있다. 2008년, 이 건물에서 미술 수집가 찰스 사치Charles Saatchi가 런던의 주의회 회관에서 옮겨온 미술품을 전시한다.

▲ 계단식 좌석 배치와 중이층과 연결되는 층계의 흔적이 선명하다. 이는 한때 교실이었던 공간에 놓여 있던 것이다. 벽을 감싸고 있던 미장을 걷어내자 과거의 공간과 형태가 드러난다.

이 구역은 곡선으로 굽은 담으로 둘러싸여 있다. 19세기의 사관생도들은 이 널찍한 공간 내의 엄격한 규율 속에서 생활했다. 북쪽동과 남쪽동을 제외한 다섯 개의 기숙사동에는 지상층과 그 위층에 각각 네 개씩, 길이 약 26미터, 너비 약 10미터의 방이 있다. 지상층에 있는 공간(계단실과 중앙 홀을 중심으로 두 개의 방을 대칭으로 놓아 남녀의 구역을 구분했다)은 식당으로 쓰였고, 교실로 쓰인 위층은 복층 높이의 방으로 발코니 겸 중이층이 있다. 이곳은 풍부한 자연 채광으로 채워진 공간이었지만, 겨울에는 상당히 추웠을 것이다. 여덟 개의 큰 방에 각각 두 개의 가정용 벽난로만이 있었기 때문이다.

두 세기를 지나면서 이 수련원(이후 요크 공 본부Duke of York's Headquarters로 이름이 바뀌었다)은 상당한 개보수와 수정 및 시설 보완을 거쳤다. 그럼에도 이 모든 것들은 건축 자체에 내재된 강건함 덕분에 표면적으로만 존재하는 상처로 읽혀진다. 이 건축물에 가해진 가장 큰 수정 사항은 19세기에 제거된 교실의 중이층과 그곳에 지어진 복층 구조일 것이다. 이후 영국 국민방위군과 군사 업무시설을 수용하기 위해 공간을 나누는 가벽과 건식 벽체 마감 공사가 이뤄졌다. 이것은 대수롭지 않은 변경 사항이었지만, 건물로서는 어처구니없는 상황인 것 또한 사실이었다. 원래 있던 벽난로를 석고 벽체 뒤로 숨기는 대신, 군사 대용품 같은 난방시설들이 굴뚝과 관계없이 복잡한 소 공간과 생도실 여기저기에 놓였다. 강건한 내부 공간의 구성이라는 본연의 질

▲ 중이층이 없어지기 전에 있던 네 개의 교실 중 하나. 결국 이 큰 공간은 두 개의 층으로 나뉘어 쓰이게 된다.

▲ 2006년 철거 작업 중 찍은 사진. 식당으로 쓰였던 방의 모습이다. 바닥에는 20세기에 들어 공간을 나누어 썼다는 것을 보여주는 벽의 흔적이 남아 있다.

서가 침해된 것이다. 그리고 항공특수부대 본부의 정보부와 통신부가 사용했던 위층은 사실상 바깥세상과의 단절을 상징하는 공간으로 전락했다. 여러 겹의 진입 잠금장치는 건물 사용자를 감금하는 수준이었다. 19세기에 교육 시설로 쓰일 당시, 건물 안의 생도들은 앤드류 벨 목사가 개발한 독특한 생활 지도 아래서 생활했다. 즉, 재능 있는 동급생이 다수의 다른 생도들을 지도하는 이른바 '선임 하사관' 방식 말이다. 당시 선임 하사관은 벌칙으로 주의를 기울이지 않은 생도를 천장에 매달린 쇠창살 우리에 가두었다.

2006년 군부가 떠나면서 이 건물에서는 새로운 발견을 하게 된다. 폴데이비스 앤드 파트너스Paul Davis and Partners 건축사무소의 설계로 캐도건 에스테이트Cadogan Estate 사에 의해 주도된 이 작업에서 건물을 원래 모습대로 복원하기 위해 껍데기를 모두 벗겨내었다. 작업이 진행되는 도중에 잠시나마 드러난 묵직한 숙련공 같은 원래 건물의 덩어리와 훗날 덧입혀진 외피의 단면 속에서 이 건물이 지닌 시간 속의 위대함을 엿볼 수 있었다. 항공특수부대 정보부가 쓰던 두꺼운 문짝이 활짝 열리고, 건물 공간에는 공사장의 폐기물이 쌓여갔다. 작업 도중 건축팀은 지난 두 세기 동안 견뎌온 기숙사 동 지붕 난간 벽의 홈통이 그동안 집중호우를 견디기 힘든 작은 크기였으며, 그로 인해 지붕 구조보들의 가장자리가 위험할 정도로 썩어 있다는 것을 발견했다.

한때 국가의 야망과 위대함의 확고한 상징이었던 이 수련원 건물은 공무원들의 단순 업무를 수용하는 시설로 전락했다. 위엄 있는 파사드는 말할 것도 없이 건물 전체가 본래의 취지와는 그 거리가 멀어진 것이다. 아직도 간직하고 있는 건물의 건립 취지를 다시 발견해내고, 애초에 의도했던 건축 계획에 담긴 힘 있는 몸집의 구성과 조형성을 되살리는 것이 가장 중요한 일이었다.

"오래된 역사 건물을 떠올릴 때면 생각나는 모든 것들이 이 건물에 있습니다." 재건축 작업을 맡은 책임 건축가 알렉 하워드Alec Howard는 말했다. "오래된 건물의 껍데기를 하나씩 벗겨가면서 건물이 품고 있는 위엄을 느낄 수 있었죠."

작업을 맡은 건축사무소 소장 폴 데이비스는 이 건물의 '에너지'에 관해 말한다. 작업을 하면서 건물로부터 에너지를 받았는데, 나중에 그것이 닳아 없어지는 것을 느꼈다는 것이다. 데이비스는 흥미로운 인물이다. 그의 사무소는 주로 오래되거나 보호 목록에 올라 있는 건축물의 복원 공사나 재활용 작업으로 좋은 평판을 얻어왔다. 런던 중심부의 명성 높은 그로스브너Grosvenor와 캐도건 에스테이트 사의 사유지 프로젝트 등이 그 좋은 예다. 그런데 데이비스는 오래된 건물에 대한 역사적 관심이나 감상주의에 매달린다거나 보존에만 심취한 사람은 아니다. 대신 그는 사람이 스쳐간 흔적, 장소와 공간이 내포하고 있는 '혼'에 더 관심이 많았다. 그래서인지 그의 작업 내용은 항상 뚜렷한 근거에 의존하지 않은 것으로 보인다. 그는 자신의 상상력과 해석으로 어떻게 한 건축물이 편안히 자리 잡고 일어서 있는지를 정의 내린다. 그는 말한다. "저는 언제나 건물 내부에 처음 들어갔을 때 느꼈던 과거의 시간을 잘 음미해보려고 합니다." 그는 수년 전 슬론 광장 15번지에 놓인 빅토리아식 건물의 복원 작업을 맡았다. 그는 처음 건물에 들어가 둘러보고는 '영적으로 죽었다'는 이유로 일체의 양보 없이 파사디즘facadism(건축물의 입면만 보존한 채 모두 헐고 다시 짓는 것)을 수행한 경험이 있다.

"그때 저는 너무 우울했었습니다. 아주 뚜렷한 감정이었죠." 데이비스는 말한다. "건물을 대할 때 마음을 활짝 열고 그 건물이 나에게 주는 뭔가를 느끼는 것은 아주 중요합니다. 어떤 때는 바로 그 느낌이 오고, 때로는 좀 늦게 감정을 느끼기도 합니다. 실은, 건물이 스스로 말하는 것을 기다리는 것입니다. 절대 선입견을 가지고 건물 안으로 들어서면 안 됩니다."

건축가 데이비스는 여러 면에서 낭만주의 작가들에게서 나타나는 감성적 기질을 갖고 있다. 작업에 대한 그의 접근은 상당히 주관적이다. 그는 무엇인가를 결정할 때 객관적인 사실 관계에 의존하지 않고 항상 개인의 감성적 판단을 활용한다. 또 그는 어떤 것의 원류나 영

▶ 중앙 현관에서 찍은 국왕 가족 방문사진. 1908년 수련원의 이름은 '요크 공왕립 군사학교Duke of York's Royal Military School'로 바뀌게 된다.

▲ 지상층에는 길이 26미터, 너비 10미터의 대형 식당 공간이 네 개 있었다. 이곳은 1840년대에 남자 전용 시설로 바뀔 때까지 남녀가 공간을 따로 나누어 사용했다.

향을 받은 것에 대해 논하기를 즐긴다. 하지만 방법론에 대해서는 깊이 논하지 않는다. 그는 흔히 자신의 마음을 움직이게 한 것을 소중히 여기고 왜 그것이 중요한지에 관심이 많다. 이를테면 공간에서 느껴지는 빛의 느낌이라든가, 기하학적 순수함, 또는 대상이 되는 건물에 사용되던 당시의 문화적 기운 등이 그에게는 중요한 것이다. 이스파한의 회교사원, 그라나다에 있는 알함브라 궁전, 피렌체의 산미니아토 교회, 1930년대 맨해튼의 고층 건물, 중세 튀니지의 렌 교회와 선사시대의 공동체 시설 등 이 모든 것들이 데이비스의 독특한 작업 방식을 보여준 사례들이다.

"제가 이 건물들 안에 들어섰을 때, 저는 아주 강력한 목소리를 느낄수 있는 좋은 기회라고 생각했습니다. 저는 이 건물들을 만들어낸 강한 문명의 힘을 느낄 수밖에 없었습니다." 데이비스는 말한다. 그는 평소 경제성과 성과 위주의 가치를 상징하는 존 이건 경Sir John Egan의 철학과 사상으로 무장한 지금의 건설업자들과 관련 업자들을 싸잡아 경멸하며 비웃어왔다. "지금의 건축가들은 이미 개발업자들의 일용품이 되어버렸습니다. 현재와 같은 상황에서 건물은 단순한 상품에 불과합니다. 지금의 건축이 점점 더 조립 부품에 의존하면 할수록 인류 문명이 내리막길을 걷고 있다는 증거죠. 이는 우리만의 이야기를 잊어가는 것입니다."

데이비스는 모차르트가 여덟 살 때인 1764년부터 1765년까지 살던 에버리 스트리트Ebury Street 180번지의 집 옆 과수원 위에 지어진 빅토리아풍의 학교 건물을 사무실로 쓰고 있다. 이 건물과 관련된 사연 또한 그에게는 중요한 한 부분을 차지한다. 여기는 모차르트가 첫 두 교향곡을 작곡한 곳이기도 하다. 데이비스는 음악을 의미 있게 해석하는 전문가는 아니지만, 모차르트의 음악이 작곡된 장소에서 살았던 사람들이 갖는 오랜 에너지의 중요성을 믿을 만큼 시적인 인물이다. "이것은 사람으로서 느낄 수 있는 것입니다. 마치 숲속을 거닐면서 걸어가야 할 길을 느낌으로 아는 것과 같은 것이지요. 만약 숲속에서 그것을 느끼며 걷고 있다면 아마도 제대로 가고 있다는 것일 겁니다."

재건축 작업에 대한 데이비스의 이와 같은 철학은 왕립 군인자녀 수련원 건물의 작업에 잘 반영되었다. 데이비스는 이미 주어진 대규모 공간의 강건함에서 우러나는 힘과 질서뿐 아니라, 건물이 애초부터 품고 있던 원형대로의 사용자 동선 구조를 새롭게 찾아내어 대공간이 다시 그 자리에 일어서기를 원했다. 처음 지어졌을 때 정면 입구 중앙의 현관 홀은 왼쪽, 오른쪽, 정면을 향해 세 방향으로 열려 있었다. 그러나 20세기의 어느 시점부터 남녀 생도들이 각각 분리된 식당으로 들어갈 수 있었던 입구가 막혀 버렸고, 모든 방문객들이 정면 런던 슬론 광장에 가까이 있는 요크 공 본부는 1790년대 후반에 존 샌더스가 설계했다. 그는 존 손 경의 첫 번째 제자로, 샌드허스트Sandhurst의 왕립 군사대학Royal Military College 건물을 설계했다. 1803년 완공된 이 건물은 형태에 있어 비례감이 전형적인 손식Soanian 건물의 모습을 하고 있는데, 크리스토퍼 렌 경Sir Christopher Wren이 작업한 첼시의 왕립 병원Royal Hospital 건물과도 평면 구성이나 일부 상세가 관련이 있다.

비평가 니클라우스 페브스너Nikolaus Pevsner는 이 건물에 대해 '엄격함과 존엄성'을 적절히 구사한 작품이라고 평했는데, 이는 아마도 1869년 G. 브라이언G. Bryan에게 그의 책『첼시의 과거와 현재*Chelsea in the Olden and Present Times*』에서 이 건물의 묘사에 대한 용어를 제공했을 것이다. "모티브가 작품을 성립시키고, 계획의 원리가 작품의 기초가 된 이 건축물은 현 시대에서도 존경받을 만한 시도였으며, 국가의 정책, 인간성, 박애정신을 엿볼 수 있는 건축 언어들이 조화롭게 공존하고 있다."

이 건물은 군인 자녀들을 위한 왕립 수련원이다. 당시 나라를 위해 몸을 바친 군인 가족들이나 전쟁고아들은 대개 처참한 가난에 시달려야 했다. 원래는 소년 7백 명뿐 아니라 소녀 3백 명도 수용했으나 1841년 여자 생도들을 받아들이지 않은 뒤부터는 차츰 남자 생도 전용 시설로 바뀌었다.

1909년 듀크오브요크 대학Duke of York's College이 도버에 설립되면서, 이 건물의 이름이 요크 공 본부로 바뀌게 되었다. 이후 건물이 더 많이 바뀌어 영국 국민방위군의 런던 본부 건물로 쓰이게 되었다. 또한 이 건물은 일반 군사 대대를 수용하는 시설로도 쓰였는데, 건물의 위층에 일급 비밀부대로 정평이 나 있는 공군 소속의 제10특수부대 낙하산 편대 등이 수용되기도 하였다.

지붕은 2차 세계대전 당시 소이탄 공격으로 전소된 뒤 복원된 것이다. 복원 작업은 1978년 도널드 인설 건축사무소Donald Insall Associates에 의해 이루어졌다. 1990년대에 지하층을 낮추고, 기초를 콘크리트로 보강하는 것을 포함해 부분 재건축과 리모델링을 거쳤다. 이 건물은 2005년 군부가 완전히 철수하고 캐도건 에스테이츠 사에 매입되었으며, 폴데이비스 건축사무소에 '창의적 활용'을 목표로 건물 재건축 작업을 일임하게 되었다. 2008년에는 수집가 찰스 사치의 소장품 갤러리로 새롭게 개관하였다. 폴데이비스 건축사무소는 이후 캐도건 에스테이츠 사를 위해 지속적으로 여러 프로젝트를 진행하고 있다. 알포드 홀 모너건 모리스 건축사무소Allford Hall Monaghan Morris Architects 또한 수집가 사치의 프로젝트를 위해 일하고 있다.

▲ 20세기 말에는 항공특수부대 본부 정보부와 통신부가 건물의 상층부를 차지했다. 복잡한 잠금 장치로 상징되듯이 비밀 키패드로 중무장된 이 방은 마치 감옥과 같이 사용자들을 외부와 격리시켰다.

에 놓인 한 쌍의 계단실로 진입하도록 수정되었다. 이것을 복원하는 것은 건물 본래의 작동 원리를 되찾기 위한 단순치 않은 작업이다. 개념적으로 살펴보면 건물은 크게 두 개로 분리된 상태인데, 중앙에 놓인 뚜렷한 하나의 공간이 남과 여를 다시 명확히 분리하는 기능을 하는 것이다. 즉, 새롭게 태어날 중앙 홀은 단순한 통로의 의미가 아니라, 방문객들에게 어느 방향이든 선택해서 건물 안으로 들어가게 하는 의미 있는 '필터'의 역할로 출입구와 계단실 사이의 중간 기착지임을 의미한다. 또 수많은 업무 공간들과 연결 복도들, 부엌 시설과 화장실 등 현재의 미로 같은 평면이 깨끗이 정리되어 여덟 개의 대규모 방들이 중앙 동선의 공간으로 연결되는 본래의 모습을 되찾게 된다. 이 밖에 전체 작업 중 원래 건물의 모습과 가장 많이 다른 부분은 건물 뒤쪽의 장교 회관이 철거된 자리에 투명한 통로로 연결된 비슷한 규모의 새 공간이 들어선다는 것이다.

데이비스는 재건축 작업에 있어 항상 '본래 건물을 위해 정의로운 작업을 수행하는 것'을 주장했고, 또 본래 건물이

◀ 20세기 들어 건물의 실내는 완전히 새로 치장되었다. 원형 그대로의 벽난로는 덮어서 가렸고, 그것을 대신할 인공적인 난방 장치를 필요에 따라 여기저기 설치했다. 미장을 걷어낸 방 한구석에 역사적 가치가 없는 벽난로 부재가 세워져 있다.

지니고 있던 공간의 기억을 되살리는 것을 강조했다. 그가 처음 이 건물 본래의 평면을 보고 실망했던 이유도 그 때문이었다. 평면에 나타난 공간이 상당히 크고 단순한 방들이어서, 누구든지 자연스럽게 이 건물의 새로운 용도로 일반 임대 사무실 같은 메마른 내용을 떠올렸기 때문이다. 그러나 데이비스는 나중에 임대 사무소가 아닌 경매소 용도로 재건축 계획안을 받자 이를 의미 있는 공간의 재창조로 여기

▼ 새로 들어선 2층 공간. 이 공간은 원래 중이층 공간으로 여기서 아래층 교실들을 내려다볼 수 있었다.

▲ 점잖아 보이는 20세기 실내장식이 2006년에 일부 벗겨지면서 건물의 원래 조직을 엿보인다.

게 되었다. 그리하여 작업에 대한 새로운 의욕을 얻었다. 건물의 공간과 동선 구조가 자연스럽게 경매장의 용도로 재구성될 수 있었기 때문이다. 실제로 새로 태어날 미술작품 경매장에서 일어나는 일들이 이 건물의 전통을 새롭게 평가하는 행위의 연속으로 여겨질 수 있고, 오랜 시간 군부에 속해 있던 이 건물 내부에서 경매를 결정하는 힘 있는 망치 소리가 앞으로도 지속되리라는 것은 아이러니하게도 이 건물에 잘 어울리는 일임이 분명했다. 그러나 경매장 안 역시 현실화되지는 않았다. 대신 이 건물의 새 주인이 된 수집가 찰스 사치에 의해 이 건물은 현대 미술의 소장품들을 전시하는 전시관으로 탈바꿈하게 되었다.

전시관으로 탈바꿈할 이 건물의 운명은 사실 사치가 보유하고 있는 현대 미술 작품들과 대적할 만한 나름대로의 모순을 또다시 맞게 된다. 현대 미술 작품에 맞는 최적의 전시 조건을 갖추려면 데이비스가 바로 이전 건물의 본래 모습을 찾기 위해 낱낱이 벗겨냈던 20세기의 무미건조한 흰색 실내 마감벽 재료를 다시 입혀 새하얀 전시 공간을 만들어내야 했기 때문이다. 사치갤러리Saatchi Gallery 측은 공간 안의 창문도 작품 전시를 위해 모두 차단하고 위쪽의 하나만 열어두도록 요구했다. 데이비스는 이를 '사람으로 치면 눈을 감은 상태'라고 말했다. 그는 이 상황을 1971년 조지 루카스 감독의 반 이상향에 관한 공상과학영화 〈THX 1138〉에 비유했다. "저는 결국 이 건물에 대해 좀 슬픈 느낌이 듭니다. 건물의 거대한 공간과 볼륨감이 아무것도 없는 공백으로 느껴지기 때문입니다."

방문객이 끊이지 않는다는 점과 건물 내부를 완전히 무시하는 효

▲ 두 세기 동안 군사시설로 쓰였던 이 건물은 현대 미술 갤러리로 새로 탄생했다. 자연 채광을 조절하기 위해 여러 창문을 막았는데, 이를 두고 건축가 폴 데이비스는 멀쩡한 사람의 눈을 막는 것에 비유했다.

력을 지닌 흰색 회벽 실내 마감은 언제든 쉽게 제거될 수 있는 일시적인 것에 불과하다는 점만이 그래도 건물의 관점에서 다행스러운 일이다. 그러나 일부 기준 미달의 새로 시공된 구조물을 보호하기 위해 새로 개관한 지 2년 만에 실내에 주철로 만든 기둥을 덧세워야 했다. 건물이 결국 어이없는 피해를 입은 것이라고 할 수 있는 것이다.

이 건물은 당분간 말 없는 벙어리로 지낼 것 같다. 돌이켜 보면 평생 그래왔는지도 모르겠다. 언젠가 건물의 목소리가 들렸다면, 이제 그 울림은 아무 가치 없는 것으로 사라진 지 오래다. 건물 안에는 약

▶ 수련원이 당시 수준 높게 훈련된 생도들의 절도 있는 행동으로 채워져 있었던 공간임을 증명하는 귀한 자료다. 생도들이 스포츠 정신을 보여주기 위해 자세를 취한 가운데, 한 성인 남자가 꿈적 않고 서 있다.

▶ 눈에 띄는 중앙 도리아 양식의 포르티코Doric portico(진입부)를 중심으로 건물은 빈틈없는 대칭을 이룬다. 중앙 계단실 양쪽에는 네 개의 커다란 방이 있다.

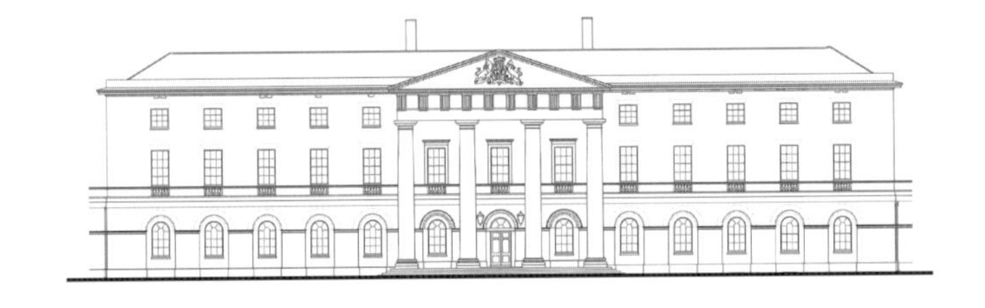

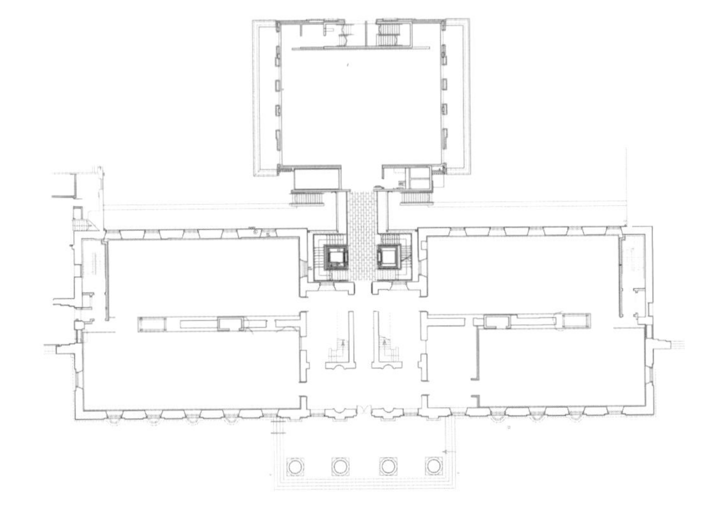

▶ 재건축 계획안의 평면. 비교적 최근에 시공된 실내 벽들이 모두 제거되고, 19세기 당시에 의도되었던 공간 규모를 되살리고 있다.

20명의 흰옷 차림을 한 생도들과 한 성인 남자의 모습이 담긴 사진이 걸려 있다. 사진 속의 성인 남자는 혼자 카메라를 정면으로 주시하고 있다. 남자 생도들은 물구나무서기, 평형대 매달리기, 펜싱의 공격 자세, 서로 결정타를 주고받는 복싱 자세를 보여주고 있다. 찍힌 시기를 알 수 없는 이 사진에서 소년들은 아마도 이런 자세를 오래 유지해야 했을 것이다. 이 사진은 건물 전체에 대한 좋은 해설이기도 하다. 자세히 보면 사진 속의 소년들은 격한 자세로 노력하고 있는데 그것을 표정에서는 찾아보기 힘들다. 또 잘 다려진 흰 제복 차림으로 상당히 관념적인 이미지를 만드는 데 치중하고 있는 듯하다. 소년들이 품었던 감정들, 이들의 이름이나 이들에게 앞으로 닥치게 될 운명은 이곳에서 전혀 중요하게 여겨지지 않고 있다. 지난 200년 동안 가려진 두꺼운 벽 뒤의 의미 없는 치장재로 뒤덮인 건물 내부는 국가 비밀을 수행하는 사람들로 채워져 있었다. 지금은 미술품 전시를 위해 내부에서 모든 창문을 가려야 하는 운명이지만, 건물 밖에서 보면 건물은 예나 지금이나 다를 것이 없다. 건물의 내부에는 공간만이 있을 뿐이다.

미국과 멕시코

● 펀다 윌레트의 눈으로 보다 ●

펀다 케말 윌레트Funda Kemal Willetts는 바스Bath와 북동 서머싯 심의위원회North East Somerset Council의 수석 도시설계가이자 건축가다. 이 책에 이미 소개된(294쪽과 317쪽 참조) 페이든 클레그 브래들리Feiden Clegg Bradley 건축사무소 및 줄리안 허랩 건축사무소Julian Harrap Architects와 공동 작업을 한 경험이 있는 그녀지만, 그러면서도 동시에 자기 작업에 대한 입장을 상당히 독립적으로 고수하는 편이다. 여성 건축가인 윌레트는 유네스코 세계문화유산 도시 내의 신설 건축물에 대한 심의를 담당하고 있다. 그녀는 과거에 역사적으로 오래된 건축물이나 유산으로 등재된 많은 건물들의 재건축 작업에 관여한 바 있다. 그렇기는 해도 그녀는 건축사적 보존만을 주장하는 건축가가 결코 아니다. 그녀는 오히려 세간에서 진행되고 있는 많은 역사 보존에 대한 재건축 작업들, 특히 미국 내 작업들을 날카롭게 비판해왔다. 윌레트는 새로운 건축물들과 건축의 지속 가능성에 대한 꾸준한 옹호론자로, 항상 부지에 필요한 건축 계획에 있어서의 배려와 적정성에 각별히 관심을 표명해왔다.

특히, 월레트가 건축을 사회학적 문제로 푸는 부분에 있어서 비건축적 내용을 그 소재로 하는 것을 보면 매우 흥미롭다. 그녀는 정작 사람들이 대상에 존재하든 안하든, 눈에 보이든 안 보이든 상관없이 매우 섬세한 감각으로 이를 소화해낸다. 그뿐만 아니라 대개 아무도 관심 없고 인적도 없이 비통함에 잠긴 듯한 부지에 깊은 관심을 보일 때도 있다. 또한 몇 세기 동안 끊임없이 인적이 이어져온 오래된 건물에 대해서 깊은 애정을 보이기도 한다. 사람들이 건축의 한 부분에 대해 깊은 관심을 드러낼 때, 그것이 과연 무엇인지에 대한 문제를 월레트는 주의 깊게 고민한다. 예를 들어, 교회의 장미 무늬의 둥근 창은 사람들의 이목을 집중시키는 효과가 있다. 지난 수세기 동안 이 기법이 사용되어 왔는데, 이것이 지금도 여전히 사람들의 관심을 끄는 것과 같은 문제인 것이다.

2005년 월레트는 윈스턴처칠 기념재단Winston Churchill Memorial Trust으로부터 포상으로 연구비를 받았다. 그래서 문화유산이 창작의 도구로 사용될 수 있는지를 연구하기 위해 멕시코, 미국, 캐나다, 독일을 여행했다. 이후 그녀는 또한 한 집단이 자신들의 문화유산에 대한 생각과 남아 있는 기억을 바탕으로 그들만의 특성을 형성할 수 있는지 연구했다. 이 연구활동은 월레트에게 공통된 대답들을 들려주었다. 이는 방치되고 고집스럽게 유별난 것에서부터 새롭게 재창조된 것까지 다양한 범위에 있는 대답들이다. 이 대답들은 우리의 내면에 매우 섬세한 자신만의 그 무엇인가를 추구하는 기질이 있다는 사실을 알게 해주었다는 것이다.

▲ 1953년 올드 게레로 주민들이 저수지 수위가 높아져 수몰된 건물 지붕의 연주 무대 위에 올라서 있다.

기대하지 않은 장소에서 선명하게 발견된 것들, 즉 윌레트가 여행에서 얻은 것 중 가장 인상적인 것은 건축물이 들려준 소리들이다. 이를테면 뉴욕 주 버펄로의 속이 빈 거대한 곡물 창고 안에서, 눈에 보이지 않던 시애틀 도심 거리 밑에서, 멕시코 한 지역의 저수지 물이 줄어들자 물에 잠겨 있던 동네가 다시 드러나면서 들려온 소리들 말이다. 이런 장소들은 분명 버려지거나 기억에서 잊힌 곳임에 틀림없지만, 단순히 그곳에 아직 존재하고 있다는 것 이상으로 그곳에서 인류가 보유한 인간성을 담은 현장을 발견하게 된다. 이러한 장소들을 소중하게 만드는 이유로 이곳에 지었던 건물들의 시공 상태 또한 중요한 역할을 한다는 것을 알 수 있다. 특히, 1953년에 생긴 팔콘 저수지로 자취를 감췄던 올드 게레로Old Guerrero가 일시적으로 모습을 드러냈다. 건축물의 거의 모든 부분은 잘 보존되어 있었다. 윌레트는 "이곳을 지은 사람들의 손길까지 느낄 수 있을 정도였습니다."라고 표현한다.

윌레트는 이러한 장소들에서, 특히 그곳에서 가장 핵심적인 게 무엇인가를 찾는 데 집중한다. 이러한 것들은 대개 보통의 눈으로는 발견되지 않는다. 연약하고 지워지기 쉬운 섬세한 성질을 지니고 있기 때문이다. 산업화의 잔재 속에 잠복해 있는 그을음, 폐기물, 냄새 등이 이러한 것에 포함될 것이다. 윌레트는 "이러한 장소들에서 소리들은 대개 누구도 관심을 갖지 않고 쓸모없다고 여겨지는 것들에 있어요."라고 설명한다. 버펄로에서 발견된 대형 곡물 창고들은 대부분 이제 필요하지 않은 시설들이다. 그러나 이곳들이 보존 상태에 비해 상당한 에너지를 품고 있음을 느낄 수 있다. 이 시설은 거의 완벽하게 기능을 최우선시하여 지은 상당한 논리로 무장한 보기 드문 건축물

▶ 오래된 사진. 1953년 팔콘 저수지에 올드 게레로 교회가 잠겨 있다.

이다. 윌레트는 또한 미국에 있는 영국 식민지 시대의 마을에서 지역민들이 그들의 전통을 너무 아낀 나머지 남아 있는 역사적 건물에 울타리를 치고 한곳으로 이전시켜 영역화한 것을 접하게 되었다. 이것은 원래 의도되었던 부지와 세워졌던 방향이 이미 증발된 상태였기 때문에, 결국 공들인 노력에 비해 쓸모없는 작업이었다는 것을 지적한다. 당시 건물의 겉모습만을 재현하기 위해 과연 이런 노력이 필요했을까? 오래된 건물이 지닌 본연의 소리가 지나치게 깨끗이 재현되는 과정에서 이미 없어져버린 것이다. 이런 경우, 건축이 들려주는 소리가 어떤 것인지를 잘 알 수 있다. 건축이 들려주는 소리란, 우리가 의도하지 않고 기대하지 않은 장소에서 들리는 양적으로 측정할 수 없는 그 무엇인 것이다. 그리고 기억해야 할 것은 섬세한 부분으로 표현된다는 점이다. 이는 건축물이 구축된 상태에서만 느낄 수 있는 것이고 그 운명을 함께 한다는 것이다.

이어서, 펀더 월레트는 아무리 버려지고 감소된 상태라 해도 장소에 들러붙어 있는 건축적인 소리들에 대해 설명하고 있다. 멕시코의 비야 누에바Villa Nueva와 게레로 비에호Guerrero Viejo 그리고 미국 버펄로에서, 그녀는 천천히 녹아 있는 증거로부터 이야기를 찾아내고 그것을 진행했을 단서들을 찾고 있다.

어떤 곳이 버림받거나 사람의 손길이 끊기면, 그 장소는 없어서는 안될 요소인 '사람들'이 없어지므로 그 공간을 더 이상 제대로 읽을 수 없게 된다. 이런 곳들은 애초에 의도된 장소성을 잃어버렸으므로 야생동물이나 다른 요소들이 그 위에 존재하게 되고, 그리하여 결국 애초의 의도와는 다르게 읽히게 된다. 그러나 그곳에 다른 과거가 있었다는 흔적은 결코 지울 수 없으며, 그것은 분명 사람의 흔적인 것이다. 사실 우리는 폐허가 되거나 더 이상 사용되지 않는 건축물을 통해서도 그 건축물의 배경이 되는 그곳의 공동체에 대한 통찰력을 얻을 수 있다. 비록 지금은 파편으로만 존재해서 그곳 사람들과 실제로 소통하지 못하더라도 재료로 쓰인 석재, 건축을 마무리하고 있는 장식, 전반적인 건축 규모 등에서 이전 사람들의 삶을 발견할 수 있다. 대개, 사람들이 계속 사용하는 건물이나 심지어 새 건축물에서보다 이렇게 버려진 축조 환경들에서 더 쉽게 그런 것을 발견할 수 있는 것이다. 과거에는 그곳이 어떠했는지, 여기서 중요했던 것은 무엇인지, 사람들의 삶은 어떻게 변해갔는지를 통시적으로 짐작할 수 있다. 동시에 그곳에는 실제로 존재하는 증거들이 있으므로 이런 해석들은 부차적인 것에 불과하다는 것을 잊어서는 안 된다. 다음 세 장소에 대한 설명은 이런 내용들을 잘 담고 있다.

다음의 글은 실용적 측면에서 볼 때 건축에 쓰인 재료들이 어떻게 오래 견뎌냈는지, 성공적인 건축물을 위한 건축 방법은 무엇이었는지, 또 어떤 건축물과 어떤 방식의 정착지 개척이 오랫동안 사람들의 삶의 변화와 기후 변화를 견뎌내며 살아남았는지 등 건축의 성공 여부를 조사한 내용이라고도 볼 수 있다. 지금 그곳의 사람들이 오래된 흔적을 어떻게 보는지를 살펴보면 여러 가지를 짐작할 수 있으며, 한편으로 이 공동체가 쇠퇴의 기로에 놓여 있을 경우라면 부족한 것이 무엇인지 알 수 있기도 하다. 이렇게 발견된 이런저런 근거들은 디자이너들에 의해 사람들과 거기의 환경을 재연결하는 데 사용될 수 있을 것이다. 경우에 따라서 어떤 곳은 공동체의 정체성과 기억들을 고스란히 간직하고 있으며(게레로 교회의 경우), 어떤 곳은 특정한 지역의 현재 문화와 관련 있는 새로운 건물을 필요로 할 수도 있다. 이러한 철저한 캐묻기를 통하여 자연스럽게 한 지역의 역사적 사실과 지금의 삶 속에 나타난 사회 모습과 축조 공간 간의 관계를 이해할 수 있게 된다. 이러한 고찰은 우리가 앞으로 성공적으로 추구해야 할 지속 가능한 공동체 문화와 그 배경이 되어줄 건축 창작 작업에 중요한 역할을 할 것으로 보인다.

멕시코의 게레로 비에호

팔콘 댐Falcon Dam은 미국과 멕시코 사이를 가로지르며 국경 역할을 한다. 매우 큰 구조물인 이 댐은 리오 그란데Rio Grande를 인공 저수지로 탈바꿈시켰고, 치우다드 게레로Ciudad Guerrero 주민 2천 5백 명의 삶의 터전을 옮기게 했다. 250년 된 멕시코의 이 작은 마을이 미국 아이

▲ 저수지의 물이 빠진 뒤 마른 땅 위에 드러난 건물 잔해와 나무 뒤로 보이는 올드 게레로 교회

젠하워 대통령의 개발 계획에 그 자리를 내주었던 것이다. 그러나 이곳은 그 이후로 한 번도 물에 완전히는 잠긴 적이 없으며, 점차 사람들이 다시 찾아오게 되었다. 심한 가뭄과 인구 증가로 인해 저수 용량이 줄어들었던 것이다. 치우다드 게레로 사람들은 자신들의 옛 터전을 부를 때 게레로 앞에 '올드old'란 말을 붙여 56킬로미터쯤 떨어져 있는 새로 자리 잡은 게레로 누에보Guerrero Nuevo와 구별짓는 것을 거부한다. 이들은 옛 터전으로 하나둘 돌아오기 시작했지만, 그곳은 이미 살 수 없는 동네로 전락했다. 지금 사람들의 입에서 오르내리는 재개발 계획은 단지 관광객들을 겨냥한 것일 뿐이다.

매우 건조하고 암울해 보이는 풍경, 거기에 놓인 길을 지나 먼지를 일으키며 도착한 치우다드 게레로 비에호는 그야말로 이국적 느낌을 준다. 건물들은 뼈대만 남아 벌거벗은 석재들만이 눈에 띈다. 이 건물들에 입혀졌던 외피는 오랜 시간 비에 씻겨 내려갔거나 아니면 강렬한 태양빛 아래서 삭아 없어진 지 오래되었다. 건물의 석재가 모두

외기에 노출되어 건물을 짓던 손길들을 읽을 수 있고, 모든 건물들은 건설되던 당시의 위엄을 드러내고 있었다. 호숫가에 놓인 한 건물에는 오랫동안 반복적으로 그 수위가 범람한 흔적이 남아 있었다. 어떤 건물들은 이미 무너져 내렸고, 돌무더기의 흔적들은 보는 이의 마음을 울린다. 아름답게 조각된 지붕의 코니스cornice(처마 돌림띠) 장식은 손으로 건드려보고 싶을 정도다. 반복적으로 차오르던 물도 여기까지는 와 닿지는 않은 듯하다. 진입구의 흔적과 조각으로 장식된 기둥머리들로 그 위에 놓여 있던 아치의 구조를 엿볼 수 있다. 이곳 폐허들에서는 특히 아치 구조가 많이 눈에 띄는데, 이는 아마도 아치 구조가 버림받은 오랜 시간을 견딜 수 있는 성공적인 건축 계획이었음을 의미하는 것으로 여겨진다.

이곳은 사방에서 사람들이 살았던 흔적을 느낄 수 있다. 이러한 흔적들은 사람들이 이곳을 얼마나 급하게 떠나야 했는지를 보여주는 것이다. 건물 내부에 있는 화려한 색채의 블록과 사진으로 장식된 교황의 모습, 부엌 내부에 있는 헐린 벽 뒤로 보이는 오래된 연기 자국 등이 모두 이러한 흔적들이다. 목조로 된 보와 천장 구조물은 아직 건재하다. 야외 화장실 몇 곳도 외롭게 그대로 서 있다.

돌로 포장된 길들은 동네의 큰길로 자리 잡고 있다. 아직도 곳곳에 있는 주요 랜드마크 건물로 가는 길을 쉽게 찾을 수 있을 정도다. 이 마을은 선인장과 메스키트나무를 제외하고는 풀도 없으며, 메마른 상태로 고요하고 삭막한 분위기를 자아낸다. 그중 마당에 빨간 꽃이 피는 작은 식물이 자라는 집이 있었는데, 이 집에 거주하던 여자는 이주를 거부하며 맨 마지막까지 마을을 지켰다고 한다. 그녀의 장례식

▶ 현재는 물이 완전히 빠졌지만 올드 게레로 교회 건물 아랫 부분에는 물이 차 있었을 때의 자국이 아직도 남아 있다.

▲ 올드 게레로 교회 안에는 아직도 사람의 흔적이 남아 있으며, 벽에는 요한 바오로 2세의 사진이 붙어 있다.

은 새로 복구된 교회에서 열렸다. 이 교회도 지난 50년간을 물속에서 지낸 장본인이기도 했다. 옛 거주민들은 힘을 합해 이 건물의 복구 운동을 펼쳤다. 새로 덧칠한 벽의 상태 또는 표면, 주황색의 윤기가 나는 목구조는 이곳의 모습과는 전혀 어울리지 않는다. 또 다른 옛 거주민이 건물 더미를 가리키며 설명해준 그의 어릴 적 이야기에 따르면, 옛날에는 동네 정육점의 도살장에서 파는 치차로네스(멕시코식 돼지껍질 화로구이) 냄새가 동네 광장을 건너 그의 집과 학교, 교실에까지 진동했다고 한다. 비록 게레로가 그동안 모질게 버림받은 곳임에도 함축된 옛 기억을 소중히 간직하고 있는 것 또한 사실이다. 이곳에 사람이 살았다는 것을 아는 이들에게는 이 흔적들이 각자의 추억을 다시 강하게 뿜어져 나오게 하는 역할을 할 것이 분명하다. 이곳

▲ 1900년까지 버펄로는 미국에서 가장 큰 내륙 항구 도시였다. 오늘날 이곳의 곡물 창고 시설은 모두 비어 있다. 당시 역할을 분담하던 운송선도 인적이 끊긴 채 그 자리에서 녹슬어가고 있다.

을 하나의 폐허로 보는 이들에게는 이 흔적들이 시간의 과거를 명확하게 읽을 수 있게 해줄 것이다. 그러나 리오그란데의 수위가 오르락내리락 하는 현실에서 이 마을의 의미는 앞으로도 과거와 현실이 공존하는 '간헐적인 과거'로 남아 있을 듯하다.

미국 버펄로의 곡물 창고

이리 카운티Erie County에 있는 버펄로는 매우 독특한 도시다. 뉴욕주의 가장 북쪽에 자리한 이곳은 흔히 버펄로 나이아가라Buffalo Niagara로 불리는데, 이는 버펄로가 유명한 나이아가라 폭포 가까이에 있기 때문이다. 실제로 이 대단한 자연경관이 없었다면 거의 아무도 이곳을 방문하지 않았을 것이다. 버펄로는 미국의 역사적 건축가인 루이

▶ 이곳에서 가장 오래된 곡물 창고 중 하나인 이 시설은 건물 위에 건물이 있는 것처럼 보인다. 마치 자신을 닮은 새끼를 낳은 듯한 모습이다.

▲ 비교적 최근의 곡물 창고의 콘크리트 구조는 거의 조각 작품 수준의 조형성을 드러내고 있다.

스 설리번Louis Sullivan, 프랭크 로이드 라이트Frank Lloyd Wright, 에리엘 사리넨Eliel Saarinen과 이에로 사리넨Eero Saarinen, 뉴욕 센트럴파크를 설계한 프레데릭 로 올름스테드Frederick Law Olmsted 등 거장들의 작품들이 있는 곳임에도 불구하고 말이다. 버펄로 시는 오랜 기간 동안 쓰라린 도시의 쇠퇴기를 맛보았는데, 도시 중심부와 외곽 지역 모두 피폐해졌다.

버팔로가 과거 미국 미드웨스트Midwest 지역의 곡물을 공급하는 허브 역할을 했다는 흔적은 바로 기념비적인 크기의 곡물 창고 구조물들과 곳곳의 아일랜드식 선술집에서 볼 수 있다. 이곳에서는 이미 많은 비즈니스가 퇴각하고 도시 복구 사업도 미미한 상태지만, 버펄로 시의 거리 전경을 보고 있자면 이 도시가 한때 어떻게 살아 움직였을지 생생하게 머릿속에 그려진다. 대형 곡물 창고들은 미국에서 흔히 발견되는 일반적인 구조물이다. 대개 아무것도 없는 평야에 고층 건물처럼 홀로 서 있다. 사실은 상당한 볼거리인데다 나름대로 아름다움을 뽐내지만 대형 곡물 창고들이 아름다움을 드러내려는 의도에서 세워진 적은 한 번도 없었다. 그래서 우람한 자태의 곡물 창고들이 모여 있는 동네가 따로 있을 정도인 버펄로가 더 특이해 보인다. 이곳에 있는 몇몇 곡물 창고 시설물이나 주변의 다른 산업시설에서는 기대하지 않았던 아침 식사용으로 익숙한 시리얼 냄새가 나기도 하며, 아직도 사용 중인 일부 건물에는 톱밥이나 시멘트를 가득 채운 큰 트럭들이 드나들기도 한다. 이 도심의 바닥에는 다 쓰고도 남을 만큼의 철도 노선이 곡물 창고들과 연결되어 있다. 갈고리 모양의 철교로, 철로들은 도시 운하를 건너 주택지를 향해 뻗어 나간다. 주택지에는 목재로 튼튼하게 지은 집들과 선술집들이 늘어서 있는데, 현관에 성조기를 걸어놓은 모습들이 동네의 분위기를 잘 자아내고 있다.

버펄로의 곡물 창고들은 규모와 건축 방법, 사용되던 당시의 상황을 감안할 때 가공할 만한 건축적 잠재력을 품고 있다. 녹슬어 있는 승강 장치와 도르래를 머리 위에 얹고 있는 거대한 콘크리트 사일로(저장탑)들은 서로 이어진 이음매 하나 없이 한 덩어리로 되어 있다. 구조물 위쪽에 보이는 우아한 곡선을 보면서 '저렇게 아름답게 만든 이유가 도대체 뭘까' 생각하게 한다. 또 지어질 당시 거푸집을 조금씩 올려가면서 콘크리트를 높이 뿜어서 붓던 고된 작업 과정이 얼마나 복잡하고 어려웠을까를 상상하게 한다. 치밀하게 조직된 많은 인력이 동원되지 않았다면 불가능했을 것이다.

북쪽의 대형 승강기는 가장 역사적 가치가 있는 구조물이다. 이는 거대한 벽돌 구조로 지어졌다. 내부에는 철재로 된 저장고가 여러 개 있다. 1897년에 지어진 이 구조물은 이곳에서 가장 오래된 건물인데, 안에 저장된 내용물이 밖으로 노출되지 않는 형태를 하고 있다. 이 구조물의 거대한 몸집은 아주 작은 창문들과 주름진 철재의 경사가 급한 상층부에 의해 보다 강조되었다. 이러한 형태는 상당히 즉흥적으로 계획되었다는 인상을 준다. 남아 있는 굴뚝과 거대한 파이프는 구조물의 여러 측면들에서 솟아나와 자태를 뽐내고 있다. 때문에 적지 않은 경외감을 갖고 바라보게 만든다.

멕시코의 비야 누에바

비야 누에바는 미국 텍사스 주 경계와 인접한 멕시코의 도시 카마르고Camargo 인근에 있다. 가난에 찌들고 볼품없는 주거 마을을 지나는 비포장도로의 끝에 자리 잡은 비야 누에바는 전혀 정리되어 있지 않은 인근 마을과 더불어 폐허 더미 속에서 그 분위기를 고조시킨다. 이곳은 서서히 버림받았다. 마을 사람들이 마을 중심부 가까이에 현대적인 콘크리트로 된 집을 지어 이사하게 되면서 말이다. 이 집들은 비야 누에바 근처의 따분하게 보이는 파스텔 색조의 블록들이다. 현재 비야 누에바에 남아 있는 것은 집 두 채를 중심으로 폐허로 전략한 부지뿐이다. 이미 벽체, 시공접합부, 지붕 등은 부서지고 무너져 내렸다.

이곳의 강렬한 태양빛 덕분에 건물 표면에 바른 석회질은 말라 손상되었으며, 두터운 먼지를 뒤집어쓰고 있다. 지금은 거의 남아 있지 않은 목조 지붕 보 사이로 수작업으로 제작된 벽돌 지붕의 흔적을 느낄 수 있다. 상인방 돌이 부서져 개구부 위의 벽은 허물어졌다. 건물의 바닥과 천장도 거의 무너져 내려 흙더미가 되어 있다. 커다란 목조 구조 부재도 바닥의 흔적만 남긴 채 함께 손상되어 사라졌다.

▲ 비야 누에바에 있는 실내 공간. 이 공간은 오랫동안 버려져 있던 것이다. 강렬한 태양빛도 벽체의 색상을 탈색시키지 못했다.

이런 와중에도 건물은 몇몇 주요한 장식 요소들을 간직하고 있다. 예를 들어, 모퉁이 버팀돌과 연결되는 훌륭한 돌기둥과 그 위에 상당히 특이한 지그재그 형태로 조심스럽게 조각된 기둥머리 등이 그것이다. 놀랍도록 원초적이면서도 눈에 익숙하지 않은 이러한 양식들이 뽐내듯 석재벽 위에 놓여 있다. 이 건물은 내부에 부엌이 없는 것 같다. 대신 뒷마당에 커다란 가마 또는 반원형 석재 화로가 있다. 이 건물은 일종의 공공시설이었을 것 같은 착각을 일으킨다.

근처에 별 의미 없이 새로 지어진 집들 때문에 비야 누에바가 사람들에게 버림받았다는 것은 그냥 지나칠 수 없는 사실임에 틀림없다. 동네 사람들도 거의가 그곳을 떠났다. 소박하게 못 쓰는 배를 뒤집어 응접실 지붕으로 쓰고 있다는 것을 자랑하는 한 친절한 가족을 포함해서 몇 안 되는 사람들만이 거기에 남아 있을 뿐이다. 지붕 난간 벽에 가려져 배의 뾰족한 용골이 밖에서 보이지는 않지만 안에서는 지붕 목조 구조가 그대로 드러나는 매우 재미있는 공간이다.

일부 다른 건물에도 새로운 재료로 수선한 부분들이 있다. 한 층을 더 올렸거나, 원래의 섬세한 시공 상태에 진한 색 시멘트를 숨도 못 쉬게 덮어 씌워 건물의 수명을 단축시키는 어처구니없는 상황도 발견된다. 시공 방식이 외부로 노출된 건물 상태를 자세히 살펴보면 이곳이 어떤 곳이었는지를 가늠할 수 있다. 즉, 이곳에 살던 사람들이나 새롭게 이곳을 점유한 사람들의 삶을 읽을 수가 있는 것이다. 화려한 색깔을 입힌 회벽 칠이나 철재 장식, 무늬를 조각해 넣은 목재 문짝들, 그 밖에 건물을 구성하고 있는 화려한 장식적 요소들이 이전 사람들의 삶을 이야기하고 있는 것이다. 동시에 자연은 서서히 이 건물들을 자연 상태로 되돌린다. 자연이 할 수 있는 만큼 말이다.

▼ 비야 누에바. "… 이 대단한 건축물이 왜 인근에 새로 지어진 내용 없는 시설물로 대체되었는지 의문이 든다." (펀더 월레트)

지보와 보트하우스

런던 웨스트민스터와 래드브로크 그로브

데이비드 리틀필드
David Littlefield

● 건축가 셰리 여에 의해 다시 태어난 두 작품, 2002~2003

어떤 건물은 아주 강건하고 야수 같은 모습으로 스스로 소리치기도 하고 대중을 위협할 만큼 건물이 내는 소리의 정도가 지나쳐 보일 때도 있다. 이를테면 런던 북쪽의 빅토리안 라운드 하우스의 조적식 원형 회관처럼 원래 증기기관차를 위한 차고였던 것이 나중에 실험 극장이나 록 공연장으로 쓰이는 어색한 상황 같이 말이다. 그런가 하면 어떤 건물은 우리에게 부드럽게 다가온다. 런던 컨듀잇 스트리트Conduit Street 47번지의 경우 아주 조용히 속삭인다. 에드워드 왕 시대의 상점 건물인 이곳은 오랜 기간 패션 산업과 관련된 건물이었고, 상점 안에 진열된 옷처럼 건물의 소유권과 그 모습이 자주 바뀌었다. 또한 이곳의 건물은 과거 오랫동안 신부의 결혼 예복점이었다. 이후 이 건물은 알렉산더 맥퀸(런던의 유명 패션디자이너로 지방시의 수석디자이너를 역임)의 패션 아웃렛 상점이 되었다. 상점은 2002년 인근의 올드 본드 스트리트Old Bond Street로 옮겨갔다. 이후 컨듀잇 스트리트 47번지로 패션디자이너 줄리 버호벤Julie Verhoeven을 내세운 이탈리아의 패션회사 지보Gibo 패션이 입점했다. 이 공간은 건축가 셰리 여Cherie Yeo가 설계했는데, 2년 정도 비교적 짧게 운영되었다. 지금은 다시 새로운 상점으로 탈바꿈하기를 기다리는 빈 공간으로 남아 있다.

▲ 상점은 2004년에 문을 닫았다. 간판은 내려졌지만 그 이름은 흉터처럼 남았다.

지보가 떠나고, 이 건물이 다른 상점이 될 거라는 점은 매우 아쉬운 현실이다. 그 이유는 이곳이 건축가 셰리 여의 작업 중 가장 의미 있고 훌륭한 것이기 때문이다. 그렇지만 이 상황이 그렇게 아쉬워할 일만은 아닌 측면도 있다. 왜냐하면 건축가 여는 역사적으로 오래된 건축물에 축적돼 있는 과거의 흔적에 대해 상당히 신중하고 정성스러운 반응을 보이는데, 그곳에서 이루어진 자신의 작업 또한 하나의 스쳐가는 흔적으로 보이게 될 것을 자신의 건축적 견지에서 충분히 이해하고 받아들이고 있기 때문이다.

패션디자이너 줄리 버호벤과 건축가 여가 처음 방문했을 때만 해도 상점은 무색무취의 하얀 직육면체 공간이었다. 바닥에서 몇 센티미터쯤 공중에 떠 있는 흰 석고보드 벽으로 둘러싸인 채 말이다. 그러나 이 석고 보드가 철거되면서 상처입은 건물의 본색이 드러나기 시작했다. 즉, 천장에 있는 천창뿐만 아니라 찢겨나간 벽 모서리의 몰딩, 시공하던 사람들이 남긴 다양한 치수 표시 흔적들과 그 밖의 자국들, 그리고 벽에 적힌 '집에 갈래' 같은 익살스러운 낙서 등이 그것이다. 이와 같이 숨어 있다가 모습을 드러낸 옛 건물이 지니고 있는 삶 안에서 상처입은 흔적들은 새로 계획될 공간 모티브에 결정적인 영향을 미쳤다. 건축가 여는 당시를 이렇게 회상한다. "그때 우리는 정말 건물이 보여준 본래 모습에 꽤 흥분했습니다. 그것들이 저절로 무엇을 해달라고 말하기 시작한 것입니다."

버호벤과 여는 오래된 친구 사이로 두 사람의 작업이 지금까지 성장해 온 방식에는 어느 정도 맥을 같이하는 부분들이 있다. 이를테면, 작업 과정에 종종 등장하는 엉뚱해 보이는 그림들과 그것들이 최종 계획안에 영향을 미친다든지, 이들이 중요시하는 개인적 경험들과 문화적 기억들이 작업에 반영된다는 점 등 말이다. 버호벤과 여는 계획안을 공동으로 구상하면서 '쇠잔해가는 장엄함'에 즉각적인 반응을 보였다. 이로써 이들은 이 쇠잔해가는 장엄함을 증폭시키고, 이를 다른 것과 대조시키거나 위장하고, 적나라하게 나타내거나 덧붙이는 작업을 구상하게 되었다. 길이 28미터, 폭 6미터의 길고 좁은 공간에 새로운 콘크리트 벽을 설치하고, 천장을 건드리지 않고 조금 낮게 세워 찢겨나간 벽 몰딩을 슬쩍 보이게 했다. 그러나 그 반대쪽의 17미터의 긴 벽은 발견된 원래 모습 그대로 두었다.

▼ 상점에는 공사장 인부들과 줄리 버호벤, 그리고 초대된 아티스트들이 뭔가를 남긴 '낙서 벽'이 있다. "[우리는] 거기 있다고 생각되는 것들을 벽에 직접 그려야 한다고 생각했죠. …… 이 벽이 즉흥적인 영감을 담아내고 이 가게의 역사를 간직하는 역할을 하도록 말입니다." (줄리 버호벤)

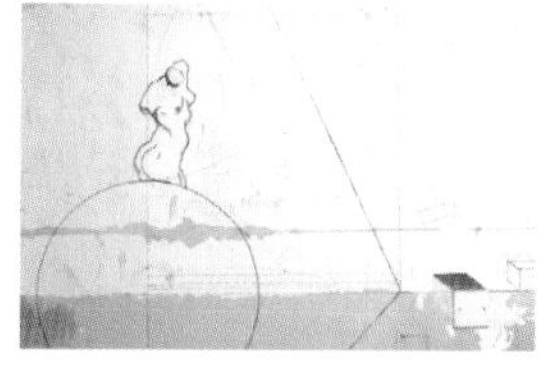

"처음에 남편 파비오와 나는 그냥 거기서 떠오르는 것을 건물 벽에 직접 그려야 한다고 생각했죠. 시즌이 바뀔 때마다 아티스트들을 불러서 이 벽에 대한 영감을 그리게 해서 이 그림들이 겹쳐지게 하려고 했습니다. 이 벽이 당시의 즉흥적 영감을 담아내고, 이 가게의 역사를 간직하도록 말입니다." 버호벤이 작업을 시작할 즈음 한 말이다. 버호벤이 꿈꿨던 이러한 방식의 작업은 네 시즌(패션 시즌은 가을과 여름을 하나로 묶어 한 번에 6개월씩 지속된다)이 지나는 동안 그대로 실현되었다.

굽이치면서 방랑하는 선과 기하학적으로 정확한 선, 그리고 여기저기 잘 알아볼 수 없는 글로 채워져 있는 이 벽은 상점의 정신적 지

▼ 정면에서 본 셰리 여가 그린 지보 상점의 내부의 모습. 바닥에 있는 원 표시는 특정 자리를 나타낸다. 이곳은 이동식 상품 진열 레일을 고정시키는 자리다. 천장의 원 표시는 스포트라이트의 위치다.

▲ 새로운 탄생을 기다리고 있는 현재의 빈 공간

주 역할을 했다. 확실하게 눈에 띄는 그림들과 함께 오래된 그림과 새로 그려진 것들이 서로 구별되지 않아 아주 장난스러우면서도 궁금한 모습으로 다가왔다. 실제로, 어떤 것은 건물을 지은 일꾼들이 마음대로 그린 낙서(마치 포츠머스 축구회관 외관처럼) 같았는데, 이는 버호벤이 의도적으로 나중에 덧입힌 것이었다.

이 글을 쓸 즈음 여와 버호벤의 상점은 이미 새 주인을 만나 공사에 들어가 있었다. 낙서벽이 그대로 남겨질지는 의문이다. 이 벽은 당연히 뭔가로 가려질 것이다. 여는 그래도 새 주인이 이 벽을 거창하게 습식 회반죽으로 덮지 말고 간단히 건식 재료로 가려주기를 바랐다.

▲ 뒤에서 본 셰리 여가 그린 지보 상점의 내부 모습. 가운데 통로가 양옆의 '구두 벽'으로 감싸져 있는데, 코리안Corian 재료로 되어 있는 이 벽에는 구두를 걸어놓을 수 있는 수많은 핀이 박혀 있다.

이 벽에서 장차 여가 말하는 건축의 '신비함' 또는 '목소리의 힘'의 존재가 누군가에 의해 재발견되기를 기대하기 때문이다. 건축가 여는 건축이 발산할 수 있는 복합적이면서도 심리적이며, 또한 은유적인 효과에 대해 상당히 깊은 안목을 지니고 있는 것이 분명하다. 여는 이러한 효과가 사람의 목소리에 견줄 수 있는 깊이 있고 다양한 음색으로 나타난다고 믿고 있다. 건물들은 큰 소리로 활기차게 떠들어대거나 조용히 말을 건넬 수 있다. 그녀는 대개의 건물들이 아주 조용하게, 그러나 사람처럼 속삭인다고 말한다. 사람과 마찬가지로 건물의 목소리에는 특유의 어조와 억양이 있는데, 그중에는 사랑스러운 것이나 누군가를 불안하게 만드는 것, 안심시키는 목소리나 귀에 거슬리는 목소리까지 있다고 그녀는 말한다. 한마디로 여는 건물이 사람의 마음을 내키는 대로 '조종할 수 있다'고 보고 있는 것이다.

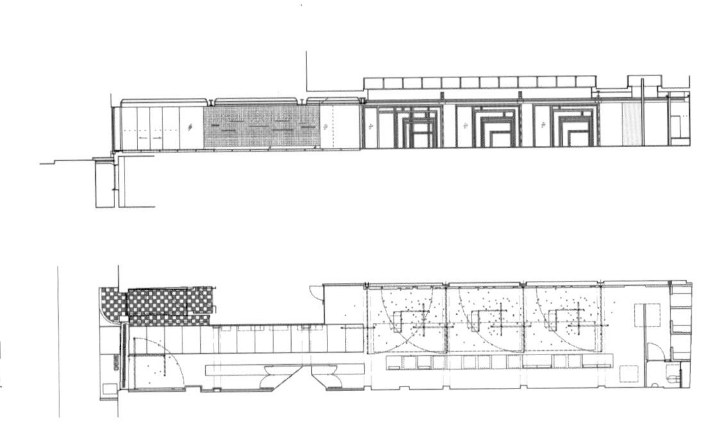

▶ 건축가 셰리 여와 패션디자이너 줄리 버호벤이 디자인한 지보 상점의 평면도와 단면도

여는 우리가 필요에 따라 마음대로 건물에 수정을 가할 때 건물은 목소리를 내며, 건물의 사용자가 떠나고 사용이 중지되면 건물은 아무 소리를 내지 않고 조용해진다고 말한다. "사람들이 건물을 쓰지 않으면 그 목소리를 좀처럼 발견하기 힘들죠. 뭔가 기능을 하고 있어야 합니다. 건물은 사용되고 있을 때, 거기서 어떤 일이 벌어지고 있을 때 제 몫을 합니다."

여의 이러한 관찰을 통해, 특히 처음에는 학교였던 런던 래드브로크 그로브Ladbroke Grove에 있는 빅토리아 양식의 건물을 접했을 때 깊고 강력한 인상을 받았다. 이 2층짜리 건물은 별다른 이유 없이 보트하우스Boathouse라 불렸는데, 지금은 미들 로우 초등학교Middle Row Primary School 부지 안에 있다. 이 건물이 유소년 복싱 클럽으로 쓰이기 이전에는 아마 체육관이나 춤과 공연 연습장으로 쓰였을 것이다. 건축가 여가 2002년 처음 이곳을 방문했을 때는 복싱 훈련을 하던 젊은이들이 이미 모두 떠난 뒤였다. 그리고 건물로 그래픽 디자인 회사인 모드Mode가 이사를 오기로 되어 있었다. 건물에는 여전히 복싱 훈련장으로 꾸며 놓았던 때의 각종 훈련 장비들과 체중계, 벽에 걸린 포스터와 사진 등의 흔적들이 남아 있었다. 건물은 여전히 복싱 클럽이었던 것이다.

"걸려 있는 사진들이 그 공간에 잡음 같은 것을 불어넣는 큰 역할을 하는 듯했습니다. 확실하진 않지만 예전 사용자들의 혼 같은 것이 느껴졌습니다." 여는 그때를 회상하며 말했다. 그 공간에서 가장 인상 깊었던 것은 벽에 걸린 광고 포스터였다. 라이트미들급의 지미 케이블(오핑톤Orpington)과 매닝 갤러웨이(미국 오하이오 주 콜럼버스), 웰터급의 토니 아담스(브릭스톤Brixton), 데이브 콕스(노샘프턴Northampton) 등의 당시 유망주로 떠오르던 젊고 강한 복서들이다. 지금은 잊힌 그 복서들이 1984년 1월 31일 알버트 홀Albert Hall에서 열리는 경기를 알리고 있었다. 그날의 메인 이벤트로 웨스트 햄West Ham 출신의 마크 케일러와 미국 오하이오 주 클리블랜드 출신인 랠프 몬크리프의 10회전 경기가 벌어졌다는 것도 역사적 기억일 뿐 지금은 일고의 가치도 없는 것이 되어버렸다. 그러나 가장 실용적인 시설과 환경 속에 있는 타블로이드판 크기의 검은색과 붉은색으로 된 단순한 한 장의 포스터처럼, 이 모든 것들이 암시하는 남성미와 진지하고 강한 에너지를 뿜었던 그들의 스포츠는 그 장소를 기운 넘치게 만들고 있었다. 동시에 그 밖의 모든 것들을 잠시 동안 잊게 만들었다. 이 한 장의 포스터는 해크니의 성 요한 교회(139쪽 참조)의 제의실에 걸려 있던 사진과 똑같은 역할을 하고 있는 것이다. 1901년에 찍은 사진에서 앨저넌 로울리 신부는 여러 성직자들에게 둘러싸여 있으며, 사진 속의 일곱 명은 다양한 포즈와 자세를 취하고 있다. 의도적으로 심각한 표정도 있고, 친절하게 보이는 사람도 있으나, 로울리 신부 자신은 완고하게 카메라 렌즈를 애써 외면하고 있다. 이러한 사진 한 장이 그 건물을 널리 알려지게 한 주인공임에 틀림없으며 그 존재를 무시할 수도 없다.

보트하우스에 남아 있는 역사적 흔적들보다 단순한 기능을 바탕으로 만들어진 것이 별다른 꾸밈이 없이 그대로 살아 있다는 점에서 건축가 여는 자신이 앞으로 선보여야 할 작업에 대해 많은 영감을 얻었다. 군부대 막사 건물에 견줄 만한 정형적 단순함, 트러스의 강인함, 닳도록 사용된 마룻바닥과 지붕창에서 새어나오는 빛이 만들어내는 우아함 등이 이 스파르타식 공간과 어우러져 새로 생길 디자인 스튜디오에 대해 충분한 영감을 주었던 것이다. 실제로, 그녀의 세부적인 설계 과정은 주로 건드리면 안 되는 것들을 정확히 지정하는 작업이 되었다. 그녀는 여러 작업과 더불어 공간을 잘 닦고 깨끗이 정리해 새로이 완성했다. 이곳은 새 주인을 맞이하기 위해서 인텔칩의 통상적인 컴퓨터를 사용하여 설계 작업을 마무리해야 했다. 이것은 이 공간에 본래 의도된 에너지를 다소 무력화시키는 요소가 되기도 했다. 그러나 건축가 여는 이것을 크게 개의치 않았다. "이 공간이 본래 지니고 있던 아주 특별한 힘을 믿어요. 어느 정도 바뀌어도 그 힘은 무엇이든 이겨낼 수 있다고 믿습니다."

디더링톤 아마 공장

슈롭셔 슈루즈버리

데이비드 리틀필드
David Littlefield

- 1797년 건축가 찰스 바그가 설계했고, 1987년부터 비어 있다.
- 2005년 잉글리시 헤리티지에 귀속되었고, 페일든 클레그 브래들리 건축사무소가 주도하는 마스터플랜의 일부로 지정되었다.

디더링톤 아마 공장Ditherington Flax Mill의 가공할 만한 건축적 힘은 과장해서 표현하기 어려울 정도다. 18세기 말에 지어져 여기저기에 상처들이 보이는 이 건축물은 현재 비어 있지만 화려했던 산업혁명 시대의 에너지를 고스란히 상징하고 있다. 주철 뼈대로 지어진 구조는 현대 고층 빌딩의 원형이 되는 것은 사실이지만, 정작 모더니즘과는 어울리지 않게 수작업의 흔적으로 가득하다. 이 건물은 얼마 전까지도 심하다고 생각될 만큼 아무렇게나 사용되어 왔지만, 비교적 가벼운 건물임에도 내부 구조가 철로 되어 있어 지금까지 잘 견딜 수 있었던 것이다.

이 건물이 태어나게 된 배경은 상당히 야만적이었다. 단지 경제성과 결부되어 삭제나 수정된 것이 아니라 매우 실질적이고 물리적인 요구에 따라 건물을 여러 번 자르고 구멍을 냈다. 건물은 실제로 고

▲ 페일든 클레그 브래들리 건축사무소는, 오래된 건물은 어떤 역사적 시점으로 보더라도 언제나 그때마다 중요한 의미를 지닌다고 믿는다. 그러나 이 아마 공장 건물은 이들에게도 난해하게 다가왔다. 이 건물은 서로 상관없는 두 개의 삶을 살았기 때문이다. 죽어가는 이 역사적인 건물을 되살리기 위해 과연 1790년대의 삶을 되살려야 할지, 아니면 1880년대의 삶을 되살려야 할지, 그것도 아니면 완전히 다른 모습으로 바꿔 놓을 것인지, 페일든 클레그 브래들리 건축사무소는 어려운 질문에 대답해야 했다.

든 마타-클락Gordon Matta-Clark[1]의 작업과 같은 상황을 겪었던 것이다. 1793년 영국의회는 새 운하의 건설을 승인했고, 운하는 1797년부터 슈롭셔Shroshire의 부지를 가로지르게 되었다. 뿐만 아니라 당시 큰 기계를 통과시키기 위해 철골 기둥을 잘라낸 적도 있어서 건물에는 기둥을 쳐낸 부분이 녹슬어 있다. 그리고 한때 맥주 발아 공장이었을 때는 바닥에 거대한 구멍을 뚫어 관통시킨 적도 있었고, 공간을 어둡게 하기 위해 바닥 재료로 쓰인 벽돌을 걷어내 창문을 막은 적도 있었다. 흥미롭게도 이 건물의 이름으로 쓰인 단어도 폭력을 암시한다. 즉, 아마를 만드는 공정은 원래 고운 밀가루를 부스러뜨리거나 때려 섬유질을 잘게 썰고 이를 '스크러처scrutcher'라고 불리는 납작한 나무칼로 베는 작업인 것이다.

이 건물에서 임시방편으로 처리된 부분도 주목할 만하다. 건물 바닥이 약해지자 무쇠로 된 기둥을 덧대었다. 약해진 기존의 다른 기둥들도 감싸서 보강하기도 했다. 1950년대에 부지를 관통하던 운하의 물이 마르자 이곳을 흙으로 다시 메웠다. 1990년대에는 건물의 많은 기둥을 탄소섬유나 에폭시 수지로 감싸 보강했다. 디더링톤 아마 공장은 그야말로 수많은 흉터와 상처를 동여매고 있는 붕대투성이 건물이라 할 수 있다.

물론 이 건물에는 잠재된 에너지가 있다. 일부는 건물의 이미지에서 파생되는 것이다. 이 건물의 거대한 공간은 정확히 건물 기둥 열들에 의해 나누어진다. 이 공간은 언제든 금방이라도 다시 시끄러운 기

1 미국의 아티스트로 버려진 건물을 절개하고 토막내서 이를 작품화한다.

계와 공장 일꾼들로 채워질 태세다. 건물은 슈루즈버리Shrewsbury의 비교적 가난한 동네 외곽의 큰길가에 있지만 신기할 정도로 고요해서 마치 전쟁이 끝난 뒤의 전쟁터를 연상시킨다.

"이 장소 전체에는 하나의 소리가 있습니다. 이곳은 한때 농지였고, 장이 열리는 곳이었죠. 한때는 군대가 이 농지를 가로질러 지나간 적도 있습니다. 랭커스터 왕가 헨리 4세의 군대가 1403년 슈루즈버리 전쟁으로 나갈 때 이곳의 완두콩 밭을 지나갔다는 기록이 있습니다."

잉글리시 헤리티지의 존 예이츠John Yates의 말이다. "그리고 이 건물에는 알 수 없는 미스터리가 있습니다. 우리에게 뭐라고 계속 말을 하는데 그것이 무엇인지 알기 힘듭니다."

이곳의 새로운 '창의적 활용'을 위한 마스터플랜을 담당한 페일든 클레그 브래들리 건축사무소Feilden Clegg Bradley Architects 설계팀은 계획안 작업을 하면서 아마 공장이 내면에 담고 있는 여러 메시지를 염두에 두었다고 한다. 이들은 또한 건물의 소리를 드러내기 위해 건물의 감정적 반응에 대한 연구를 해야 한다고 말한다. 제프 리치Geoff Rich와 리처드 콜리스Richard Collis는 제대로 된 건축 실무는 실용적이면서도 감성적인 태도의 토대 위에 있어야 하며, 이는 성공적인 건축업이 올바른 토양에서 자라는 것과 같은 것이라고 말한다. 단지 눈에 그럴듯해 보이는 조명과 음영, 입체 구성만 가지고는 성공할 수 없다는 주장이다. 더욱이 건축을 형성하는 모든 재료와 장인정신에 대해 알고 있어야 한다는 것이다. 이 모든 것을 충분히 구사해야 하며, 한 장소에 대한 느낌을 책임감 있게 주장해야 하고, 장소에 대한 심리적 영향까지 염두에 두어야 한다는 것이다. 제프 리치는 이렇게 말한다. "건물을 수치적으로 이해하는 것도 중요하지만, 성공적으로 건물에 감정 이입을 하는 것이 가장 중요한 문제입니다. 그런데 요즘 젊은 건축가들은 이 문제를 이상하게 보는 것 같습니다." 그는 또 우리가 요즘 흔히 볼 수 있는 완전히 탈바꿈시킨 재건축 건물들에 대해 마치 박제를 보는 것 같으며, 살아 있는 동물이라면 응당 지니고 있어야 할 정도의 감성적 섬세함도 없는 사람의 작업들이라고 비판한다. "가끔 어떤 건물을 보면 너무 많이 먹여 넋이 나간 고양이가 생각납니다."라고 그는 말한다.

◀ 건물 외관. 맥주 발아 공장일 때부터 세 개의 창문 중 두 개는 막아야 했다. 빅토리아 여왕 즉위 기념 행사 때 지붕 꼭대기에 왕관이 올려졌다.

▶ 위층의 모습. 여기에 있는 철골 기둥들은 지붕 구조만을 떠받들고 있다. 리듬감 있는 천장을 따라 공간이 형성되어 열려 있고, 이 공간은 건물 지붕의 곡선과 용마루를 따라 흐른다.

건물과의 감정 이입이 이뤄지고 나야 비로소 사람이 갖고 있는 높은 수준의 감성적 섬세함을 활용한 아이디어들이 생겨나는 것이다. 보통 오래된 장소에는 강한 무엇인가가 잠재되어 있는데, 그것이 정확히 잴 수 없는 것들, 즉 공간의 냄새이거나 어떤 관념에 불과한 것들이라 해도 분명 제대로 된 건축가라면 그것을 염두에 두지 않고는 건물에 손을 댈 수 없을 것이다. "이 과정에서 가장 중요한 것은 마음을 활짝 열고 건물을 접해야 한다는 것입니다. 건물의 소리를 들으려고 집중해야지 미리 건네받은 건물에 관한 정보에 눈이 멀어서는 곤란합니다. 자칫하면 선입견에 빠져 절대 헤어 나오지 못하게 됩니다." 제프리치는 말한다.

▼ 페일든 클레그 브래들리 건축사무소가 작업한 아마 공장 도면

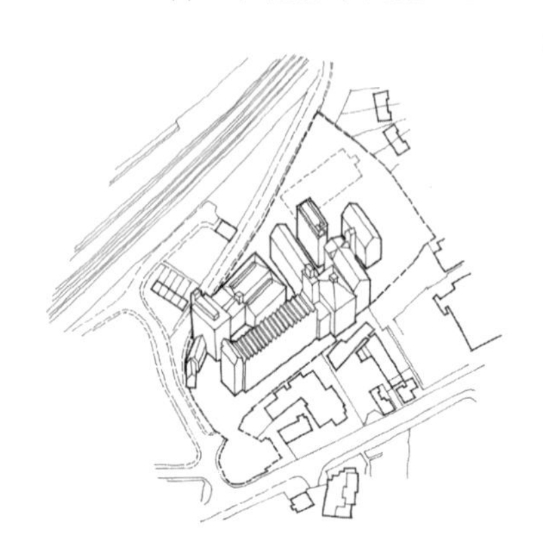

제프 리치와 그의 설계팀은 이러한 접근 방식을 바탕으로 단순한 옛것의 보존이나 복원과는 사뭇 다른 결과들을 만들어낸다. 그들은 이 건물이 역사 위에 놓여 있다는 것을 강조하여 '살아 있는 유산'이

▶ 맥주 발아 공장일 때의 모습. 아마 공장으로 쓰일 당시의 이미지는 발견되지 않는다. 건물 측면을 따라 흐르던 운하는 1950년대에 메워졌다.

디더링톤 아마 공장 건물은 지금 잠자고 있다. 사실 지금은 상황이 별로 좋지 않고 곧 수술대에 올라야 할 형편이다. 그러나 모든 오래된 건물들, 오래된 장소들이 그렇듯이 이 공장 건물은 우리에게 과거의 재미있는 이국적 이야기를 감상하게 해준다. 우리가 과거에 어떻게 살았는지, 어떻게 생각하고 무엇을 지었는지를 이야기해준다.

이 건물은 특히 우리가 과거에 어떻게 살았는지에 대해 이야기해준다. 그리고 이곳 슈롭셔 지역이 어떻게 전 세계 최초의 산업혁명의 중심지가 되었는지 보여준다. 이 공장 건물의 규모만 봐도 그 의미를 알 수 있다. 거대한 자신감과 투자금, 그만큼 컸던 위험 부담, 그리고 꿈꾸던 거대한 보상이 바로 그것들이다. 건물이 있던 자리에는 당시 세 사람이 새로 세운 사업체가 있었다. 2세기가 넘도록 기업체의 주인이었던 그들의 목소리는 공간을 메운 홀쭉한 주철 기둥 사이로 울려 퍼졌다. 존 마셜은 이미 북부 지방에서 '아마 섬유계의 왕'으로 알려진 인물이었고, 토머스 베니언은 오랜 기간 자신이 성공시킨 모직 무역을 통해 지역의 재원을 충당했던 사람이었다. 이곳 슈롭셔가 주철 공법으로 지은 성공적인 건물들의 도시가 된 데에는 찰스 바그의 공이 크다. 이들은 그야말로 성공한 사나이들이었다. 이들은 산업혁명이라는 거인의 시대를 대표하는 실제의 거인들이었고, 건물에는 그들의 자신감이 그대로 담겨 있었다. 이후 약 백 년이 흐른 뒤 또 다른 거인 윌리엄 존스가 나타나 이 건물을 영국 맥주 산업의 총아로 탈바꿈시켰다. 창문들은 가려졌고, 바닥은 평평하게 손을 봤으며, 빅토리아 여왕의 즉위 50주년 기념일을 축하하기 위해 새로 지은 승강기탑 꼭대기 지붕에 화려한 금관을 얹었다. 이는 그의 1797년의 삭막하게 절제된 아마 공장 건물을 위한 것이 아니었다.

가만히 귀를 기울이면 다른 소리들이 들려온다. 열변을 토하는 한 사람의 목소리가 아니라 차분하게 웅성웅성 떠드는 소리다. 지금은 적막이 흐르는 이곳에서 무려 4백 명이 넘는 일꾼들이 땀을 흘렸다. 새벽녘, 돌로 된 계단실에는 출근하는 이들의 요란한 발자국 소리가 울려 퍼졌고, 시끄러운 기계 너머로 소리치는 가냘픈 목소리도 들린다. 증기기관 엔진은 박자를 맞춰 떠들어대고, 기계의 구동축들은 으르렁거렸다. 건물 전체가 생생히 살아 있었다. 울림과 소리로 가득하고, 각자의 삶을 사는 일꾼들로 바삐 움직였다. 외지와 떨어진 곳에 자리 잡고 있으며, 기계처럼 돌아가는 이곳으로 트럭에 가득 실려 온 젊은 견습생들의 웅성거림도 넘쳐난다.

그리고 맥아 발효에 능숙한 일꾼들이 보인다. 허리가 휘게 보리를 퍼다 넓게 널고, 다시 그것을 가마에 퍼 담는다. 이 능숙한 손길에는 고된 일과 후 마음껏 마실 수 있는 맥주를 생각하며 지금의 일을 즐기고 있다는 것이 역력히 드러난다.
이 건물은 우리가 말하는 건축적 취향과 문화에 대해서는 별다른 소리를 지니고 있지 않다. 그러나 조용하다시피 한 몇 마디는 매우 유창하다. 아마 공장 건물이 첫인상에서 드러내는 '기능주의를 위한 막대한 투자'의 면모는 일반 건물이 늘 떠들어대는 자기 자랑과는 차원이 다르다. 이 기능주의는 거의 백 년을 앞서는 것이다. 그것은 프랑스에서 시작된 합리주의가 가공할 만한 파괴력을 지니고 애국심과 자신에 대한 자각이라는 이름으로 온 국민의 머릿속에 서서히 자리 잡기 전에 미리 스며든 신호탄은 아닐까? 이후 지어진 건물들의 겉모습은 훨씬 더 격식을 갖춰 꾸며졌다. 바그는 1811년 크로스 공장을 지을 때 토스카나 양식의 주철 기둥을 쓰기 시작했다. 그리고 1850년의 염색 공장에 의해 상업주의에 익숙해진 모습을 갖추게 된다. 마셜의 후손들은 그들이 훗날 자랑스러워하게 되는 화려한 벽돌쌓기 양식을 이 건물에서 보여준다.
이 아마 공장 건물은 자신이 어떻게 지어졌는지를 매우 선명히 드러내고 있다. 건물을 이루는 철골 뼈대와 아치 구조로 조심스레 쌓아올린 벽돌 바닥은 건축의 총지휘를 맡았던 찰스 바그가 그 하나하나를 우리에게 직접 설명해주는 듯하다. 그러나 이 공장 건물은 자신만의 비밀을 간직하고 있다. 바그가 지나치게 욕심을 냈던 철골 뼈대에는 균열이 숨어 있고, 최근에 발견된 사실이지만 이 건물 벽돌 벽 속에도 목구조 부재가 묻혀 있었다. 조지 왕 시대의 조적식 건물이 거의 그렇듯이 말이다. 1797년 당시의 건물 완공에 대한 자료를 살펴봐도 목재는 안 쓰였다고 되어 있다. 또한 창문이 제대로 설치되어 있던 이 건물의 원래 모습을 보여주는 사진이 남아 있지 않아 그 모습을 좀처럼 파악할 수 없는 것도 아쉬운 점이다. 철재 구조를 맹신하는 사람들은 당시의 창문이 모두 철재로 되어 있었다는 소식을 바라지만, 공장 건물은 그 부분을 아직도 비밀로 묻어두고 있다.
이제 우리는 아마 공장이 다른 목소리로 말하기를 기다린다. 공사 후 이 건물이 오랜 잠에서 깨어나 새로운 삶의 소식에 잘 적응해 앞으로도 우리에게 자신의 이야기를 들려주게 될까? 앞으로 우리가 내리는 결정에 따라 건물은 새로운 목소리 하나를 더하게 될 것이다.

잉글리시 헤리티지 역사적 건물 감독관 **존 예이츠**

라는 아이디어를 내세웠다. 역사는 시간의 흐름 속에서 움직이는 것이다. 리치는 지금까지 버려졌던 이 건물을 단순히 다시 이 부지로 살아 돌아오게 하고, 과거의 모습만을 되살리는 복원 작업은 납득하기 어려운 발상이라고 주장한다. 그는 항상 오래된 건물은 어떤 역사적

▶ 어두운 실내를 비추는 한줄기 빛은 한때 이 건물을 살아 움직이게 했다. 건물을 여러 차례 칼로 자르듯 구멍을 뚫어 당시 필요했던 설비와 기자재들을 설치했다. 하지만 그것들은 지금 거의 자취를 감추었다.

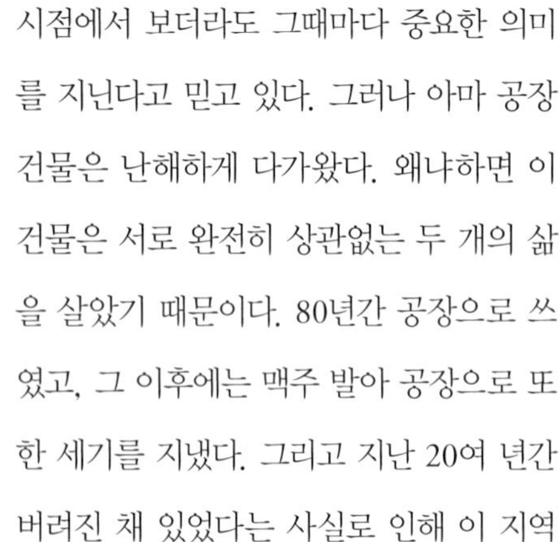

시점에서 보더라도 그때마다 중요한 의미를 지닌다고 믿고 있다. 그러나 아마 공장 건물은 난해하게 다가왔다. 왜냐하면 이 건물은 서로 완전히 상관없는 두 개의 삶을 살았기 때문이다. 80년간 공장으로 쓰였고, 그 이후에는 맥주 발아 공장으로 또 한 세기를 지냈다. 그리고 지난 20여 년간 버려진 채 있었다는 사실로 인해 이 지역의 쇠퇴를 상징하는 기념비 같은 존재로 여겨졌다. 그것은 이 건물의 현재 이미지에도 많은 영향을 주고 있다. 리치는 "습하고 버려진 것들로 채워진 것이 바로 지금 이 건물의 냉혹한 현실임에는 틀림없습니다."라고 말한다.

▲ 맥주 발아 공장으로 용도가 바뀌었을 때, 바닥에 거대한 구멍을 뚫어 보리를 나르는 수레가 드나들 수 있게 했다.

▼ 오랜 시간을 거쳐, 각종 기계나 설비시설을 설치하기 위해 건물 기둥에 홈을 파 자리를 만들었다. 여러 기둥에 파인 홈을 겹쳐본 이미지 결과, 그 작업들이 얼마나 불규칙했는지를 알 수 있다.

공장 건물을 새로 탄생시키는 작업에서 사실상 가장 원초적인 의문점인 건물 외형의 문제는 아직 시원한 답을 얻지 못한 상태다. 그 이유는 이 건물의 외관이 그 당시 어떤 분위기, 어떤 모습이었는지, 그 이야기를 들려줄 생존자도 없고 남아 있는 기록도 없기 때문이다. 지역에서도 이 건물은 과거 맥주 발아 공장이었다고만 알려져 있다. 막혀 있는 창문은 앞으로도 계속 막혀 있어야 할지도 모른다. 이렇게 확실치 않은 과거의 기록을 바탕으로 페일든 클레그 브래들리 건축사무소가 구상해 내야 하는 해법 중 가장 적절한 선택은 어쩌면 이 건물을 과거로부터 해방시키는 것일지도 모른다. 이미 작업을 맡은 설계팀은 과거 역사의 중요성보다는 이 건물과 현재 여기에 함께 남아 있으며 추가로 발견되는 그 밖의 것들에 많은 비중을 두고 있다.

역사적으로 이곳이 흥미로운 장소인 것은 분명하지만, 이 공장 건물이 보유하고 있는 상처와 대담한 수정을 가한 부분 등이 더 흥미로운 점일 수도 있기 때문이다. 그리고 이 건물이 지어진 상태만으로도 과거 원형의 모습을 보여주기에 충분한 것인지도 모르는 일이다.

과거의 모습만을 재현하는 데 그치는 것이 아니라, 과거의 원형을 되찾는다는 것은 마치 건물이 실제로 말을 할 수 있다면 과연 어떤 말을 할지에 귀를 기울이는 것과 같다. 프로젝트의 건축가 리처드 콜리스는 "비유하자면 이 건물은 우리에게 마구 소리를 지르고 있는 것입니다."라고 말한다. 또한 분명한 것은 이 건물이 지어진 당시의 상태로 돌아가 전시박물관처럼 취급된다는 것은 더 상상하기 힘들다는 점이다. 그것은 이 건물을 통째로 부정하는 행위가 될 수도 있기 때문이다.

▼ 맥주 발아 공장으로 건물의 용도가 바뀌고 난 뒤, 어둡고 습한 공간이 요구되었다. 따라서 바닥은 항상 젖어 있었고, 때문에 주철 구조가 녹슬었다.

생각해봐야 할 문제는 이 건물의 원래 상태가 완전하지 않았다는 사실이다. 그 이유를 알 수는 없지만 건물 전체의 18개 구역들은 같은 치수가 아니다. 자세히 살펴보면 두 개의 반쪽이 모여 한 건물을 이루는 형태를 취하고 있다. 어쩌면 건물을 지을 때 인부들이 두 팀으로 나뉘어 양쪽 끝에서 중심을 향해 경쟁하며 지었을지도 모를 일이다. 아마도 당시 인부들은 철재 구조를 짓는 기술을 천천히 익혀가며, 조금씩 더 발전한 기술로 건물의 길이를 따라 지어나갔을지 모른다. 실제로, 무엇 때문인지는 몰라도 북쪽 건물의 반쪽은 그 반대쪽보다 기둥이 놓인 간격이 더 촘촘하다. 북쪽 공간은 기둥이 3.05미터 간격으로 서 있지만, 남쪽 공간은 기 둥이 서 있는 간격이 3.2미터에서 3.6미터 사이이다. 그리고 더 알 수 없는 것은 북쪽과 남쪽을 나누는 중간 구역의 기둥 간격은 1.5미터라는 점이다. 철재 구조로 된 건물치고는 이상하리만치 무계획적이다.

이 불규칙성을 의도적인 것으로 볼 수 없는 뚜렷한 이유는 건물이 완공된 뒤 커다란 무엇을 공간에 집어넣기 위해 기둥 옆구리를 아슬아슬하게 베어낸 것을 보면 알 수 있다. 이 때문에 이 불규칙성을 애초에 계획된 공간 배분이라고 볼 수 없는 것이다. 또한 기둥들을 잘라낸 형태가 어떤 곳은 사각형, 어떤 곳은 반원과 곡선 형태로 상당히 불규칙적이다. 이 부정확한 흔적들은 꽤 거칠면서도 에너지가 넘쳤던 과거를 연상시킨다. 또 각이 지도록 깎은 모습에서는 그것을 자를 때 집중했던 긴박함이, 곡선으로 잘려나간 것에서는 좀 더 오래 작업했을 고된 시간들이 머릿속에 그려진다. 분명 그 당시의 상황은 숨 가쁘고 필사적이었을 것이다. 군더더기 없는 이 건물에서는 곁치레로 붙어 있는 덩어리들을 찾아볼 수 없다. 대개의 경우 11센티미터 두께의 기둥을 2센티미터 넘게 더 베어냈는데, 이것은 분명 쉽지 않은 작업이었을 것이다. 아울러 이 건물에서는 공사를 했던 사람들의 내면에 깔려 있던 무뚝뚝함과 그 당시 새로운 재료였던 철의 강도에 대한 끝없는 믿음도 묻어난다.

건물 뼈대인 주철 기둥을 베어 건드리는 작업은 아무리 봐도 희귀한 작업이다. 주철 기둥들은 지금의 철골 부재처럼 기계로 깔끔하게 마무리되지 않았고, 석재들과 비슷할 정도로 상태가 거칠었다. 따라서 어떤 베어낸 자국들은 의도적으로 잘라낸 것인지 확실치가 않다. 1880년대에 시공된 콘크리트 바닥, 거기에 꽂혀 있는 이 기둥들은 이제 수없이 많은 겹겹의 페인트가 입혀져 있어 그것의 정확한 수치를

▲ 크로스 공장 부분의 주철 지붕 구조. 1811년 큰 화재가 일어난 뒤로 목재를 거의 쓰지 않고 벽돌과 주철로 새로 지었다.

기록하기도 힘들다. 그런 부정확성 속에서 기둥을 베어내는 작업들이 있었던 것이다.

가장 흥미로운 점은 이런 베어내기 작업의 흔적은, 바로 그 당시 세상에 휘몰아쳤던 산업혁명 정신의 열정과 실용주의적 접근에 바탕을 두고 있었음을 보여주는 것이고, 이 건물이 그러한 에너지의 보고라는 점이다. 자세히 보면 단면이 십자형으로 생긴 건물 기둥에는 그 에너지의 모습이 나타나 있다. 기둥은 가운데가 약간 불룩 튀어나온 두 개의 긴 조각을 맞붙인 형태로 바닥과 천장 쪽으로 가면서 조금씩 얇아지고 전반적으로 위아래로 눌린 스프링처럼 압축되어 보인다. 그리고 이러한 에너지는 사람들의 손자국에 의해 남겨진 흔적에서 최고조에 달하는 건물의 에너지를 느끼게 해준다. 이것들은 건축을 구성하는 순수한 부재들의 조합뿐만이 아니라 산업혁명이라는 이름 아래 '실용'과 '진전'이라는 명분으로 새겨진 것들이다. 이 자국들은 만들어지는 과정에서 수없이 두들겨 맞았을 것이고, 생겨난 상처들 때문에 다른 것들로 감싸져 있기도 하다. 리처드 콜리스는 말한다. "지금의 상황은 별로 좋지 못해서 곧 수술대에 올라야 할 형편이죠." 그러나 그렇다고 현 상황을 말끔히 새로 수선할 수도 없는 노릇이다. 만약 그럴 경우 이 건물의 본질을 부정해버리는 것이기 때문이다. 사실상 이 건물은 태생적으로 거칠게 다뤄질 운명이었고, 우리가 그것을 부정한다면 그것은 결코 이 건물에 대한 올바른 예의가 아닐 것이다.

역사적 배경

디더링톤 아마 공장 건물은 세계에서 가장 오래된 주철 구조 건물이라는 명성을 누리고 있다. 고층 건물을 가능하게 만든 철골 구조의 시초로 여겨지고 있다. 1797년 완공되어 약 10년간 몇 군데 확장 공사가 이루어졌는데, 이는 슈루즈버리 지역의 저물어가는 모직산업의 뒤를 이은 섬유산업의 부흥을 상징하는 것이었다. 건물은 세 명의 경영진, 즉 슈루즈버리 출신의 토머스·벤저민 베니언 형제와 리즈 출신의 존 마셜, 그리고 건물의 설계자인 찰스 바그에 의해 탄생했다.

당시 운하 공사의 허가가 떨어지고 웨스트 미들랜즈West Midlands와 콜브룩데일Coalbrookdale의 산업화가 활기를 띠면서 사업가들은 건축가 바그에게 화재에 가장 잘 견딜 수 있는 건물의 설계를 맡기게 된다. 화재에 견디는 것이 중요했던 이유는 당시 보편적으로 건물 바닥재로 목재가 쓰였는데, 섬유공장에서 쏟아져 나온 먼지 때문에 화재가 나면 건물이 전소하는 일이 종종 있었기 때문이다. 잉글리시 헤리티지에 따르면 1791년 한 해 동안 리즈 지역에서 다섯 개 공장이 전소했다는 기록이 있다. 5층짜리 건물을 철재 구조로, 철재 보에서 아치형으로 벽돌을 쌓아 바닥판을 구성하는 방식은 그 당시 화재의 위험에서 벗어날 수 있는 최선의 방법이었다. 이후 확장된 공장 건물인 크로스 공장Cross Mill은 경제적인 이유로 목조 구조를 사용했다. 크로스 공장 건물은 1811년 큰 화재를 겪은 뒤 다시 지어졌다.

2세기를 잘 버텨왔고 기술적으로도 앞선 건물이기는 하지만 이 건물을 당시 건축의 완벽한 성공담으로 볼 수는 없다. 바그의 구조 계산은 비교적 정확했다고 할 수 있지만, 건물의 벽돌 파사드가 주철

▶ 기둥 양쪽을 베어낸 모습. 아직 산업혁명이 고요하던 당시 사회에 몰고 온 에너지를 느끼게 하는 부분이다. 이 건물은 당시 사회가 보여준 발명과 혁신의 가치, 그리고 수많은 시행착오는 물론 지적 능력과 억센 활력도 담고 있었다.

▶▶ 주철 기둥의 머리로 기계의 구동축이 통과할 수 있도록 이렇게 만든 것으로 추측된다.

구조보다 빠르게 땅속으로 가라앉으면서 주철 구조에 균열을 일으키고 있다. 그리고 벽돌 파사드와 목조 부재로 연결된 보와 기둥의 격자 구조도 부재들이 썩으면서 건물의 주철 구조를 녹슬게 하고 있다. 이런 용도로 지어진 이 시대의 건물들 중 아마 공장 건물은 기술의 수준이 과도하지 않고 적절히 적용되어 건축된 사례로 흔치 않은 경우이기는 하다. 잉글리시 헤리티지의 고위 감독관 존예이츠는 이렇게 평한다. "이 건물은 상당히 가볍고도 대담하면서 우아한 면모를 지녔죠. 바그가 저 멀리 태양 가까이의 하늘로 날아오른 것입니다." 그러나 1990년대에 이루어진 부분적인 보수공사 후에도 이 건물이 꿈꾸는 가치 있는 미래와 새로운 자산으로 탈바꿈하기 위한 현재의 재건축 계획은 많은 골칫거리를 안고 있는 것도 사실이다.

▼ 공장 기둥이 잘려나간 모습을 기록한 그림. 깊이는 1센티미터쯤 되며, 내부 공간에 큰 기계를 설치하기 위해 보통 기둥의 양쪽을 베어냈다.

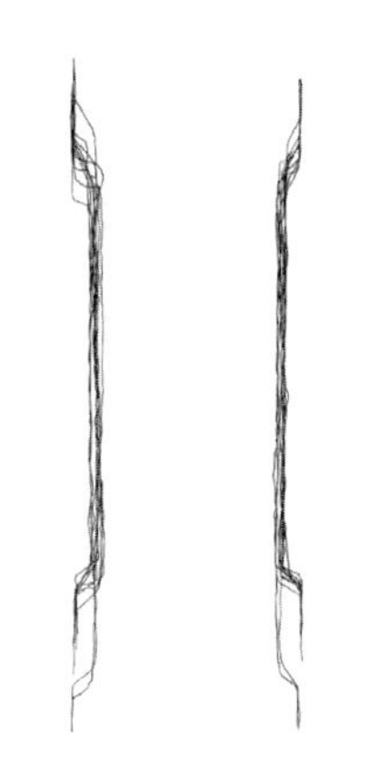

공장 건물은 19세기 내내 조금씩 확장되었다. 1805년에 지어진 부속시설 중 하나인 창고는 세계에서 가장 오래된 철골 구조 건물이다. 1812년에 지어진 크로스 공장 건물은 화재로 전소된 건물을 대신한

▲ 슈루즈버리 지역에서는 맥주 발아 공장으로 더 잘 알려진 아마 공장의 파사드 모습. 이 건물은 1980년대까지 약 1세기 동안 맥주 공장으로 쓰였다.

것인데, 이런 형식의 건물로는 전 세계에서 여덟 번째로 지어진 것이었다. 1808년 처음으로 가스등이 설치되었는데, 당시 공장 전체에 약 8백 명의 직원이 근무하고 있었다. 직원 중 3분의 1은 16세 미만이었고, 남녀는 분리되어 공장에 수용되었다.

19세기 후반 면섬유가 흔해지면서 아마 섬유산업이 열세에 몰리기 시작했다. 1886년 2만 8천 평방미터에 달하는 이 시설은 윌리엄 존스 멀트스터즈에게 매각되어 맥주 발아 공장으로 바뀌게 되었다. 아마를 건조시키는 데 필요했던 창문의 약 3분의 2를 벽돌로 쌓아 막았고, 나머지 창문들은 셔터가 달린 작은 창틀로 바꿔 실내의 조도와 습도를 조절할 수 있게 했다. 보리는 힘들게 물에 적셔 바닥에 넓게 펼쳐 두었다. 이것이 바로 철재 기둥 밑을 녹슬게 만든 이유이기도 하다. 공장 바닥에는 큰 구멍을 뚫어 곡식 수레가 드나들게 했고, 이로 인해 건물 구조가 약화되어 나중에는 기둥의 수를 늘려야 했다.

1930년대부터 건물의 측면을 끼고 흐르던 운하는 더 이상 운용되지 않았다. 1950년대에 운하는 흙으로 메워졌다. 간이 철로도 설치되었으나 100년 후인 1960년대에 철거되었고 맥주 발아 공장은 1987년까지 운영되었다. 그리고 이후 지금까지 20년간 이 큰 시설은 비어 있는 상태이며, 이곳 주변에 눈에 띄는 개발 징조는 아직 없다. 2005년 잉글리시 헤리티지가 이곳을 매입했다. 그리하여 페일든 클레그 브래들리 건축사무소에 현황 조사 및 측량과 함께 마스터플랜과 개발안의 용역을 맡기게 된다. 개발안 보고서가 작성되는 동안에는 용도에 대한 구체적인 언급은 나오지 않았다. 나중에 요약본에는 대형 공장 건물이 그대로 보존되는 조건과 일반 대중이 부지에 진입할 수 있게 한다는 전제하에 일부 상업적 용도의 개발을 제시하고 있다. 해당 지방의회는 이 계획안에 동의했다.

이 프로젝트는 또한 오래된 건물을 어디까지 보존해야 되는지에 대한 질문을 던진다. 이를테면, 이는 이곳의 본래 용도가 과연 무엇이었는가 하는 문제인 것이다. 아마 공장과 맥주 발아 공장 중 하나로 정하기는 어려운 일일 것이고, 현재의 창문 상태를 보존하느냐 마느냐의 결정도 문제다. 또 지난 세월 동안 많이 수정되고 조정된 이 건물을 이후에도 크게 수정을 가해도 되느냐의 문제도 있다. 잉글리시 헤리티지는 이 쉽지 않은 질문에 답하기 위해 지금도 고민하고 있다.

▶ "이 건물은 상당히 가볍고도 대담하면서 우아한 면모를 지녔죠. 당시 건축가 바그가 저 멀리 태양 가까이의 하늘로 날아오른 것입니다." 잉글리시 헤리티지의 존 예이츠의 말이다. 바그가 설계한 것으로, 내부 공간에 놓일 기계의 구동축을 통과시키기 위한 건물의 주철 구조 기둥 머리 부분 모습이다. 위쪽으로 조적벽의 하중에 따른 균열이 보인다.

배경 소음에 대한 소견

▲ 소리의 울림이 없는 무반향실 모습. 침묵의 소리.

로렌스 폴라드Lawrence Pollard는 라디오 방송 프로듀서로 BBC 방송의 예술 분야 담당이다.

아방가르드 작곡가로 잘 알려진 존 케이지John Cage는 언젠가 4분 33초 동안 침묵하는 곡을 작곡했다. 침묵의 소리를 감상하기 위해서였다. 그는 하버드 대학의 무반향실, 즉 소음이 모두 흡수되어 소리가 존재하지 않는 방음실에 들어가 앉았다. 불교와 도교에 심취해 있었던 그는 절대 침묵이 무엇인지를 느껴보고 싶었는데, 흥미롭게도 무반향실에서 두 가지 소리를 들을 수 있었다. 하나는 높은음의 소리였고, 또 하나는 낮은음이었다. 이 사실을 무반향실을 책임지는 엔지니어에게 말했더니, 엔지니어는 낮은음의 소리는 몸속을 흐르는 피의 소리, 높은음은 몸속 신경계에 흐르는 전력의 소리라고 답했다. 이후 존 케이지는 '내가 죽는 순간까지 소리는 존재한다'라는 생각을 했으며, 이를 계기로 아무것도 연주하지 않는 〈4분 33초〉를 작곡했다고 한다. 이 작품은 객석의 사람들에게 그들과 장소의 소리를 듣게 한다. 이 작품은 사실 우리가 있는 공간에 대한 것으로, 작품이 '연주'되는 장소에 따라 작품의 감상이 결정되는 곡이기도 하다. 존 케이지가 무반향실을 통해 발견한 것은 우리가 소리로 공간을 생명력 있게 만들고 있다는 것, 그리고 그러한 소음이 가끔 우리를 방해하기는 해도 알 수 없는 소음들이 공간 속에서 숨 쉬는 우리의 몸을 서로 연결하고, 우리가 공간과 반응하게 만드는 중요한 요소들이라는 것이다.

조르조 데 치리코Giorgio de Chirico가 남긴 거리와 도시의 경관은 아마도 세상에서 가장 적막한 그림일 것이다. 그림들은 무엇인가 이상야릇한 분위기로 인하여 머릿속에 각인된다. 풍경을 보는 자신의 모습은 그림자로 암시되어 있고, 도시 공간의 모퉁이 둘레에는 뭔가가 숨겨져 있는 느낌이다. 그림 속 그림자의 주인공이 있는 곳은 볼 수 없는 공간이지만 바로 자신이 있는 공간이라는 암시에 깜짝 놀라기도 한다. 마치 아이들의 놀이나 악몽에서처럼 자신이 어디와 연결되어 있는 것 같은데 그것이 전혀 보이지 않는다. 아마도 이것이 바로 음악이 공간과 함께 작동하는 모습일 것이다. 치리코가 자아내는 침묵의 빈터에 우리가 도착하는 소리가, 보이지 않는 공간에 닿는 다른 이들의 발자국 소리가 들리는 듯하다. 이러한 '형이상학적' 구성이 침묵에 의존해서 만들어지듯, 우리가 아는 공간과 건축에서 느끼는 소리도 바로 그 침묵과 비슷한 역할을 한다. 결정적으로, 소리는 시각에 있어 4차원을 제공한다. 이것은 살아 있는 것이다.

서양에서 예술가들이 투시도법을 발견했을 때, 그들은 공간을 잘 관찰하여 사실적으로 묘사했다. 여기서 그림의 배경이 되는 소음들

은 피터브뤼겔Pieter Breughel의 〈이카루스의 추락〉을 기반으로 한 W. H. 오든Auden의 시 〈보자르 미술관*Musee des Beaux Arts*〉에 정확히 드러난다. 오든은 포스트르네상스의 예술에서, 십자가에 못 박힌다거나 기적적인 탄생과 같은 중대 사건들은 아이들이 스케이트를 타고 있거나 서 있던 말이 몸을 긁적이는 등, 이를테면 '누군가가 무심코 무엇을 먹거나 창을 열거나 그냥 옆을 걸어지나가는 모습'이 그 배경으로 놓여 있기 마련이라고 했다. 이러한 길거리의 일상은 마치 그림에서 투시도법으로 잘 묘사된 공간이 지닌 깊숙한 볼트 천장 구조와 같이 잔잔한 전주곡이 되어주는 것이다. 여기서 우리가 느끼는 공간의 깊이감이 바로 작품에서 읽을 수 있는 소리의 역할일 것이고, 키리코의 작품이나 건축물에서 그 역할을 우리는 감지할 수 있다. 피에로 델라 프란체스카Piero della Francesca의 〈이상 도시*Ideal City*〉가 치리코의 침묵의 도시와 비슷한 느낌을 주는 것도 재미 있는 일이다. 〈이상 도시〉에서는 누군가가 건축에 바라는 바를 그 생김새에 반영시키고 있다. 침묵 속에서 순수한 선과 소리를 지닌 존재로 말이다. 소리는 공간의 확장으로 나타나는 것이 아니라 상세히 묘사되어 있는 어떤 볼 수 없는 물체의 그림자로 나타난다.

1944년에 만들어진 영화 〈켄터베리 이야기〉의 클라이맥스에서 주인공들은 켄터베리 성당에 모여 각자의 전쟁과 사랑, 상실, 그리고 자기 자신들에 대해 일시적으로 위안을 받는 장면이 나온다. 하늘로 치솟는 성당 내부 공간은 주인공들이 열연하는 훌륭한 운명의 배경 화면이 되고 있는데, 실상 이는 완전한 세트다. 얇은 판자로 꾸민 장식과 성당 내부 사진을 배경으로 영화의 한 장면을 찍은 것에 불과한

◀ '신도들의 발자국 소리와 수군거림, 웅성대는 소리들로' 활기를 띠는 켄터베리 성당의 네이브(교회 입구에서 안쪽까지 통하는 중앙의 중심부)

▲ 조르조 데 치리코의 〈멜랑코니아Melanconia〉(1912). 불안 = 소리 + 기대 = 불안.

것이다. 그러나 놀라우리만큼 치밀한 이 영화의 바로 이 장면이 성공적이었던 이유를 배경에 흐르던 소리에서 찾고 싶다. 사람들의 발자국 소리가 은은히 울리는 가운데 사람들의 웅성거림과 소리는 배경에 퍼져 있었다. 이들은 모두 눈에 보이는 장면만으로는 절대 불가능한 수준의 사실적 설득력을 부여하는 것들이다.

소리는 보다 넓은 공간을 만들어낸다. 소리는 공간을 암시하고 더 자세히 발견하게 만들며, 눈에 보이지 않는 부분을 느낄 수 있게 해주고, 우리가 직관적으로 알 수 있는 것들을 나타나게 한다. 영화가 끝나도 소리를 계속 흐르게 놔두는 영화감독은 드물다. 로버트 알트먼Robert Altman의 〈네슈빌*Nashville*〉의 어떤 부분에는 관객들이 눈으로 볼 수 없는 소리들로 채워진 장면이 계속된다. 이는 볼 수는 없지만 우리를 둘러싸고 있는 이 세상의 거대한 존재를 전달하는 기발한 방법이다.

마찬가지 방식으로, 당신이 도심의 은행 본점 건물에 들어서면 발자국 소리가 대리석 바닥을 울려댈 것이다. 이 소리로 당신의 심리는 무의식 중에 건물의 단순한 리셉션 공간을 넘어 권위와 위엄 속에 놓인 자신을 발견하게 된다. 이 권위와 위엄은 눈에 보이는 것에 의존하지 않고 자신이 공간 속을 걸어 움직였기 때문에 느낄 수 있는 것이다. 그러면서 자연스럽게 '나는 여러 중요한 것들에 둘러싸여 있다', '이곳에는 눈에 보이는 것보다 뭔가가 더 있을 것이다'라는 생각에 휩싸이게 된다. 반대로, 당신이 상당히 고급스러운 개인 병원 접수처에 들어서면 발소리의 존재는 푹신한 카펫 속으로 종적을 감춘다. 이는 단순히 발을 편안하게 하기

위해서일까? 이 공간을 설계한 사람의 의도는 아마 발소리에서 나타나는 눈에 보이지 않는 공간에 대한 암시를 없애기 위해서였을 것이다. 눈으로 볼 수 없는 벽 뒤에 숨은 여러 공간들과 진찰실을 미리 생각하게 할 아무런 이유가 없기 때문이다. 이것은 은행이나 사무실 공간의 경우와 정반대되는 것이다. 소리는 건축의 공간으로 사람들을 안내하는 동시에 적절한 방법으로 공간으로의 진입을 조절할 수 있다. 데니스 라스던Denys Lasdun의 작품인 국립극장은 이례적인 경우에 해당한다. 중심이 되어 돋보여야 할 건물이 매우 조용하게 적막이 흐르도록 설계되어 있다. 이는 당신이 이런 건물에서 기대하는 느낌과는 반대되는 것이다.

세익스피어의 『햄릿』은 여러 버전이 있는데, 그중 하나의 마지막 부분은 가장 무시무시한 장면으로 되어 있다. 왕자가 죽자 포틴브라스는 죽은 왕자를 무대에서 치우라고 명령한다. 그리고 모두 무대를 비운다. 보통 이것는 연극의 끝을 알리는 것인데, 으레 광대가 나와 가면극을 하며 극이 끝났음을 알린다. 그런데 활자화된 버전 중 하나

▼ 피에로 델라 프란체스카의 〈이상 도시〉(1470 이후). 침묵 속의 조화. 이것은 과연 건축가의 꿈일까?

에서는 팡파르를 무대 밖에서부터 울리게 한다. 이 팡파르는 무대 뒤 준비실이나 다른 공간에서 나는 소리인데, 실상은 연극이 더 이상 눈에 보이지는 않지만 결코 끝나지 않고 이 소리로 계속 이어지고 있음을 암시한다. 그것도 바로 벽 뒤에 있는 우리 곁에서 말이다. 과연 우리는 눈앞의 빈 무대를 보며 무엇을 상상하게 될까? 단순히 아무것도 없는 무대? 다음 연극을 위해 잠시 비운 것일까?

이 빈 무대는 빛의 연출로도 표현되지만, 빛만큼 중요한 역할을 하는 것은 빈 무대를 알리는 소리다. 연극에서 소리는 공간을 지시하며, 4차원의 투시도인 것이다.

괴물 길들이기

● 줄리언 허랩과의 인터뷰 ●

▲ 건축가 줄리언 허랩

건축가 줄리언 허랩Julian Harrap은 독보적 위치를 차지하고 있다. 건축가 제임스 스털링James Stirling의 사무소에서 일했던 그는 모더니즘 건축의 전통 속에서 성장했다. 그는 매우 실용적이었지만 감상주의자는 아니었으며, 오래된 건축에 대한 존경심도 잃지 않았다. 마치 진지한 의사가 환자들에게 빠져들 듯이 그는 역사적 건축물과 보존의 문제를 깊이 있게 다루었다. 그에 따르면 새로운 건축 작업에 비해 옛 건물들은 '더욱 도전을 가져다주는 길'이다. 그의 도전 정신은 런던의 존 손 경의 박물관을 비롯해서 니콜라스 호크스무어Nicholas Hawksmoor가 건축한 라임하우스Limehouse의 세인트 앤St. Anne 성당 등 매우 중요한 역사적 건축물과 인연을 맺게 된다.

허랩은 건물의 목소리가 강하면 건물의 사용자들을 물리적으로 움직이게 한다고 믿는다. 그는 1666년 도시 전체를 불태웠던 대화재를 기념하기 위해 세워진 등대 모양의 런던 모뉴먼트 내부 벽을 높게 평가한다. 내부 벽은 나선형 계단을 따라 위로 올라가면 점점 매끈해지고 더 많이 기름때가 끼어 있다. 그것은 방문객들이 위로 올라가면서 벽에 손자국을 남겼고, 그러면서 사람들이 건물과 미세한 것을 주고받으며 교류했음을 의미하는 것이다. 허랩은 이 건축물의 힘이 보이는 상세 부분의 처리 또한 높이 평가한다. 그 이유는, 곳곳에서 건축물을 설계한 호크스무어와 손이 건축 당시 직면한 문제들을 어떻게 풀어나갔는지를 볼 수 있기 때문이다. 건축물을 설계한 호크스무어와 손처럼 창의력이 뛰어난 인물들은 당시의 건축 스타일에 갇혀 있으면서도 나름의 재능을 발휘했던 것이다. 마치 문학가들이 셰익스피어의 문장들을 분석하며 비평하듯, 허랩은 역사적인 건축을 그렇게 다루고 있다. 호크스무어는 일생을 사는 동안 내내 화가 나 있었고, 손도 나이가 들면서 화가 늘었다고 허랩은 말한다. 건물 상세 부분들을 보면 그 충돌을 볼 수 있기 때문이다. 허랩은 모든 건축물에서 무게 중심이 될 만한 곳에 집중한다. 건물에서 들리는 울림, 실제로 물리적인 흔적들이 그의 관심거리다. 예를 들어, 그는 교회당의 종이 울릴 때 그 종탑에 올라가 본다든지, 포트체스터 성Portchester Castel의 수감자들이 벽면을 긁어 남긴 낙서들을 찾아낸다. 허랩에게 건물은 잘 음미해야 할 보물들이다. 우리에게 감촉이나 경험적인 것을 제공하는 건물은 조상들의 손에 손을 거쳐 전해져온 것들이지만, 지금은 여기에서 경험되는 것들이다.

아마도 그 때문에 허랩은 건축물 보존 활동에 대해 좀 어색한 입장을 표명하고 있는지도 모른다. 그는 고건축물보호협회인 SPAB(Society for Protection of Ancient Buildings)의 설립 원리를 존중하는 사람 중 하나지만, 자신의 뜻에 따라 이 단체가 움직이기를 바란다. 이러한 배경에는 전통적으로 영국의 건축 실무계가 품고 있는 '진정성'에 대한 이란성 쌍둥이 같은 사고방식이 있다는 것을 우리는 감안해야 한다. 분명 두 쌍둥이는 고건축물의 진정성 회복을 염려의 눈으로 바라본다. 그중 하나는 우선 보존해야 한다는 주의인데, 동시에 보존에 그치지 않고 고건축이 복원되기를 염원한다. 많은 고민 속에 역사적 고증을 거쳐 다시 태어날 때는 당시 건축보다 훌륭하거나 최소한 당시의 모습이었으면 하는 기대가 있는 것이다. 또 다른 하나는 역사주의, 보존주의는 현 시대에 어리석고 소용없는 수고에 불과하므로, 건물이 오히려 과거와 현재의 차이를 자연스럽게 드러내며 현실에 맞게 함께 어우러지기를 바라는 관점이다.

마치 제임스 스털링이 그랬듯이 허랩은 자신이 위의 두 관점 중 어느 하나에 속하지 않을 권한이 있다고 주장한다. 그리고 사안에 따라 적용방식을 달리해야 한다고 판단한다. 그는 한 건축가가 주어진 이 문제를 절충하는 데 힘써 해결하려는 노력을 하지 않는다면 그것은 직무 유기라고 주장한다. "사람들은 내게 왜 오래된 건물들을 다루느냐고 자주 묻습니다. 그런데 주변을 보면 고통을 당하는 건물들이 너무 많습니다. 거기에 쓰인 재료들이 고통을 당하는 경우도 많이 봅니다. 그래서 나는 의사처럼 환자를 돌보는 것뿐이죠. 그리고 나는 단순히 물리적인 것들뿐만 아니라 정신적이고 문화적인 문제들을 다룹니다. 이는 한 건물에 대한 개념을 생각하고, 부서져가는 부분과 좋은 부분들을 이용해 조심스럽게 서로 균형을 되찾도록 하는 작업입니다. 이것은 괴물을 길들이는 일과 비슷합니다. 역사적 건물의 보존은 건축 설계에서 가장 어려운 도전 중 하나이며, 그것은 바로 눈앞에서 썩어가는 예술작품을 다시 다루는 작업입니다. 우리는 주변에서 '폐허'에 새 지붕을 얹어 다시 죽은 상자로 되살려진 잘못된 사례를 종종 봅니다. 이것이 이토록 어려운 작업인 것입니다."

건물의 목소리는 허랩에게 특별하고 유용한 존재임에 틀림없다. "그런데 문제는 많은 건축가들이 귀머거리라는 사실이죠. 문화적 기풍이나 재료의 물질성, 설계하거나 건물을 지은 사람의 기술과 노력 등을 제대로 볼 수 있을 만큼 섬세하게 접근하지 않으면 완전히 방향을 상실하게 됩니다. 건축 보존 작업들은 거의 대부분 상당히 저속하게 다뤄지고 있고, 대개는 그냥 덧칠 정도에 불과할 뿐입니다. 이렇게 심하게 말하는 데는 그만한 이유가 있습니다."

슬프게도 허랩의 주장은 우리에게 전혀 새로운 것이 아니다. 우리 주위의 많은 '중세' 교회들은 빅토리아 시대의 환상에 젖어 있거나 그리스 신화의 피그말리온(자신의 조각상과 열애에 빠졌던 그리스 신화의 조각가)식으로 리모델링되어 있다. 건축물들이 하려고 하는 말에는 귀 기울이지 않고 받아들일 수 있을 만한 말소리를 건물들에 덮어씌운 것이다. 허랩은 이와 같은 현상을 '재현에 의한 타락'이라고 부른다. 그는 건축가들이 재건축의 실마리를 찾기 위해 더 노력해야 한다고 말한다. 그는 발견된 사물, 곧 '오브제 투르베objets trouvés'에 대해 정성스러운 반응을 보이면서 옛 맥락과 새로움, 경외심과 자신감을 담아 무엇인가를 창작해야 한다고 강조한다. 노먼 포스터Norman Foster가 설계하고, 허랩이 보존 작업을 한 런던의 왕립 예술학교Royal Academy of Arts의 새클러Sacker 관이 그 좋은 예이다. 책임 있는 건축가는 국가 유산이나 기념비적 건축물의 가치를 존중할 것이다. 그러므로 어떠한 개입

▲ 판버러에 있는 왕립 항공연구소. 이 거대한 7미터 윈드터널 시설은 1935년에 지어져 1996년까지 사용되었다. 이것은 1930년대의 유명한 항공기 스핏파이어와 허리케인 등의 개발에도 사용된 시설이다.

도 '지적으로 완성'되어야 한다. 허렙은 건축가의 창의적 사고에서 출발하는 개입은 분명 이 시대의 유행이나 방식을 벗어나기 힘든 것이 사실이고 또한 크게 벗어나서도 안 된다고 본다. 이를테면 역사 건축에서 오래된 전기배선을 보존하는데, 지나치게 과거에 매달린 나머지 비효율적이거나 위험한 전기배선을 당시대로 재현하는 일은 아무 가치가 없다. 허렙은 스스로에게 끊임없이 질문을 던진다. 하나의 역사적 건축물이 계속 사람들을 만나 어떤 의미를 만들어가고, 살아 있는 역사로 자리매김하기를 바란다면, 그 건물 본래의 '기록된' 설계가 정말 그대로 보존될 필요가 있는가 하는 것이다. 또 그 도면에 기록된 것들이 냉동 보관된 유물이라고 판단된다면 어떤 선택을 할 것이냐에 대한 문제다. 허랩은 말한다. "보존은 분명 필요한 것이지만, 요즘 유산 보존 활동의 업적은 대부분 표면에 덧칠하는 수준에 불과하며, 이들은 나에게 좌절감을 줍니다."

영국의 판버러Fanborough에 있는 왕립 항공연구소 RAE(Royal Aircraft Establishment)는 30만 평방미터에 펼쳐진 시설로, 부지와 함께 돈으로 환산할 수 없는 가치를 지닌 역사적인 항공 기자재 등을 포함하고 있다. 1999년 영국 국방부는 왕립 항공연구소를 한 부동산 개발회사에 매각하였다. 이곳은 왕립 영국공군이 창립된 곳이자 스핏파이어와 허리케인 등 역사적인 항공기들의 윈드터널wind tunnel 실험을 한 곳이다. 또 우리가 잘 아는 콩코드 여객기의 공기역학적 구조가 완성된 곳이기도 하다. 이제 새로운 사설 공항 시설과 상업 업무지구로 개발된 이곳은 항공 역사의 한 부분이 되었다. 허랩은 이곳 핵심 영역의 개발을 책임진 건축 계획팀의 일원으로, 이곳에 널려 있던 거대한 규모의 시설과 기자재 등의 존재가 지닌 심리적 위력에 대해 고민하게 된다. 어마어마한 크기의 존재, 즉 인간 존재와는 전적으로 다른 이것들은 대부분 신기할 정도의 조형성을 갖고 있었다. 이것들의 역사적인 자취를 들춰보지 않고서는 쉽게 이해하기 힘든 수준이었다.

지금은 복원되어 다시 조립된 격납고 구조물은 1911년 당시 두 개의 다른 구조물 안에 설치되어 있었다. 이 격납고 구조물은 높이 22

미터, 너비 17미터, 길이는 210미터에 달한다. 이는 비행선과 거대한 구형 기구를 수용하기 위한 시설로 캔버스 천으로 씌워져 있던 이 철재 구조물 중 네 개의 철골 뼈대만이 당시의 모습 그대로이다. 나머지 철골 구조들은 새로 제작되어 재현되었다. 허랩은 이 구조물에 대해 설명할 때 '극적 효과의 시점'이라는 표현을 쓴다. 거리를 두고 이 구조물을 바라보면 줄 세공을 한 듯한 반복적인 부재들의 단순함이 드러난다. 그러나 가까이 다가서면 어느 시점부터인가 거친 철골 작업의 존재와 수많은 리벳을 볼 수 있다. 이런 상세 부분은 보는 이들에게 우선 이 구조물의 전반적인 얼개를 이해시킨 다음 차츰 드러나 보이게 유도한다. 새롭게 재현되어 지어졌다는 사실은 별로 문제되어 보이지 않는다.

▼ 비행기 격납고의 초기 모습. 1910~1911년에 지어져 1914년에 철거되었고, 상부 구조물은 주물 공장을 짓는 데 재사용되었다. 이 구조물은 현재 다시 조립되어 판버러 상업 지구의 랜드마크 조형물로 쓰이고 있다.

이곳에 있는 윈드터널은 또 다른 경험을 선사한다. 이 기계는 사람이 안에 거주할 수 있는 정도의 크기다. 지름 약 8미터 길이의 마호가니 목재로 제작된 프로펠러가 거대한 크기의 조형물 같은 콘크리트 덩어리 안에 설치되어 있다. 일반적인 경험으로는 그 작동 원리를 알기 힘든 크기다. 허랩은 이 시설이 보는 사람을 작게 만든다고 말한다. 이 프로펠러들은 정확한 균형을 이루고 있으며, 섬세하게 만들어져 손으로도 회전시킬 수가 있다. 사람을 압도하는 크기의 거대한 기계가 사람이 건드리면 반응하는 섬세함을 지닌 것이다. 바로 이곳에서 1930년대를 수놓았던 대표적 항공기들인 스핏파이어와 허리케인 등을 완성시킬 수 있었다. 여기

▶ 왕립 항공연구소는 항공기만 실험하는 곳은 아니었다. 어뢰들의 유체역학적 성질을 실험하기도 했고, 나무나 안테나 덮개, 기타 항공기 부품들까지 이 거대한 터빈 속의 마호가니로 제작된 프로펠러 앞에 매달아 실험했다.

서 이러한 항공기들을 완성할 수 있었던 것은 중요한 시속 112마일 기류 실험(저속 비행 성능이 항공기의 완성에 중요)이 가능했기 때문이다. 이곳에서는 어뢰유체역학 실험이 실시되었고, 각종 항공 부품과 안테나 덮개, 심지어는 침엽수까지 이 굉장한 기계 앞에 매달려 실험되었다. 윈드터널은 1935년에 지어졌다. 조립 상태는 이것의 나이를 말해준다. 철저히 기능을 위주로 제작된 기계임에도 우아한 곡선과 조형미 넘치게 천공된 모습, 재질감 등이 그 시대의 걸작 건축물들을 떠올리게 한다. 에리히 멘델존Erich Mendelsohn과 세르게 체르마이에프Serge Chermayeff가 설계한 영국의 사우스 코스트South Coast에 있는 드 라 워 파빌리온De La Warr Pavilion, 포츠담에 있는 멘델존의 아인슈타인 타워Einstein Tower 등이 떠오른다. 굽이치는 곡선은 핀란드 건축가 알바 알토Alvar Aalto의 정서가 연상되기도 한다. 허랩은 이를 두고 '당시 사람들이 그 시대의 스타일을 쉽게 떨쳐 버릴 수 없었을 것'이라고 말한다.

▼ 지름 7미터짜리 윈드터널의 완공식 장면. "가장 앞선 기술은 항상 순식간에 버림받을 위기에 처하기 마련이고, 완벽주의와 낭비주의가 만나는 바로 그곳에 둥지를 틉니다." (로버트 하비슨)

이 7미터가 넘는 거구는 세계대전의 틈바구니 속에서 공리주의적 사고방식으로 지어진 볼품없는 건물에 수용되어 있다. 이곳에 있는 다섯 개의 윈드터

널 중 하나가 한 대학의 후원으로 향후에도 계속 보존될 계획이다. 그러나 다른 두 개의 초음속 터널의 미래는 확실치 않다. 이 두 개의 시설은 플라스크Flask라고 불리는 42미터 길이의 긴 철재 상자에 수용되어 있는데, 다양한 기후의 압력 속에서 마하 1.2의 풍속을 만들어 낼 수 있다. 1942년에 지어져 1957년에는 초음속이 가능하게 업그레이드되었다. 이 기계는 '규모'에 대한 우리의 일상적인 관념을 뒤집어 놓은 좋은 예다. 잘 훈련된 잠수함 요원이어야만 견뎌낼 수 있을 듯한 가슴속까지 갑갑하게 만드는 이 작은 공간은 금속으로 잘 마무리된 표면과 기계 부품으로 치장되어 있지만 일반인에게는 알 수 없는 장치로 보일 것이다. 7미터짜리 터빈이 제대로 돌기 시작하면, 이보다 작지만 강하고 거친 플라스크가 조용해진다. 바람 소리가 고음을 내며 절정에 다다르면 정신을 차리기 힘들 정도다. 사실 이 기계보다 더 크지만 풍속은 느린 사촌격의 이전의 터빈이 인간의 관점에서는 더 의미 있는 것처럼 보인다.

단면의 크기가 2.4미터에, 1.9미터의 윈드터널과 작은 보조 터널을 수용하는 이 플라스크에서 콩코드의 기체 역학을 실험했다. 비행체의 축척 모형을 수직 날개에 매단 뒤 만들어지는 바람의 패턴을 기록했는데, 디지털 기술이 발달하기 전인 1960년대에는 분필 가루를 곱게 묻힌 여러 장의 판을 활용했다. 사용했던 분필 판을 다른 항공체의 실험에도 사용했는데, 지금은 방문객들로 인해 씻겨 없어지지 않도록 덮개를 씌워 보관하고 있다. 이제 이 플라스크는 은퇴했다. 냉각 탱크에 채워져 있던 소금물도 자취를 감췄다. 언제든 에너지를 받아 다시 움직일 것 같은 자세로 서 있는 이 기계는 일개 유물로 존재하

▲▶ 1인승 전투기 브리스톨 불독이 지름 7미터의 윈드터널에서 테스트를 받고 있는 장면

기에는 아까워 보인다. 이 기계를 작동시킬 때 주위의 진입을 차단하고, 사람들이 먼 거리에서만 관찰했기 때문에 정작 작동 당시의 모습이 거의 남아 있지 않다. 한 치의 거리낌도 없어 보이는 이 기계에 대한 호기심 때문인지 모르겠으나, 작동 당시에는 분명 한 편의 드라마나 기발한 광경들이 쏟아져 나왔을 것이다. 또 온갖 덕트가 미로처럼 채워져 있으며, 막강한 위력을 뽐내는 이 작은 공간은 지금은 전혀 어울리지 않게 침묵을 지키고 있어 연민을 자아낸다. 이 기계가 다시 의미를 얻어 우리 곁에 돌아오는 일에는 끝내 희망이 보이지 않는다. 이곳이 완전히 다른 개발 개념에 의해 어리석은 서커스처럼 꾸며진 '전시회'에서라면 모를까 말이다.

로버트 하비슨Robert Harbison은 나사NASA의 우주 프로그램으로 생산된 시설물에 대해 쓴 책 『지어진 것과 지어지지 않은 것, 그리고 지어지지 못한 것들*The Built, the Unbuilt, and the Unbuildable*』에서 유사한 관점을 논하고 있다. 그는 플로리다의 아폴로 발사대를 가리켜 '세상에서 가장 이해하기 힘든 일회용품 유적'이라 표현하면서 다음과 같이 적었다. "이토록 새것과 다름없는 최첨단 시설이 이만큼 쓸모없이 보일 수 있다는 것에 놀라지 않을 수 없고, 무엇인가가 이것 위를 날아올라 우리의 기억에 남아 잊히지 않을 만큼 머나먼 우주 공간을 돌게 했다. …… 가장 앞선 기술은 항상 순식간에 버림받을 위기에 처하기 마련이고, 완벽주의와 낭비주의가 만나는 바로 그곳에 둥지를 튼다." (pp.129~130)

맞춤 물건과 기이한 구조물이 부활하기 위해서는 상상력이 동원된 해법이 필요할 것이다. 그러나 초음속 터널은 가능성이 희박해 보인다. 남아 있는 부위가 많이 변형되었고, 규모 자체가 원래 용도로 쓰는 것 외에 다른 활용 방안을 상상하기가 힘들어 보인다. 반면, 길이가 7미터에 이르는 터널은 허랩이 이미 새로운 활용 아이디어를 생각하고 있다. 허랩은 터널이 지닌 음향 조건을 아주 특별하게 생각하고 있다. 그래서 오페라나 다른 실험 음악을 수용하는 시설로써의 가능성을 구상하고 있다. 이는 '완전히 다른 용도로, 건물에 전혀 해를 끼치지 않는' 방식으로 역사적인 건물을 활용하는 것이다. 뿐만 아니라 건물이 자연스럽게 숨 쉬도록 활용하는 좋은 방안이라고 생각된다. 건축가 데이비드 치퍼필드David Chipperfield와 합작한 허랩은 런던의 뱅크사이드 발전소Bankside Power Station를 테이트 모던갤러리로 전환하는 설계 공모전의 당선 후보였다. 허랩과 치퍼필드 팀이 제출한 안의 내용은 발전소 터빈을 그 자리에 그대로 보존하면서 본래 건물의 핵심 기능을 아티스트의 작업과 결합할 수 있게 열어두는 아이디어를 담고 있었다. 그런데 이 아이디어에 대해 테이트 모던갤러리 측이 난색을 표했다. 허랩은 그것을 이해할 수 없었다. 허랩은 당시를 이렇게 회상한다. "테이트 측에서는 터빈을 바깥으로 빼내기를 바랐는데, 이는 유감스러운 일이었습니다. 그것이 빠지면 그 공간은 아무것도 없게 되거든요. 작가들의 창의력이 아무리 뛰어나도 거기에는 터빈이 없는 텅 빈 터빈 홀만 남게 됩니다." 허랩은 전시를 하는 아티스트와 건물의 목소리가 함께 어우러져야 한다고 보았다. 그는 우리가 대체로 역사적 건물들에서 과거의 흔적을 너무 씻어낸다고 말한다. 원래 건물에 존재하던 좋은 의도의 '작은 지능'과 건물이 주장하는 나름의 '생태계'가 씻겨나가면서 건물은 축소되고 때로는 고통을 겪게 된다는 것이다. 이런 부분에 별다른 관심 없이 접근하면 어떠한 건축적 주장도 무식하고 이기적인 것이 될 수밖에 없다. 반면, 그는 만약 건축가가 역사적 건축에 대해 창의적 접근을 제시할 때 그 바탕에 과거 역사에 대한 공감과 건축적 언어의 이해, 그리고 건물이 바라는 바가 무엇인지를 고민하는 균형 잡힌 노력이 있다면 분명 좋은 결과를 기대해도 좋다고 말한다. 물론 이 시대의 경제성이라는 현실에 대해서는 건물 자체도 반응을 나타낼 의무가 있다. 그러한 가운데 나타나는 어느 정도의 부조화는 감안할 만하다고 본다. 허랩은 런던의 존 손 경 박물관에 대해 '박물관이 아니었다면 아무런 의미 없는 재건축 작업'이라고 평한 바 있지만, 지금도 그곳에서 열리는 행사에 허랩은 종종 호스트로 참여한다. 역사적 건축물에 어떤 작업이 이루어질 때, 가장 중요한 것은 건물이 그것을 어떻게 받아들일지에 대한 고민을 우리가 지금 충분히 하고 있는가 하는 것이다.

마샴 스트리트 2번지의 음향 경관에 대하여

• 런던 웨스트민스터 •

매튜 에밋Mathew Emmett은 건축가이면서 개념 아티스트다. 그는 눈에 보이지 않는 것을 보이게 하는 방법을 찾는다. 그리고 지어진 형태에 대한 문헌적 근거를 제시하면서 건축의 형성에서 우리의 촉감, 청각, 기억의 역할이 무엇인지를 고찰한다. 런던의 마샴 스트리트Marsham Street 2번지는 지금은 철거되었지만, 에밋은 더 깊은 공명을 탐지하기 위해 그곳의 소리를 녹음했다.

건물이 철거된 공간에 과연 그 건물의 소리가 남아 있을까? 음향 녹음을 통해 이전과 현재 공간의 소리를 들을 수 있을까? 또 들린다면 어떻게, 무엇을 들을 수 있을까? 과연 건물이 있을 당시 현장에 있던 비례 및 부피감, 재료의 성질, 덩어리 성질에 반응했던 공명의 목소리를 들을 수 있을까? 오랜 시간이 지남에 따라 건물 안을 차지했던 사람들의 패턴이나 사용의 흔적이 이 녹음된 음향에 색깔을 입힐 수 있었을까? 존재하던 건물과 소리가 자취를 감췄을 때 그 자리에는 어떤 일이 생길까? 빈터가 생기고 말까, 아니면 건물이 없어진 자리

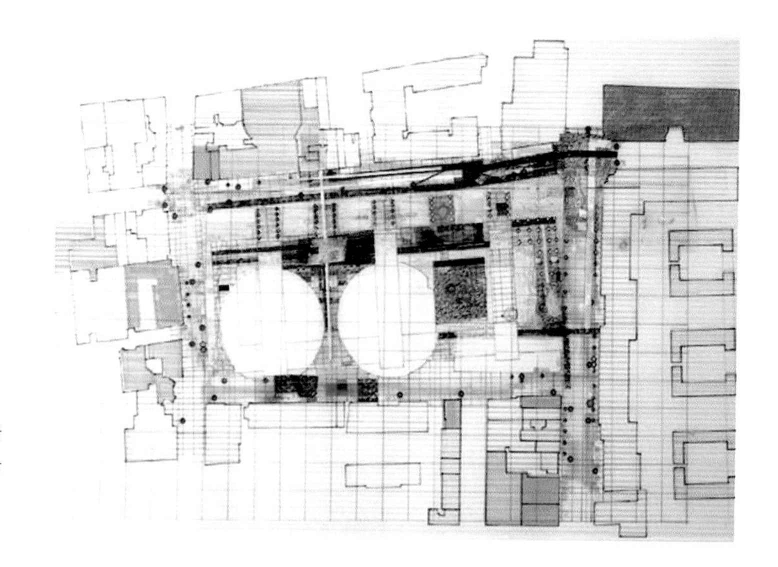

▶ 소리의 범위를 나타내는 건물 및 주변 평면도 모습. 이 소리는 매튜 에밋에 의해 녹음된 것이다.

에 소리들이 그 흔적을 알리며 남게 될까? 만약 그 자리에 옛 건물의 형태를 대신하는 새로운 덩어리가 세워진다면 옛 흔적을 통해 남겨진 소리의 자국은 새 형태에 맞춰 이를 둘러싸게 될까, 아니면 소리가 변해 새 공간을 위한 새로운 소리가 생겨나게 될까? 이러한 문제들이 바로 침묵 속에서 찾아내야 할 이야기들이다.

런던의 마샴 스트리트 2번지는 매우 훌륭한 건물이었다. 에릭 베드포드Eric Bedford가 견고한 한 덩어리로 설계한 이 건물은 1971년 완공되었고, 2002~2003년에 철거되었다. 이 건물은 '못난이 세 자매'라고도 불렸다. 철거 후 이 자리에는 테리 파렐 경Sir Terry Farrell이 설계한 더 화사하고 친절한 분위기의 건물이 들어섰다. 원래 영국 환경부가 사용하기 위해 건축한 이 건물은 제2차 세계대전 당시 대규모 벙커 두 곳이 있던 자리 위에 여러 개의 거대한 타워 형태로 세워졌다. 이곳은 빅토리아 양식의 가스계량기 시설이 있었던 곳이기도 하다. 건물의

▶ 도면으로 본 마샴 스트리트 2번지. '못난이 세 자매'로 불렸던 타워가 길가 건물 위로 솟아 있다. 이 시설은 1971년에 지어져 30년 뒤 철거되었다.

▲ 철거되기 전 시설물 일부의 모습. 에릭 베드포드가 설계한 이 건물의 콘크리트 외벽에 1970년대 브루탈리스트 건축에 전형적으로 나타났던 때 묻은 시간의 질감이 드러난다.

든든하게 생긴 저층 부위와 원형 공간들, 위에 솟은 타워들이 2만 평방미터 부지를 보란 듯이 채우고 있었다. 그런데 이곳에서 더 인상적인 것은 바로 소리다. 눈으로 볼 수 있는 그 어떤 것들보다 이곳에서 울리던 소리가 중요한 것이다.

공간의 소리를 실제로 들어보는 것만으로 한 건물에 대한 인식이 더욱 깊어질 수 있다. 음향 반사경을 들고 철거되기 전의 마샴 스트리트 2번지에 나서면, 분석을 통해 주변의 맥락에 의해 만들어진 소리의 어우러짐을 들을 수 있었다. 즉, 건물이 지니고 있던 고유한 소리의 성질이 나타난다. 건물 내부 개별 공간들의 속삭임과 사무실이 지닌 각각의 성질, 건물 진동으로 떨리는 먼지의 소리까지도 도시 멀리서 들려오는 일반적인 소리들과 함께 어우러져 들렸다. 마샴 스트리트는 웨스트민스터에서 음향적으로 가장 풍부한 지역에 자리하고 있다. 이곳은 런던의 빅벤Big Ben, 템스강, 하늘에서 내리는 비와 바람, 많은 교통량, 오가는 사람들의 소리 등 백색 소음과 땅에서 느껴지는 울림소리가 모두 섞여 있는 지역이다. 대부분의 경우 부지에서 들리는 소음은 그것이 어떤 것인지 눈으로 보이지 않는다. 소리는 있지만 소리를 내는 몸통이 이와 분리되어 있다고 볼 수 있는 것이다. 도시의 인프라는 눈에 안 보이더라도 소음은 존재하므로 이를 우리가 느낄 수 있다. 이러한 환경 속에서 소리들은 울려 퍼지면서 바뀌게 되고 각각의 성질에 따라 특색을 지닌다. 주변에 있는 건축물에 의해 색깔이 입혀지기도 하고, 시간의 흐름과 환경 조건들이 그 특성을 만드는 데 일조하게 된다.

기록에 남아 있는 부지 주변의 지도와 입수된 건물 관련 도면들, 기계 설비 도면들에서 이 부지의 역사적 변천 과정을 찾을 수 있고 런던의 산업화에 기여했던 이 부지의 역할을 엿볼 수 있다. 또한 이 지역이 도시의 열과 전기 등을 만들고 저장하는 주요 영역이었다는 것도 알 수 있다. 이곳은 템스 강변의 바지선이 들어오는 석탄 운송로의 일부였으며, 두 개의 거대한 원형 공간이 그것을 뒷받침한다. 옛 지도의 정보로 과거에 부지가 이 땅을 어떻게 점유하고 사용했는지, 이곳의 제조업과 산업의 모습은 어떠했는지 가늠해볼 수 있다. 음향적으로 보면 이곳은 분명 풍성한 내용을 담고 있어서, 음향 녹음은 마치 고고학자가 많은 유물이 묻힌 지역을 조심스럽게 발굴하는 상황과 비슷하다. 사용된 방법은 이렇다. 부지의 음향 환경을 한 시간 간격으로 하루 종일 녹음한 뒤 부지를 격자로 나누어 시간의 영역으로 나타낸다. 그리하여 녹음된 소리를 전자기적 기호로 바꾸어 부지의 공간을 가로지르게 했다.

▲ 건물의 소리는 부피감, 덩어리의 성질과 함께 재료의 성질, 즉 존재감을 드러낸다. 그 성질을 담아 다시 조합된 소리로 나타난다. 매튜 에밋의 실험은 건물의 낮은 공명이 사람들의 기억과 대지의 조직에 머무를 수 있는가에 대한 질문에서 시작한다.

▼ 매튜 에밋이 작성한 건물의 초음파 도면. "시간의 변화에 따른 소음의 밀도를 기록한 결과 도면에서 공간감을 볼 수 있죠. 음색을 의미하는 선들이 상승하거나 밀도가 높아지거나 또는 없어지기도 합니다." (매튜 에밋)

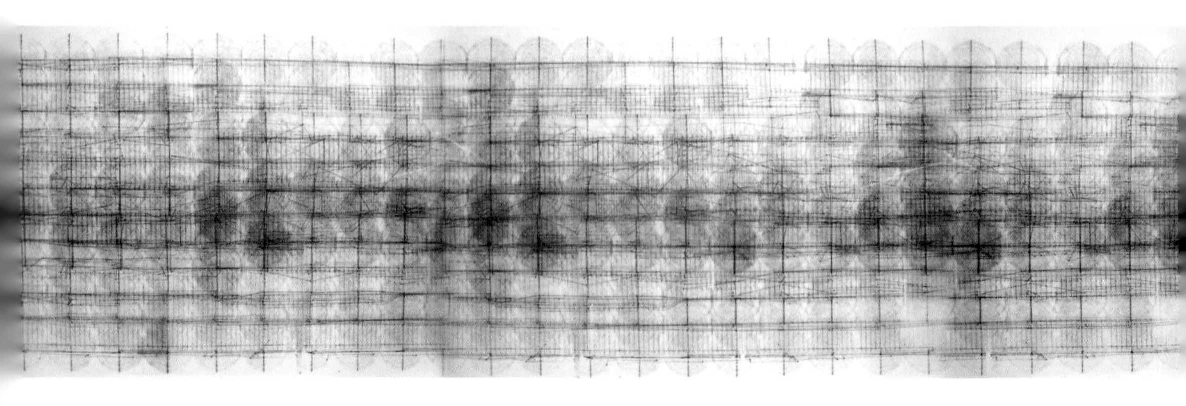

▼ 장소의 특성을 연구하기 위해 매튜 에밋은 소리를 이용한다. 이를 통해 채집되는 요소들을 축적하여 새로운 형태를 만든다. 아래의 세 이미지처럼 플로팅이나 콜라주 기법, 3차원 매핑 방법을 통해 음향 경관으로부터 건축적 형태가 만들어진다.

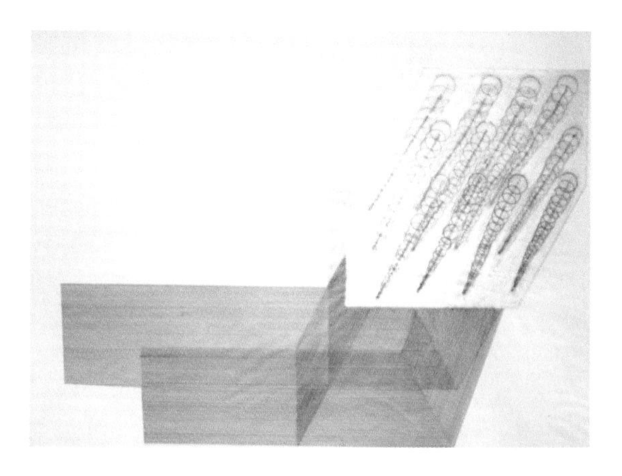

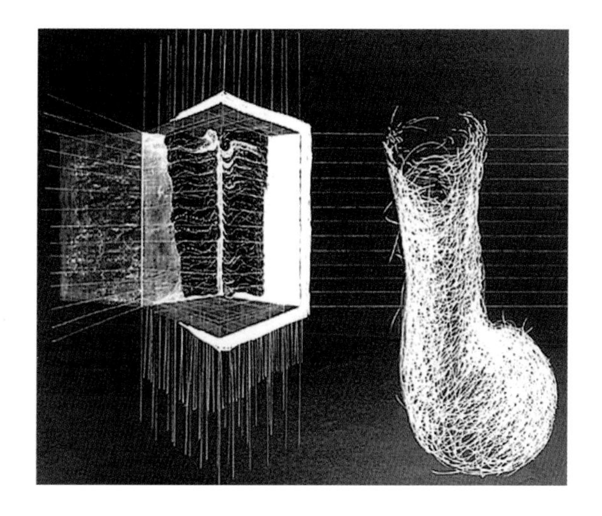

매튜 에밋은 마샴 스트리트 2번지 건물을 좌표 안에 넣고 지상층의 소리를 마이크로 녹음하였다. 그리고는 이를 통해 3차원의 음향 지도를 만들었다. 녹음이 끝난 뒤 스피커들을 녹음된 위치의 좌표 위에 배치한 뒤 마커 펜을 설치했다. 소리가 스피커를 통해 울리면, 소리의 힘과 고저에 따라 마커 펜의 움직임이 좌표 위에 그려지기 시작했다. 이 상황을 1초 간격의 사진들로 남겨 울림 정도의 차이를 눈으로 볼 수 있게 했다. 그리하여 사진을 통해 마커 펜의 움직임 정도를 산출하여 선으로 연결한 도면이 만들어졌고, 이것으로 초음파 도면이 제작되었다. 스물네 개의 도면은 하루를 구성하는 각 시간들을 나타낸다. 이는 마샴 스트리트 2번지의 음향 상태를 시각적으로 표현해서 볼 수 있게 만든 결과로 나타난 것이다.

매튜 에밋은 "이러한 특성들은 서로 비교, 분류해서 기호와 도표로 구성된 형상으로 구성할 수 있습니다."라고 말한다. 그리고 다음과 같이 설명한다. "시간의 변화에 따른 소음의 밀도를 기록한 결과 도면에서 공간감을 볼 수 있습니다. 음색을 뜻하는 선들이 상승하거나 밀도가 높아지거나 또는 없어지기도 합니다. 기울어진 표시들은 반복되는 멜로디를 나타내며, 이것을 통해 소리를 물리적으로 나타내기도 하죠. 24시간에 걸친 도면의 내용은 서로 많이 다릅니다."

데이비드 리틀필드

'음향 경관soundscape'은 다양한 재질로 형성되었다. 24시간 녹음을 통해 건물의 존재가 읽혀졌다. 도시의 풍부하고도 다양한 소음이 건물의 소리(건물의 '음향 형태')를 가로막고 있는 것도 읽혔다. 새벽 2시가 넘어 건물이 거의 비어 있는데도 그 소리는 가장 뚜렷하게 나타났다. 이는 건물을 형성하고 있는 재료 간의 마찰음이며, 느린 속도로 낡고 산화되고 있는 건물의 음향적 존재감이었다. 이 건물의 큰 덩치에서 느껴지는 묵음은 견고하다. 이는 들을 수 있고, 자국을 남길 수 있으며, 기록될 수 있는 것으로 존재한다.

건물의 소리를 통해 건물의 부피감, 덩어리 및 재질감, 기능과 디자인 등 전반적인 존재감이 묘사된다. 건물의 소리는 주변의 소리를 수용하고 반사하며 흡수하기도 하고 다시 내보낸다. 건물은 그 장소의 소리에 영향을 미치고, 낮은 공명음은 부지의 조직과 기억 속에 거한다. 만약 더 섬세한 기자재를 사용한다면 건물의 과거 역사와 흔적까지 들을 수 있지 않을까? 한 장소에 대한 소리는 결코 사라지지 않는다. 이는 다른 새 구조물에 의해 흡수되고, 새로 기억되며, 변화될 뿐이다.

혹스턴 시네마

런던 혹스턴

사스키아 루이스
Saskia Lewis

늦은 새벽 3시경, 그레이트 이스턴 바 앤드 그릴Great Eastern Bar and Grill은 사람들로 꽉 차 있다. 아마 벽에는 예술 영화가 상영되고 있을 것이다. 아무도 맑은 정신으로 그 영화에 집중할 것 같지는 않다. 실내 공간은 담배 연기와 땀 냄새로 가득 차 있다. 어떤 사람들은 끈적한 술 냄새를 풍기며 들려오는 음악 너머로, 어떤 사람들의 귀 너머로 우렁차게 소리를 질러댄다. 이곳의 오늘 밤을 생생히 기억하는 사람들은 아마 없을 것이다. 영화 〈비열한 거리〉에서 하비 케이텔이 나오는 술집 장면을 연상해보라. 내일 늦은 아침에는 지금의 기억이 더 흐릿해질 것이고, 확실했던 것은 희미해져 있을 것이다. 비슷한 또래의 남자 둘이 주문을 하려고 서 있다. 타이론과 건축가 앤드류는 서로 만난 적이 있거나 이야기해본 사이가 아니다. 둘 중 한 사람이 아래를 보고는 둘이 같은 신발을 신고 있다는 것을 발견한다.

▶ 피트필드 스트리트 북쪽을 바라본 모습. 버려진 극장 건물이 코너의 소형 마트와 저렴한 술을 파는 등록되지 않은 작은 술집 간판들 사이에 끼어 있다.

타이론 워커-헤본Tyrone Walker-Hebborn은 이 지역의 지붕업자로 그의 부모는 마일 엔드Mile End의 영화관에서 만났다. 시간이 흘러 영화관은 문을 닫고 버려진 채 방치되었다. 타이론은 이 건물이 부동산 시장에 나온 것을 보고는 부모님의 결혼기념일 선물로 이를 구입했다. 타이론 가족은 그 뒤 이곳을 성공적인 가족 운영 사업으로 발전시켰다. 이곳은 제네시스Genesis라 불리며 지역의 이름난 장소로 발전했다. 낮에는 국가에서 연금을 받는 노인들에게 반값만 받고 주로 지역 아티스트들이 만든 영화를 상영했고 방글라데시 페스티벌도 열었다. 이는 국제적인 모습을 갖추기 위한 노력이었다. 타이론은 키가 1미터 55센티미터인 어머니가 2미터인 자신의 사촌 뒤에 앉아서도 극장 화면을 볼 수 있게 경사를 두어 의자를 높이기도 했다. 이 가족 사업은 매우 단순하고 스스로 자족하는 형태지만, 이런 소규모 사업이 이윤을 남기기 어렵다는 일반의 상식을 뛰어넘는 좋은 사례다. 이제 타이론은 두 번째 사업에 도전할 준비가 되었다. 그의 눈길을 사로잡은 것은 또 하나의 영화관, 즉 피트필드 스트리트Pitfield Street에 있는 쓸쓸해 보이는 건물이었다. 『페프스너*Pevsner*』[1]에는 이 건물이 '이전의 헤이버대셔즈Haberdashers와 빈민구호소들 그리고 높은 박공지붕을 갖고 있는 1900년경의 조지 앤드 벌처George and Vulture 사이에 있는 건물'이라고 적혀 있다. 피트필드 스트리트 55번지에 대해서는 '1914~1915년 여러 가지 대저택 양식들을 집약하여 이를 건물에 반영하고 있으며, 전통 양식의 상세 부위를 갖춘 형태'라고 적혀 있다. 그러나 현재의 건물은 이 지역에서 50년째 버려져 어중간한 상태로 남아 있다.

1956년 10월 12일 금요일자 「더타임스」에 피트필드 스트리트 55번지의 공사에 대해 이런 기사가 실렸다. "오데온 9번지와 고몽 극장은 랭크 오거니제이션Rank Organisation에 의해 10월 27일 문을 닫는다고 어제 오후 발표되었다. 이는 랭크 오거니제이션의 주도로 이 지역의 극장 배분을 합리화하기 위한 노력의 일환으로 전해졌다." 극장이 문을 닫으면서 피트필드 스트리트 주변은 활력을 잃게 되었다. 60대 이상의 지역 주민들은 이 일을 지금도 잘 기억하고 있다. 제2차 세계대전 때 그 극장에 갔었다는 한 노인은 하늘에서 폭격이 떨어질 때 영화를 보고 있었다고 회상했다. 영화를 보고 집으로 돌아와 보니 집과 어머니가 흔적도 없이 사라졌다고 한다. 당시 어린아이였던 그는 자신이 살 수 있었던 것은 이 극장 덕분이었다고 생각하고 있었다.

이 지역의 건축가인 앤드류 워Andrew Waugh는 오래 사람들에게 잊혔던 쓸모없이 큰 간판과 화려한 파사드의 이 건물 앞을 지나 지난 15

1 미술사학자 니콜라우스 페프스너 경이 1940년대부터 출판한 영국의 유명한 건축 가이드북

▲ 화려한 전면 파사드의 기존 건물은, 지금은 종이로 잘라 튀어나오게 만든 종이 무대의 한 장면 같은 모습을 연상시킨다.

년 동안 출퇴근을 했다. 그는 이곳을 지날 때마다 이 건물이 너무 오래 버려져 있는 것에 화를 내듯 자신을 알아봐달라고 소리치는 것을 느꼈다고 한다. 이곳에서 가까운 영화관을 찾으려면 남쪽의 바비칸Barbican이나 화이트채플까지 가거나 북쪽 해크니의 리오Rio로 가야 한다. 영화관이 없는 이 거리에는 분명하게 인상에 남을 만한 것이 아무것도 없다. 이것저것이 혼합된 거리에는 여러 시대의 것들이 엉성하게 교차하고 있다. 이곳은 자체적으로 버려진 듯한 인상을 준다. 지역은 슬럼화한 지구 복구의 후보지쯤 되는 것 같고, 세계대전 이후에는 도심에서 필요한 것들로만 더 채워진 그런 곳이다. 지역의 중심이 읽히지 않으며, 이 거리는 어디로 가기 위한 방편일 뿐 시간을 보낼 만

▲ '시네마'라고 쓰여 있는 네온 사인은 죽은 채 껍데기만 남은 이 건물에 닥친 불안한 미래와 앞으로의 새 삶을 암시하는 듯하다.

한 곳이 아니다.

이 건물의 부활 계획을 맡은 워 디슬턴Waugh Thistleton 사무소는 버려진 영화관 건물을 다시 영화관다운 모습과 기능으로 되살리는 것을 당연하게 생각했다. 나는 혹스턴 시네마Hoxton Cinema 건물의 임대주 워커-헤본과 일을 맡은 워 디슬턴 사무소의 앤드류 워 소장을 만났다. 쇼어디치 트러스트Shoreditch Trust는 이 부동산의 소유주로 건물의 현황을 잘 파악하고 있었다. 워커-헤본은 쇼어디치 트러스트로부터 이 건물을 임대해 사업을 벌일 계획이었다. 쇼어디치 트러스트는 지역주민들의 자선단체와 정부로부터 받는 도심 재생 보조금을 기반으로 운영하고 있었다. 이곳이 영국의 재정적 수도인 런던 안에 있는데도 불구하고 영국에서 가장 열악한 지역 열 군데 중 하나라는 사실이 믿기지 않을 정도다.

사람들이 일시적으로 사용한 것을 제외하면, 이 건물은 1956년부터 비어 있었다. 외관은 독보적인 대칭 구조로 되어 있다. 티켓부스가 중앙 진입문 양쪽으로 있고, 현관에 들어서면 영화관 발코니로 올라가는 곡선형 계단이 양쪽에 있다. 무대와 객석에서 연결되는 1층짜리 비상 계단실은 전면의 티켓부스를 감싸면서 피트필드 스트리트로 연결된다. 지금은 전면이 셔터로 닫힌 창고처럼 보인다. 영사실은 건물 지붕에 있어 밖에서 사다리를 타야만 들어갈 수가 있었다. 이것은 좁은 방에서 불에 잘 타는 셀룰로이드 필름에 강한 아크등을 비춰야 했기 때문에 화재 위험이 있어 애초부터 그렇게 설계된 것이다. 하지만

▼ 영화관 티켓부스는 지난 50년간 닫혀 있었다. 지금은 길거리 광고나 낙서들로 채워져 있다.

▲ 기둥과 티켓부스 때문에 움푹 들어간 개구부와 로비로 통하는 현관은 극장 공공 거리 공간에서 극장 내부로 들어가는 단계를 보여준다.

지난 20년간 작은 창고로 사용된 이 방은 당시의 기능이나 열기를 잃어버린 지 오래다.

1990년대 이후에는 이전 소유주 부부의 이혼으로 건물의 앞쪽과 뒤쪽을 나누는 높은 벽이 들어서 있다. 벽으로 나뉜 공간들은 건물의 취지를 제대로 살리지 못하고 있고, 건물은 벽 때문에 끊어진 모습으로 과장돼 보이기도 한다. 전 부인은 건물의 정면 입구와 현관홀, 극장 앞부분과 발코니를 사용했는데, 물품을 보관하는 창고로 발코니를 활용했다. 여기의 물건들은 첼시에 있는 상점에서 팔기 위해 베트남에서 들여온 것들이었다. 극장 앞부분을 막아 놓았고 객석에서 발코니로 직접 연결되는 별 볼일 없는 계단을 벽에 붙여 설치했다. 이 때문에 입구 현관홀 양쪽에서 올라오는 원래의 우아한 곡선 층계의 멋이 떨어진다.

▶ 영화관 건물의 전성기 때 모습

피트필드 스트리트에서 본 모습으로원래 비상구였던 공간이다.

▲ 하부 창고가 있던 자리에 급식 업체의 단열 처리된 보관함이 보인다. 새로 설치된 천장과 기다란 작업대가 건물의 원래 기능을 드러내는 부위를 보이지 않게 가리고 있다.

◀ 객석 발코니 뒤쪽에 벽을 쌓아 만든 방이 보인다. 이곳은 필름 창고나 영사실 근무자의 공간으로, 지붕 위 영사실로 가기 위한 방이었을 것이다.

의자가 모두 사라진 발코니는 난간이 달린 모서리까지 낮은 계단식으로 만들어져 있다. 남아 있는 발코니만 봐도 장엄했던 영화관 분위기를 느낄 수 있을 정도다. 사실 영화관 공간은 상당히 거대한 것이었고, 객석의 감동도 대단했을 것이다. 천장은 떨어져 나가고 페인트칠도 벗겨져 있지만, 핸드레일들은 많은 관람객을 감당해내느라 구석구석이 닳아 지금도 광택이 난다. 강당 양쪽에 있는 화장실들은 주택 건축의 규모로는 적당해 보이지만, 지금의 눈으로 보면 좀 작아 보인다. 우선 좀 더 프라이버시가 고려되고 크기도 더 커져야 할 것이며, 전반적으로 추가 시설이 필요해 보인다. 당시에는 바로 이곳에서 사람들 간에 서로 예의를 표하고 기다려주는 모습을 볼

▲ 버티스랜드 스트리트에서 영화관으로 들어가는 출입구. 이곳은 원래 아래에 창고와 스크린이 있던 곳으로 지금은 아티스트들의 작업실로 쓰인다. 그전에는 샌드위치를 만드는 급식 업체가 사용했다.

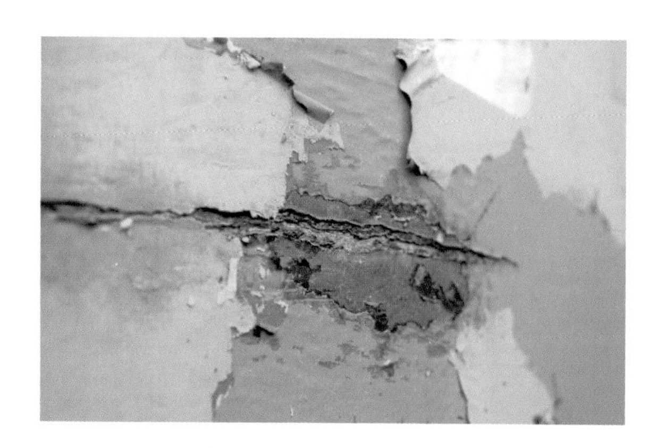

▲ 지상층 파사드 벽. 여러 겹의 페인트칠이 벗겨진 흔적으로 보아 오랫동안 여러 번 치장되었음을 알 수 있다.

수 있었을 것이다. 영화관 위쪽에는 벽이 세워진 작은 방들이 있는데, 분명 필름을 보관하거나 영사기를 돌리기 위한 방이었을 것이다. 영화의 마법을 연출하는 영화관 종사자들과 관람객들 사이에 별다른 공간적 구분이 없는 것이 흥미롭다. 한편, 발코니에서는 아래쪽의 관람석과 스크린을 내려다보는 위엄과 우아함이 느껴진다.

소유주인 전 남편은 관람석이 있던 자리에서 제과점을 운영했다. 샌드위치와 크루아상을 만들어 버티스랜드 스트리트Buttesland Street를 통해 시내에 판매했다. 극장 안의 스크린은 없어진 지 오래되었고, 관람석이 있던 자리에는 냉장 시설과 빵 굽는 오븐, 긴 작업대가 설치되었다. 최근 이 업소용 대형 부엌을 아티스트들이 작업 스튜디오로 사

▶ 벗겨진 페인트칠에서 독특한 색상의 형태를 읽을 수 있다.

▼ 벽은 염분으로 용해되었고, 여러 겹의 페인트칠이 벗겨져 그 밑으로 여러 색깔이 보인다.

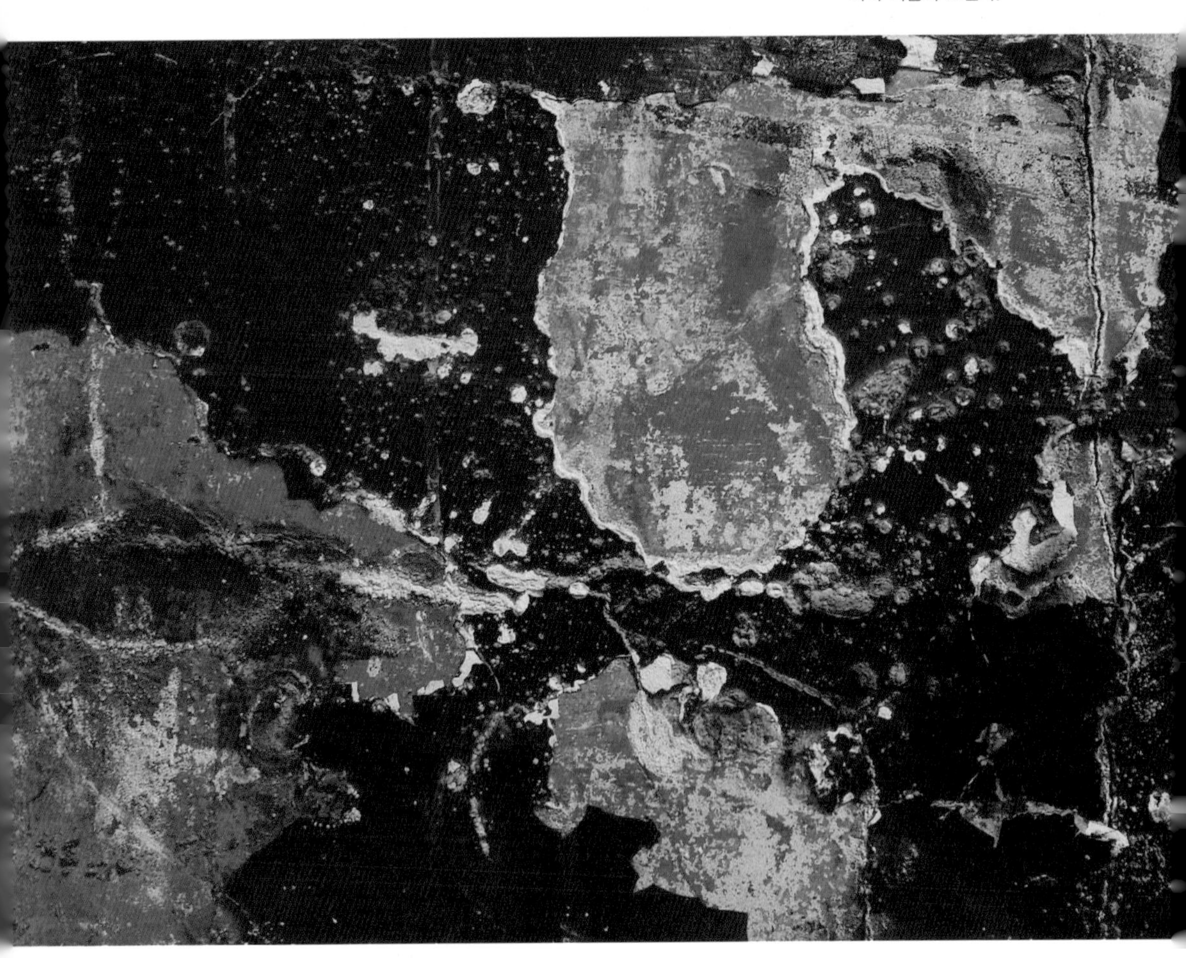

▲ 의자가 자취를 감춘 관람석 위쪽과 현관홀은 베트남에서 들여온 물건을 쌓아 두는 창고로 쓰였다. 기울어진 관람석 바닥과 코니스 장식들에서 이 건물의 원래 용도를 엿볼 수 있다.

용하면서부터 여러 가지 작업 흔적들이 매달리게 되었다. 곳간처럼 층고가 높은 건물 내부에 임시방편으로 만들어 놓은 부엌 시설을 가리기 위해 가짜 천장을 설치했다. 지금의 공간은 과거의 장엄함과 영화관으로서의 감동이 모두 조각난 상태다. 어느 건물에서나 볼 수 있을 정도로 보잘것없는 모습이 되어버렸다. 사람들의 소리조차 느낄 수 없게 되었다. 지금은 무대 스크린 건너편에 초라한 사무실 공간이 만들어져 있다. 비상계단은 곧게 뻗어 있지만 허술한 지붕 형태 때문에 외부 공간인지 내부 공간인지 정확한 의도를 알기 힘들다. 원래대로라면 지붕이 없이 계단에서 하늘이 보였을 것이다. 도로변과 수직을 이루는 분리된 출입 공간은 건물의 개성과는 거리가 멀다.

건축가 앤드류 워에게 맡겨진 이 건물의 부활은 꽤 어려운 작업이다. 이는 단순한 재건축도 아니고, 다시 새롭게 가꾸기만 하면 될 일도 아니기 때문이다. 이곳 상영관은 원래 아침 10시부터 밤 12시까지 작동하고 한꺼번에 1,260명을 수용할 수 있던 건물이었다. 본질적으로 이곳은 청소년들의 쉼터였다. 앤드류 워는 이 극장을 '헛간'이라고 부른다. 그에 따르면 이 헛간은 은퇴해서 죽은 지 오래되었다. "거기에는 아무것도 없어요. 객석도, 풍기던 분위기도 사라진 데다 추레하고 쓸모없어 보이는 헛간 정도만 남은 거죠. 상영관조차 별 생각 없이 둘로 나뉘어 창고로 쓰였고, 발코니에 올라가야 그나마 영화관의 흔적을 좀 볼 수 있죠." 만약 건물에 남아 있는 목소리가 있다면 그것은 분명 오래된 과거의 목소리일 뿐 현 시대의 관점에서는 전혀 이해할 수 없는 것일 것이다. 지금 영화관은 우리가 못 알아듣는 잃어버린 언어를 내뱉을 뿐이다.

건물의 전면 파사드는 완전히 다른 상황이라고 할 수 있다. 본래 건물의 파사드 디자인에는 길거리의 사람들을 끌어들이려는 목적이 있기 마련이다. 앤드류 워에 따르면 파사드를 보존하면서 수정할 부분을 정한 것이 이 프로젝트의 첫 발걸음이었다고 한다. "영화관 혹은 극장이라는 상징적 이미지를 재창조하려고 노력할 필요는 없습니다." 하지만 이 지역의 아티스트로서 세계적으로 알려진 게리 흄Gary Hume이 맡은 건물 색상 개념은 새로 태어날 건물에 자연스레 기대를 품게 만든다. 앤드류 워도 바텐버그 케이크Battenberg cake식으로 바꾸게 될 디자인에 대해 기대가 크다.

뒤쪽에 놓인 객석은 철거되고 현대적인 형태로 재설치될 것이다.

▲ 느긋한 경사면의 객석과 공간을 장식한 몰딩에서 건물이 영화관으로 쓰이던 당시의 향수가 느껴진다. 당시 이 공간은 가장 최신의 영화를 감상할 수 있는 공간이었다. 드문드문 달려 있는 형광등 불빛은 객석을 비춘다. 천장은 부서지면서 천천히 떨어져 나간 것처럼 보인다.

▶ 객석의 틈새 공간을 최근 사격 연습에 사용한 흔적이 있다.

"서부시대 거리에 판으로 잘라 만든 건물 파사드 뒤의 아주 효율적인 헛간이 바로 제가 생각하는 새로운 건물의 이미지입니다. 이 건물은 지역 사람들의 머릿속에 아직 있는 기억의 일부이며, 이 건물의 본래 기능은 되살려질 것입니다." 요즘 영화관은 관객 수가 적다. 때문에 단 하나의 큰 스크린은 별 의미가 없다. 따라서 네 개의 상영관이 들어설 예정이다. 그중 가장 큰 상영관은 3백 명 정도를 수용할 수 있는 규모로 블록버스터 영화가 상영될 것이다. 아담한 나머지 세 상영관

▼ 건물 구성물. 건물 입면 파사드와 조형성 있는 지붕 형태, 그리고 건물의 경계부를 볼 수 있다.

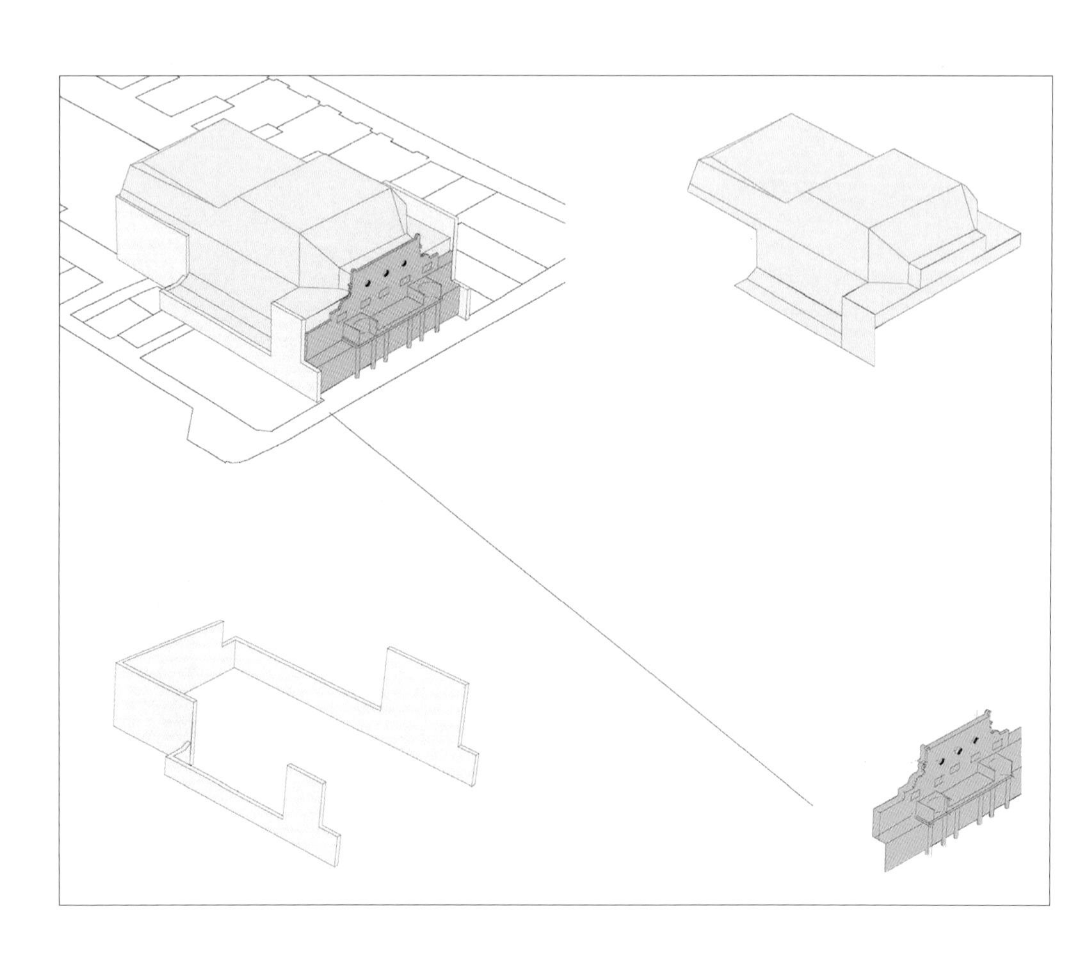

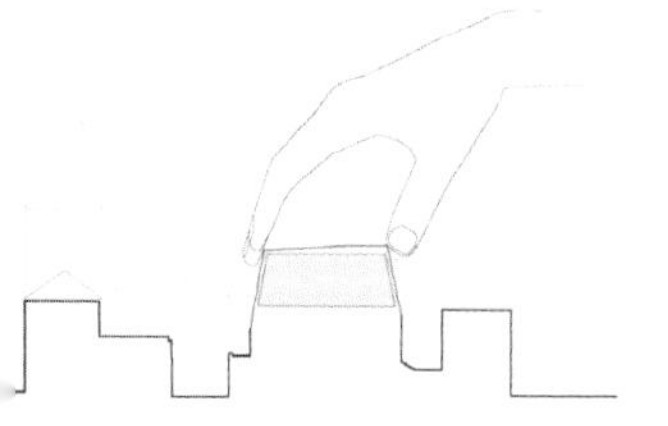

▲ 지붕 형태는 현재 지역의 필요에 따라 경사각 규정에 맞춰 조여졌다.

에서는 좀 더 고상한 관객들을 배려한 영화들이 상영될 것이다.

계획안에 따르면, 1층에는 거리를 내다볼 수 있는 레스토랑과 카페를 포함시켜 그 앞을 오가는 사람들에게 모임의 장소를 제공하고 더 활력 있는 다른 이벤트들이 만들어지기를 기대하게 한다. 전반적으로는 지역주민들에게 집도 아니고 일하는 곳도 아니지만, 왠지 친근하고 편안한 제3의 공간을 제공하는 것이 이 프로젝트의 목표다. 그러면서도 20세기 초부터 건물 밖에 걸려 있던 영화관 간판의 의미를 영화를 계속 상영함으로써 새롭게 정의내리고자 하는 것이다. 여기에는 이 영화관 건물이 다시 한 번 지역 주민들에게 마음의 중심이 되기를 바라는 희망이 있다.

앤드류 워는 작은 마름모꼴의 새로운 상영관들이 마치 비행 시뮬레이터와 같은 존재라고 묘사한다. 이 공간들을 통해서 영화 세트와 같은 특별한 경험을 선사하게 될 것으로 기대하고 있다. 이 단위 공간들은 기존 건물의 콘크리트 껍데기 안에 놓이게 계획되었다. 이 공간들을 형성하는 재료들을 비롯해, 공간이 채워진 덩어리mass로 읽히는 단위 공간과 그 사이에 의도적으로 빈void 부분에 대한 계획은 영화관

▼ 큰길가에서의 인지성을 나타내는 그림. 두 가지 접근 경로를 보여준다.

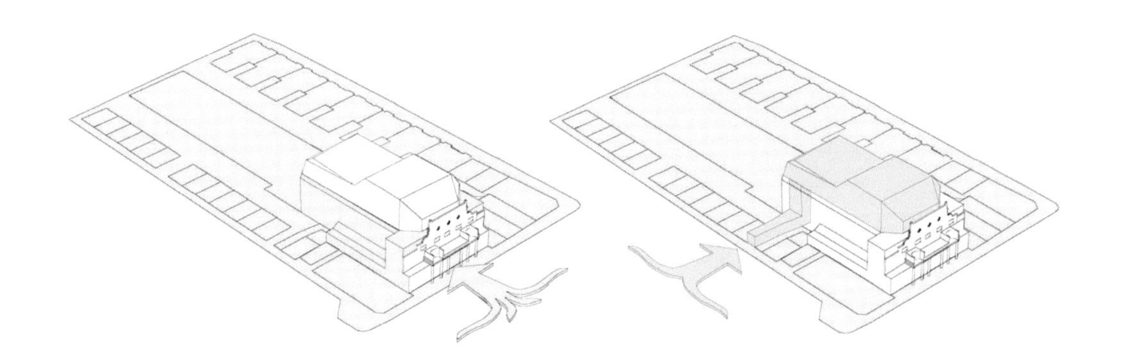

▲ 1915년 로열 오크의 피트필드 스트리트 행사 때 찍은 사진 속의 혹스턴 시네마. 로열 오크는 해리 하비가 운영했던 주점으로 이 사진도 그가 찍은 것으로 보인다. 해리의 증손자 앨런 하비가 사진 속의 영화 광고판을 조사해 이 사진이 찍힌 연도를 알아냈다.

에서 만들어지는 소리의 에너지와 진동을 자연스럽게 건물 안에서 소화하고, 적당 양은 건물 밖의 주변으로 퍼져나가게끔 한다.

건물의 외부 형태는 지역의 17개 필지에 대한 일조권 규정을 배려한 것이다. 헤이버대셔즈 스트리트와 버티스랜드 스트리트에 맞닿아 있는 필지들은 개인 소유지로, 이곳의 소유주들은 애초 영화관 재건축을 신청했을 때부터 공사에 대해 부정적인 반응을 보였다. 자신들의 소유지가 입을 피해를 염려했기 때문이다. 영화관 건물을 둘러싼 필지들은 상당히 빼곡해서 빈틈을 허락하지 않는다. 이에 대해 워 디슬턴 사무소는 재건축 신청 당시 외형에 있어 '수직적 확장'을 강조했다. 재건축 신청 때 워디슬턴 사무소가 설계 방침과 문제 해결 방향을 제시하는 참고자료로써 제출한 이미지들은 〈트랜스포머〉 표지에 실린 몸에 꽉

▼ 피트필드 스트리트에서 본 프로젝트 입면도

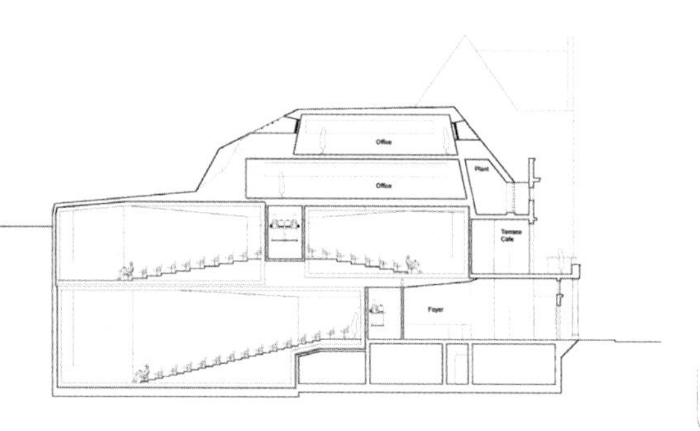

▲ 새로 들어설 객석을 보여주는 단면도

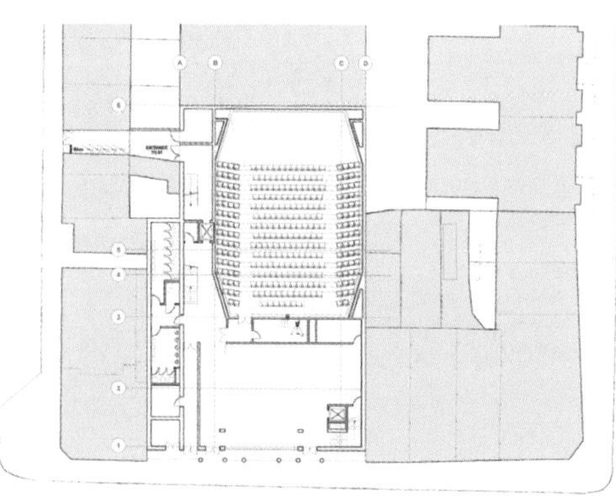

▲ 지상층 평면도

달라붙는 바지를 입은 루 리드(미국의 록 아티스트)의 모습이라든지, 스텔스 폭격기, 뉴욕 맨해튼의 엠파이어스테이트 빌딩 등이었다. 이 이미지들은 재건축 작업이 조심스럽게 이뤄질 것을 설명하기 위한 의도에서 제출된 것이었다. 즉, 재건축은 이 부지가 있는 곳의 협소한 주변 공간과 이에 맞닿아 있는 필지들의 일조권을 침해하지 않는 범위와 형식 내에서 이루어질 것이라고 말이다.

1915년경의 한 사진에서는 두 대의 대형차가 사람들을 태우고 어디로 떠날 준비를 하고 있는 모습을 볼 수 있다. 로열 오크Royal Oak 행사 장면인데, 여기에 배경으로 혹스턴 시네마가 보인다. 광고판에 온갖 장면과 해설 등 정신없이 많은 정보가 있는 것을 볼 수 있다. 정장을 차

◀ 본래 극장의 옥외 비상계단 자리에 임시로 설치했던 세척대 모습. 극장 양쪽의 이 비상계단 자리는 현재 창고로 쓰기 위해 지붕을 덮었다.

려 입은 사람, 작업복을 입은 사람, 신발도 신지 않은 장난꾸러기까지, 온 동네 사람들이 사진의 배경이 되고 있다. 영화관 왼쪽으로 보이는 한 아이는 터무니없이 큰 신발을 신고 있는데, 도저히 자기 신발이라고는 믿기지 않는다. 이 건물에 대한 재건축 프로젝트의 희망은 이 영화관이 다시 이 지역에서 활력의 중심이 되게 하는 것이다. 이 건물의 정면을 보면 파란색 네온사인으로 '시네마' 라고 쓴 간판이 있다. 이 네온사인은 지금도 저녁이면 불이 들어온다. 이 네온사인은 현실과 괴리된 것이지만 건물에 대한 앞으로의 기대와 현재 진행 중인 계획 그리고 앞으로 펼쳐질 모습에 대한 어렴풋한 일깨움이 아닐까 싶다.

실존하는 것의 힘

• 피터 히긴스와의 인터뷰 •

▲ 피터 히긴스

피터 히긴스Peter Higgins는 영국의 BBC 방송국 세트 디자이너로 일한 뒤 AA(Architectural Association)에서 건축을 공부했다. 1985년부터는 디자인 및 커뮤니케이션 컨설팅 회사인 이미지네이션Imagination에서 일했고, 1992년 디자인 회사인 랜드디자인 스튜디오Land Design Studio를 공동 창업했다. 2000년에는 이 회사가 런던 밀레니엄 돔Millenium Dome 플레이존Play Zone의 설계를 맡았다. 이후 영국 외무부 및 영연방 사무소와 설치물들, 그리고 자연사박물관Natural History Museum, 콘월의 팰머스Falmouth에 있는 국립해양박물관National Maritime Museum을 설계했다.

피터 히긴스는 실험 디자인 사무소인 랜드디자인 스튜디오의 설립자로, 매우 독특한 자신만의 영역을 일군 인물이다. BBC 방송국과 디자인컨설팅 회사인 이미지네이션에서 일한 적 있는 그는 대단한 이야기꾼으로 모든 소재를 동원해 건축, 실내 디자인, 기술, 전시 구상, 영화 등 여러 분야에서 자신의 이야기를 펼쳐나갈 수 있는 인물이다. 아직 창의산업의 주류로 인정받지는 못한 그의 작업은 건축 디자인

과 전시기획 작업의 경계를 넘나든다. 그의 작업은 실험 또는 해석 디자인이라고 표현할 수 있다. 그의 작업은 분명 건축에서의 '짓기'에 대한 것이 아니다. 물론 유리상자 안의 전시에만 매달리는 것도 아니다. 그의 작업은 사람들에게 군더더기 없는 가장 명료한 상태의 메시지를 제시함으로써 이것을 경험하는 사람들 각자가 스스로에게 도전이 될 만한 진지한 경험을 하도록 유도하는 것이 주목적이라 할 수 있다.

이러한 그의 작업 성격은 종종 건물과 공간에 대해 모호하거나 잘 이해할 수 없는 상태를 만들기도 한다. 그러나 그는 건축의 힘에 대한 상당한 이해를 바탕으로 한다. 그는 빛과 공간, 재료의 물질성에 대해서 풍부하고도 감동적인 어휘를 구사한다. 그는 일반적인 디자이너들이 쉽게 빠져드는 자아도취에 대해 신랄한 비판을 서슴지 않는다. 그러면서 동시에 눈에 보이지 않는 건축물의 진정한 가치를 생각하게 하는 힘을 지니고 있다. 인류의 역사에 대한 것들, 역사와 과거의 기억, 그리고 그것에 대한 우리의 이해, 그것의 가치 등이 히긴스의 작업에서 사람들의 이목을 끄는 힘이다. 이런 관점에서 건축은 우리에게 이 모든 생각들을 탐험하게 하는 도구가 된다. 히긴스에게 건축은 스스로 목소리를 내지는 않지만 소리를 울리게 만드는 울림통이다.

"우리 모두는 간섭주의자들입니다."라고 말하는 히긴스는 주어진 건축물을 작업의 원천으로 여긴다. 그는 "우리는 대개 우리의 상황과 전혀 다른 세계에 속해 있던 공간을 물려 받아 의도된 본질과는 상관없는 것으로 그 공간을 포장합니다."라고 말한다. 그러면서 주어진 공간의 의미를 우리가 그 공간을 직접 사용하면서 알아가는 것에 의존해서는 부족하다고 주장한다. 대신 그 공간을 처음 방문한 사람이 느

◀ 랜드디자인 스튜디오의 해석 디자인 작업과 에드워드 컬리난 건축사무소에서 계획한 시설의 전경. "그곳의 부지를 가로질러 걸어본다든지, 사원 안에서 쏟아지는 빛을 받으며 서 있는 느낌은 말로 표현하기 힘들 정도로 대단한 것입니다. 우리는 절대 인위적으로 이런 것들을 만들어내지 못합니다. 대신 사람들을 위해 이런 경험들을 미리 준비시켜 놓을 수는 있는 것이죠." (피터 히긴스)

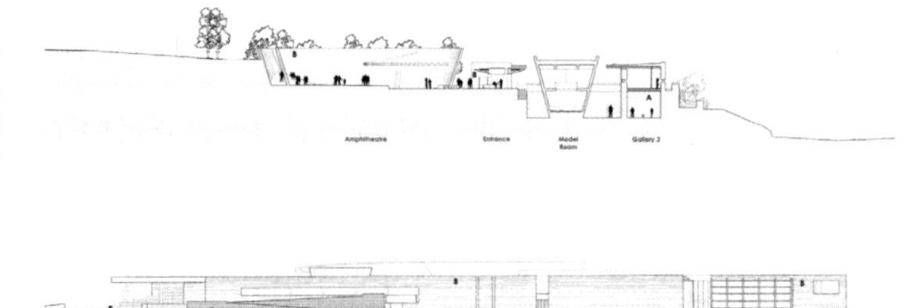

▶ 방문객 센터의 시설을 보여주기 위해 건축물 중앙을 자른 단면도. 고대 요르단의 부지에 대한 영향을 최소화하기 위해 높이가 낮은 형태로 신축되었다.

▶ 계획된 시설의 입면도. 북쪽을 보고 있다.

▶ 시설의 평면도. 제안된 시설은 땅속에 파묻힌 열린 문 또는 문의 경첩과 같은 형상을 하고 있다.

끼고 떠올리는 생각의 실마리로 공간의 의미를 찾아가야 한다는 것이다.

히긴스는 아티스트 게리 유다(156쪽 참조)와 마찬가지로 아우슈비츠를 방문한 적이 있다. 그는 소규모 방문객들 중 한 명이었는데, 마침 그곳에 눈이 내리고 있었다. 그때 내린 눈이 히긴스에게는 아우슈비츠를 떠올리게 하는 중요한 부분으로 기억되고 있다. 히긴스는 "그곳은 아주아주 추웠습니다. 그 장소에 어울리는 기억이었습니다."라고 말한다. 유대인 박물관은 기울어진 땅에 솟아오른 수직의 선들이 그를 어디론가 유인했다. 다니엘 리베스킨트Daniel Libeskind가 만든 콘크리트 정원과 그곳에 내리던 눈은 하나의 기억으로 다가왔다. 그 모든 것은 보는 사람들에게 현기증을 느끼게 했다. 마찬가지로 히긴스의 작품 〈노출*Exposure*〉에서의 눈은, 추위와 그곳에서 유대인 사냥에 나선 자들 속에서 살았던 사람들을 상징한다. 그의 작품은 홀로 느껴야 하는 감상이지만 단체 관람 중에 신속히 보면서 지나가도록 의도되었다.

히긴스는 에드워드 컬리난 건축사무소Edward Cullinan Architects와 공동작업으로 요르단의 그리스-로마 시대의 도시인 페트라Petra의 방문객센터를 설계했다. 이는 28제곱킬로미터 넓이의 바위들이 놓인 사막부지를 깎아 사원과 집들을 만드는 시도인데, 이 작품이 바로 히긴스가 말하는 '실험' 디자인을 상징하는 것이다. 그는 프로젝트에서 다루는 부지가 너무 거대하고 그곳에 기원전 300년 전의 역사가 묻혀 있음을 감안할 때, 일반적인 하나의 전시로 작품의 내용을 방문객들에게 온전히 체험하게 하는 것은 불가능하다고 판단했다. 결국 히긴스는 다섯 개의 부분적인 전시를 기획했다. 관람객들이 45분쯤 집중해서 관람해야 하는 전시였다. "모든 것을 아주 단순화시켰습니다. 그리고 서사시적인 감동을 인위적으로 유인하는 것은 전시에서 완전히 없앴습니다. 다양한 감동은 보는 사람에 의해 스스로 발견되는 것이죠. 사실 그곳 부지를 가로질러 걸어본다든지 사원 안에서 쏟아지는 빛을 받으며 서 있는 느낌은 말로 표현하기 힘들 정도로 대단한 것입니다. 숨 막히는 감동을 받게 될 것입니다. 우리는 절대 인위적으로 이런 것들을 만들어내지는 못합니다. 대신 사람들을 위해 이런 경험을 미리 준비시켜 놓을 수는 있는 것이지요." 전시장에서 히긴스의 해설은 1812년 유럽인들이 이곳을 처음 발견한 시점에서부터 시작한다. 페트라는 관람객들이 개별적으로 직접 맞닥뜨려 발견해야 하는 것이다. 히긴스는 관람객들이 자연스럽게 그곳에 접근해 무엇인가를 발견하고, 이를 스스로 해석하고 이해하도록 유도한다.

히긴스의 작업에서 핵심이 되는 것은 '실존하는 것의 힘'에 대한 믿음으로, 특히 그는 고고학적 증거물이 소재가 될 때 그것의 감촉을 경험하는 것이 중요하다고 보았다. 또한 어떤 가치 있는 '물체'가 있을 때 그것이 '건물'과는 어떤 개념상의 차이가 있는지도 그에게 있어 중요한 해석의 문제로 다루어진다. 히긴스는 어떤 건물이 과거의 잔해로 존재하며, 더 이상 사람들을 수용하지 못하고 기능을 완전히 잃어버린 경우를 제외하고는 그것이 하나의 물체로 여겨지는 것을 단호히 반대하는 입장이다. 히긴스는, 건물은 애초부터 인간의 삶과 행위를 담아내는 그릇의 의미로 의도되어 탄생했으며, 그러한 관대한 태도 속에서 지어졌다고 주장한다. 사실 여기서의 관대함은 내용이 넓고 언제든 바뀔 수 있다는 모호성을 포함하고 있다. 이는 곧 건물은 새로운 기능을 언제든 받아들일 수 있는 포괄성을 타고난다는 의미다. 동시에 중요한 것은, 건물이 객관화되고 일반화된 활용을 거부한다는 것이다. 만약 일반화된 건물의 기능을 용인하게 되면, 어떤 기획전시든 건물 자체와는 전혀 관련 없이 깨끗한 유리 상자 전시에만 의존해도 상관없을 것이다. 이럴 경우 건축은 유리 상자 안의 보물만 숭배하는 전시에 그치고 말 것이다.

히긴스는 이런 유리 상자 전시의 방식을 좀처럼 용납하지 않는다.

동시에 우리가 지금 대규모 단체 관광의 시대에 있고, 몰려드는 대중을 대상으로 역사적이고 문화적으로 중요한 물품과 전시물을 다루는 한 방법으로 유리 상자 전시를 무조건 배격할 수도 없다는 것을 잘 안다. 대신 히긴스는 지금 우리 주변에 있는 첨단 기술을 동원해 관객들이 전시물을 세심하게 살펴볼 수 있게 하는 방법들을 고안해 낸다. 이를테면 관객들에게 관심 있는 부분을 크게 확대해 들여다볼 수 있는 도구를 만들거나 가상 체험을 제공하는 것이다. 이런 노력을 하는 데는 두 가지의 취지가 있다. 먼저 기술적인 이미지 재현 방법인 홀로그램을 사용하는 방식은 전시 물체를 직접 건드리지 않고도 가까이에서 이해시키기 위함이다. 또 실제 손으로 만질 수는 없지만 만지고 싶은 욕망을 불러일으킴으로써 전시하는 물체의 가치를 더해줄 수 있다는 장점도 있다. 특히 전시물이 성냥갑이나 음식 포장용기처럼 수집 대상이 아닌 물건인 경우 더욱 그렇다. 히긴스는 말한다. "이러한 물건들이 미래에는 수집 대상이 되겠지만, 그래도 이것들의 무게나 재질감, 연약함 등에 대해서는 직접 경험하기 어려울 것입니다."

그렇다면 성냥갑과는 비교가 안 될 정도로 가치 있지만 1545년 헨리 7세가 직접 보는 앞에서 가라앉아 버린 메리로즈 호를 사람들 앞에 재현시키기 위해서는 무엇을 해야 할까? 히긴스와 프링글 브랜든Pringle Brandon 건축사무소의 인테리어 디자이너 팀은 윌킨슨 에어Wilkinson Eyre 건축사무소와 공동으로 포츠머스에 있는 튜더 왕 시대의 전함을 특별한 구조물 내부에 전시하는 일을 맡게 된다. 솔렌트Solent라고 불리는 지역의 독특한 진흙에 가라앉는 바람에 전함의 반쪽만 남아 있는 이것을 복원할 예정이다. 배와는 상관없이 물속 배 주변에

▼ 500여 년 된 메리로즈 호의 목조 구조. 포츠머스 해군 조선소 전시관에 새로 전시된 것이다.

서 수천 점의 유물이 인양되기도 했다. 역사상 가장 많은 사람의 뼈, 가죽조끼, 주사위, 불쏘시개, 긴화살 등이 한꺼번에 발견되었다. 히긴스에 따르면 발굴된 유물들은 튜더 왕 시대의 화려했던 과거의 일면이면서, 동시에 전혀 꾸밈없는 그대로의 상태로 있는 우리 시대의 진정한 타임캡슐로 높이 평가되었다. 어떤 의도나 별다른 가치를 갖고 있지 않던 당시의 물건들이 지금에 와서는 완전히 다른 높은 위상을 갖는 것이다.

전함의 잔해와 발굴된 유물을 전시하는 계획에 문제가 전혀 없었던 것은 아니다. 남아 있는 배의 반쪽이 유리로 된 반대쪽에 반사되어 나타나고 발굴된 유물들은 500년 전에 있었던 자리에 놓여 있는 모습을 계획했다. 유리로 형성된 배의 반대쪽은 메리로즈 호의 잃어버린 반을 상징하는 것이었다. 이것은 바로 파트리시아 매키넌데이가 엑스터(133쪽 참조)에서 의도했던 것과 같은 방식으로 없어진 흔적이 남아 있는 부분을 강조함으로써 오히려 드러나게 하는 의도였다.

메리로즈 호의 유물 중 특히 기억에 남을 만한 것은, 배의 선원들이 각자의 이름을 배에 직접 새긴 부분이다. 이는 유럽의 계몽운동 시대 이전의 유물들로 우리가 잃어버린 언어를 보여준다. 인간이 남긴 유물 속에서 발견할 수 있는 것 중, 히긴스는 이것을 인간성의 본질을 보여주는 가장 인상 깊은 흔적으로 여겼다. 그는 이렇게 하나하나 피부로 느낄 수 있는 인간의 본질에 대한 것을 건축 작업의 기본적 단계에서부터 깊이 있게 담아내야 한다고 여겨왔다. 이것은 히긴스에게 전시 기획이라는 차원을 넘어 자신을 향해 밀려오는 탐험 같은 것이었다. 히긴스에게는 건축가나 디자이너가 한 건물에 대해 정

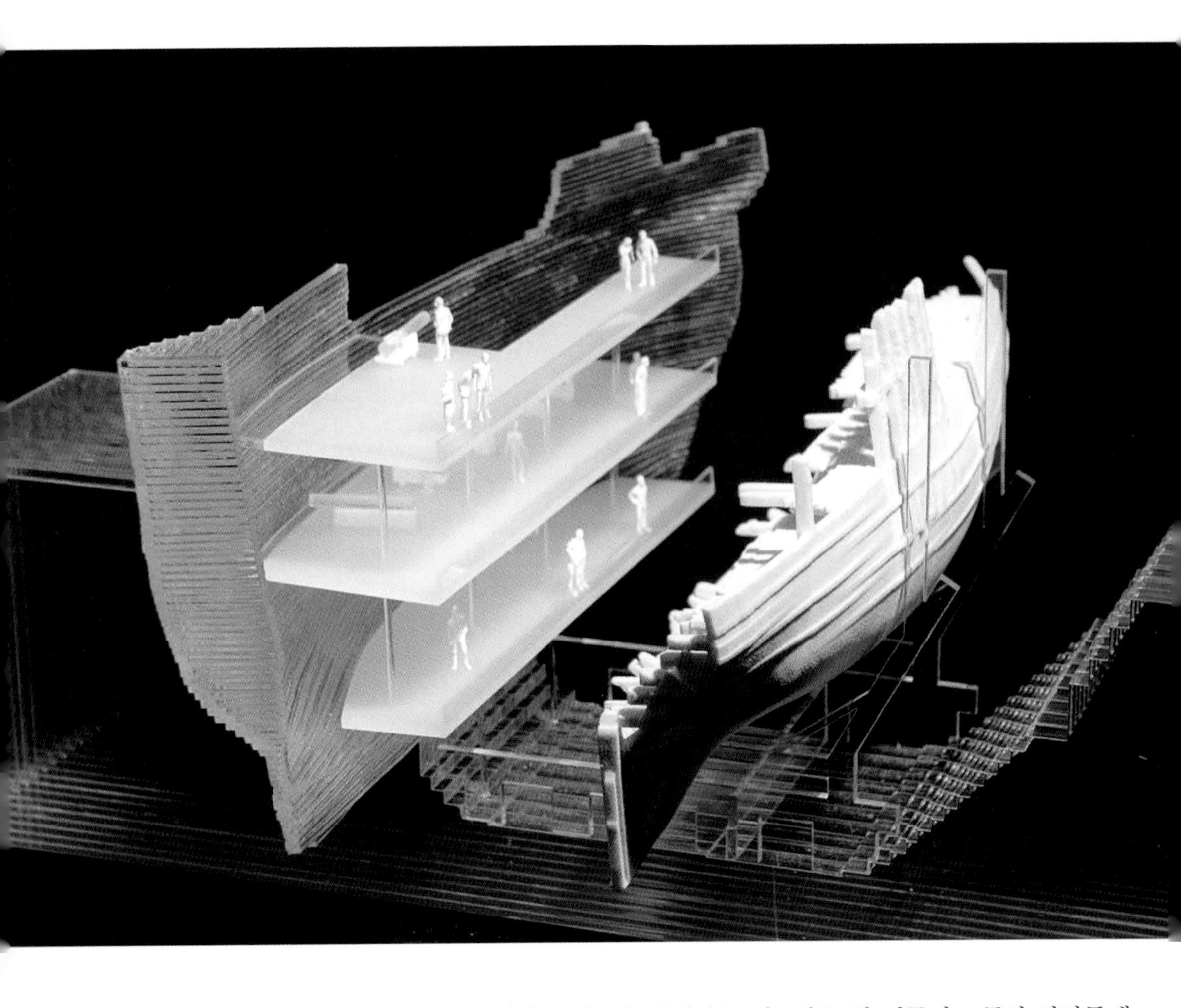

▲ 남아 있는 메리로즈 호의 반쪽이 반대쪽 유리 구조로 반사되어 보이게 한 전시. 이 배의 유물도 함께 전시되었다.

의를 내리고 기능을 부여하는 것보다는 한 건물이 그동안 사람들에게 어떤 의미를 부여받았는지, 사람들에 의해 어떻게 꾸며졌는지가 더 큰 관심사다. 페트라 프로젝트나 데릭 저먼Derek Jarman의 정원에서와 같이 시간의 흐름 속에서 사람들의 흔적을 견뎌내고 그 모습을 담아내는 것과 비슷한 경우이다. 이것이 바로 장소의 본질을 우리가 깨닫게 하는 것이다. 히긴스는 여기서 건축에서의 '공명'을 말한다.

▲ 목재로 마무리된 선체를 나타내는 전시 공간의 벽에 튜더 왕 시대 선원들 개인의 흔적인 낙서를 그대로 새겨놓았다. 이것은 유럽의 계몽운동 시대 이전의 유물로 잃어버린 언어를 보여주기도 한다.

'실험' 디자인이라는 개념은 흔히 잘못 이해되게 마련이다. 이것은 어떤 중요한 것을 대신하는 것, 그것을 만드는 작업이 아니라 그 어떤 것에 대한 사람들의 이해를 높이기 위한 작업이다. 그러므로 히긴스의 페트라 프로젝트에서 의도적으로 연출된 감동은 존재하지 않으며, 만약 페트라가 목소리를 낼 수 있다면 무엇이든 그냥 떠들게 놔둔 것 같은 느낌이 든다. 여기서 히긴스의 역할은 관람객들 스스로 무엇인가를 느끼고 듣게 준비시키는 것이지, 관람객들에게 무엇을 들으라고 말하는 것이 아니다.

▼ 1545년에 가라앉고, 1980년대에 인양된 배를 전시하고 있는 박물관 구조물. 오른쪽에 메리로즈호보다 200년 뒤에 건조된 넬슨 경의 위대한 전함 HMS 빅토리 호가 보인다.

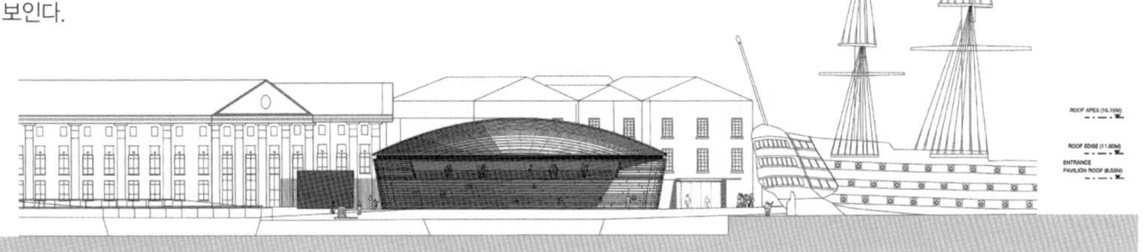

맺음말

사스키아 루이스 Saskia Lewis

먼 옛날의 역사와 통계 수치 등 무엇이든지 기록으로 남겨지기 시작한 것들은 지금 이 시간 당신 곁에 있습니다. 전설이나 설화까지도.

만약 당신이 숨을 쉬지 않거나 움직이지 않는다면 그것들은 과연 어디에 있겠습니까?

가장 잘 알려진 시 한 편도 재가 되었을 것입니다…… 우리가 아는 세상의 가장 뛰어난 연설도, 연극도 모두 공백이 되어버렸을 것입니다.

당신이 관심어린 눈빛으로 한 건물을 바라볼 때 당신은 그 건물에 무엇인가를 하는 것입니다.

흰 대리석 아니면 회색 돌로 되어 있었나요? 아니면 혹시 아치 구조나 코니스 장식에 새겨진 선들이었을까요?

– 월트 휘트먼, 『풀잎』 중 〈점유한 자의 노래〉, [4]

만약 사람에 의한 일상의 사건이 일어나지 않는다면, 우리 주변의 건물과 관련된 모든 일은 묵음으로 일관될 것이다. 그런데 건물은 일상의 사건을 담는 그릇임에 틀림없다. 이 그릇의 표면은 그 안에 많은 것을 담으면서 낡아가고, 흔적이 남고, 스스로 그동안 일어났던 모든 사건들의 증인이 되어 존재하게 된다. 사람들이 항상 건물을 사용하고 활용하는 것은 틀림없는 사실이다. 하지만 우리 주변의 건물들은 완전히 비활성화된 물체이며, 사람들에게 복종으로 일관하는 존재라는 주장은 분명 어딘가 잘못되었다. 건축물은 누군가에 의해 설계되었고, 사람이 짓고 점거해 왔으며, 목적을 갖고 역할을 수행했고, 인간이 가는 길을 지금까지 배웅해왔다. 이처럼 우리 인간과 긴밀히 공생해온 관계를 생각할 때, 건물이 인류의 존재에 대한 증거와 우리의 모든 이야기를 흡수하고 소화해왔다는 가설을 내세울 만하다.

이 책은, 건물이 간직하고 있는 인류 역사 속에서의 역할을 무엇으로 어떻게 담당해왔는지를 대화를 통해 그리고 사례 조사를 통해 모은 이야기들이다. 이 책에는 감동을 주고 정 들기에 충분한 이야기들이 수록되어 있다. 또한 건물들에 대한 아주 친근하고 격식 없는 이야기들을 나누고 있다. 마치 식탁에서 함께 저녁을 먹으며 설명하듯, 주어진 환경 속에서 건물이 겪고 있는 느낌이 과연 어떤 것인지 또는 역사 속에서 어떤 의미로 해석이 가능한지에 대해 이야기하고 있다. 중요한 것은 이 책을 통해 분명 우리가 이 건물들에 무엇인가를 남겼다는 것이고, 건물들도 우리에게 무엇인가를 남겼다는 사실이다.

당신이 친근감을 갖고 건물을 바라볼 때 무엇을 얻게 되는지 이 책의 이야기에 담겨 있는 것이다. 예를 들어, 내 경우 삶을 살아오면서 우리 집의 부엌과 거실 사이에 있는 계단 하나에 대해 확실하게 알고 있는 것이 있다. 우선, 이 계단은 17세기 농장 주택의 굴뚝 남쪽을 감싸 올라가는 계단이다. 이후 밖으로 통하는 길로도 사용되었는데, 여기를 통해 방목장으로 가거나 동물들을 돌보기 위해 쉽게 밖으로 나갈 수 있었다. 19세기 중반에 이 집 남쪽이 증축되고부터는 두 실내

▶ 시간의 흐름을 보여주는 많이 닳은 계단의 모습

공간의 바닥 높이의 차이를 해결하는 역할도 하게 되었다. 그리고 이 계단은 계단을 지나다닌 사람들 때문에 조금씩 밑으로 처지고 있다. 우리가 세상에서 없어지고 나도 아마 다른 사람들이 계속 눌러 조금씩 더 밑으로 내려앉을 것이다. 나는 이런 계단의 상태를 이 집을 알면서부터 느끼고 있었다. 나는 이런 것들이 마음에 든다. 우리 부모님은 이 계단에서 일어나는 소리 없는 작업에 대해 내게 알려준 적이 있는데, 나는 이것을 소리 없이 진행되는 느린 형태의 조형 작업이라고 여긴다. 분명 나 스스로가 역사 속에서 만들어지는 이런 흔적에 기여하고 있음을 알고 있고, 무수히 많은 사람들도 그런 역할을 했다는 것을 느낀다. 그러니까 나는 이 집이 누군가에게 들려줄 이야기를 분명하게 간직하고 있다는 것을 믿고 있는 것이다.

건축의 이런 측면에 대한 나의 생각은 대학원 학업을 마치고 이후 교단에 섰던 여러 경험을 통해서 자라나기 시작했다. 나는 건축을 공부하면서 사람들이 공간에 주는 영향에 대해 기록하기 시작했다. 이

른바 '관찰하는 건축'을 수행한 것이다. 인간의 삶이 점유했던 흔적을 남기고, 닮게 만든 건축들이 나의 관심사였다. 이것은 순수한 건축의 추구에 대한 반항이기도 했다. 한 점의 흠결도 없고, 어떤 흔적도 없으며, 누구도 건드리지 않은 상태의 건물을 나타내는 건축 도면들은 그 건축을 '사용한다'는 개념을 전혀 나타내지 않고 상상하게 하지도 않는다. 이런 관점에서 나는 졸업 논문에서 '발굴된 건축'이라는 개념과 관련된 주제를 탐구했는데, 그것은 바로 오래된 한 건물이 겉을 새로 치장하면서 맞이하는 새로운 삶에 대한 것이었다.

교단에서 건축을 가르치면서 한 건축물에 대해 그 건물 바로 앞의 길거리에서 들려오는 이야기들과 건물의 방들에 얽힌 이야기, 건물을 이루는 상세 부위와 출구 등에 대한 이야기들이 결국 그 건물의 공간적인 '분위기'를 설명하는 것임을 깨닫게 되었다. 요즘 들어 학생들이 설계하는 공간들은 대체로 '분위기' 면에서 점점 취약해지고 있다고 느낀다. 또 그것이 이제 건축 담론이나 실제 공사 현장에서도 잘 거론되지 않고 있다는 것도 느낀다. 그러나 나는 어떤 건물의 '분위기'가 바로 우리의 마음을 움직이는 중요한 요소라고 믿고 있다. 그 건물을 제대로 느끼고 읽기 전에는 계획된 건물이 본래 의도대로 쓰일지 또는 향후 타인에 의해 임의로 수정되는 변화를 겪을 때 그 건물이 어떤 방향으로 갈지 가늠할 수 없는 것은 당연하며, 그렇다면 애초의 계획 자체가 별로 의미 없는 것이라고 볼 수 있다. 새로 지어질 건물은 당연히 앞으로 점점 더 지능적으로 발전할 것이고, 복합적 요소를 포함할 것이며, 기술의 발전은 우리에게 상상을 초월하는 새로운 기회를 가져다줄 수 있을 것이다. 그러나 새 건물이라 해도 앞에서의 모든 것에 대한 '분위기'를 소유하지 못한다면, 과연 그 건물이 우리 사회에 기여하는 바가 있다고 볼 수 있을 것인지에 대한 의문을 가질 수밖에 없다.

요즘 우리 주변의 대부분을 차지하고 있는 짓고 있거나 최근 지어진 건축물들은 마치 최신 기술의 산업 생산물 같은 모습이다. 마치 유효 기간이 찍힌 공산품처럼 보인다. 그리고 주로 정신세계와는 거리가 먼 쓸모없이 복제된 부분들로 구성되어 있다. 마치 사전에 스스로 퇴화되려고 치밀하게 계획되어 탄생하는 물건들과 다를 바 없어 보인다. 이것들은 분명 수십 년밖에 안 되는 수명을 가정한 상태에서 태어난다. 오랜 세월이 흘러 몸통 표면에 입혀지는 시간의 때를 체험할 겨를도 없다. 그러나 이와는 달리 이미 수백 년을 견뎌온 건축물에 대해 우리는 깊이 우러나는 존경심을 느낀다. 이런 건축물은 나이를 먹으면서 스스로 위엄과 존엄을 나타낸다. 그 세월을 견뎌왔다는 것은 지금까지 거쳐온 우리의 앞선 세대들이 그 건물이 지닌 본질적 형태로부터 무엇인가를 느꼈다는 것이며, 그 건축을 고치고 수정해가며 계속 활용할 필요를 느껴왔다는 분명한 증거이기 때문이다.

건축 설계는 경험의 '변환', 영감의 '변환 작업'이라고 생각한다. 완성도 높은 분위기를 지니고 있는 특별한 공간을 탄생시키려면 우리가 과연 무엇에 우리 삶의 가치를 두는지, 우리의 마음이 과연 무엇에 의해 움직이고 영감을 얻는지에 대해 알아볼 필요가 있는 것이다. 이 책에서는 건물에 담긴 지나온 세대들의 삶과 역사의 소리를 들어보고 있다. 그리고 감동적인 시간의 흐름이 묻어 있는 건물의 경우, 앞으로 새로 맞을 삶을 계획해주고 우리에게 유익한 새로운 활용과 결부시킬 수 있다는 개념에 대해 탐구하고 있다.

이 책의 가장 진실한 끝맺음은 바로 당신의 몫이라고 본다. 이 책의 독자로서 만약 이 이야기들이 흥미로웠다면 바로 지금 당장 당신의 주변을 한번 살펴보라. 그리하여 자신의 이야기를 비롯해 건축 공간과 시간 그리고 그것을 구성하는 재료와 물질들에 대한 이야기를 새로 발견할 수 있기를 기대한다.

시간 속에 매달려 있는 것들. 하나의 이야기로 서로 엮일 수 있는
여러 물체들이 새로 재발견되기를 기다리고 있다.

Alexander, Christopher; Ishikawa, Sara; Silverstein, Murray; Jacobson, Max: Fiksdahl-King, Ingrid; and Angel, Shlomo. *A Pattern Language: Towns, Buildings, Construction*, Oxford University Press, New York, 1977.

An investigation and analysis into what makes successful architecture – written for and to inspire a broad audience that may be preparing to contribute more immediately to their environment.

Atkins, Marc and Sinclair, Iain. *Liquid City*, Reaktion Books, London, 1999.

This collection of mini-essays by writer Iain Sinclair, supported by almost ghostly photography from Marc Atkins, teases out the poetics of ordinary places in and around London, overlaying them with personal memories and associations that both enrich and transcend their physical presence.

Bachelard, Gaston. *The Poetics of Space*, Beacon Press, Boston, 1994.

The seminal work by the French philosopher on the ways that spaces embody poetry and psychological intensity.

de Botton, Alain. *The Architecture of Happiness*, Hamish Hamilton, London, 2006.

A well-researched book based on personal conviction about the ways that architectural style can influence the mood and imagination of buildings' inhabitants. The author argues that architectural 'language' is more than just the application of form and style – these things have emotional and psychological consequences.

Brooker, Graeme and Stone, Sally. *Rereadings: Interior Architecture and the Design Principles of Remodelling Existing Buildings*, RIBA Enterprises, London, 2004.

A collection of short case studies, based around the themes of analysis, strategy and tactics, detailing the techniques by which architects have grafted the new on to the old.

Calvino, Italo. *Invisible Cities*, Vintage, London, 1997.

This collection of micro-fictions, narrated by Marco Polo to Kublai Khan, contains descriptions of imaginary cities and the ways that architectural form and the behaviour and values of the inhabitants reflect one another.

Dodds, George and Tavernor, Robert (eds). *Body and Building: Essays on the Changing Relation of Body and Architecture*, MIT Press, Cambridge, MA and London, 2002.

A collection of essays demonstrating how the form and dimensions of the human body have informed architecture since the classical age. Rather academic, but accessible nonetheless, this book deals with subjects as diverse as posture, the geometry of Renaissance fortresses, the Greek brain and ideas of perfection.

Ede, Jim. *A Way of Life – Kettle's Yard*, Kettle's Yard, Cambridge, 1996.

An account of the conversion of a series of cottages in Cambridge lived in by Jim Ede and his wife – the things that inspired them, the collections they made and the inspirational atmosphere they created and preserved for the public at Kettle's Yard in Cambridge.

Giono, Jean. *The Man Who Planted Trees*, Peter Owen, London, 1985.

A very simple story of the alteration of a landscape by one man – an inspirational tale of the potential for positive interaction between man and his environment.

Harbison, Robert. *The Built, the Unbuilt and the Unbuildable: In Pursuit of Architectual Meaning*, Thames and Hudson, London, 1991.

Tackling gardens, monuments, fortifications, ruins and images of imaginary places, this work of intelligence and lateral thinking attempts to get to the root of how built spaces occupy the human imagination.

Jenkins, Simon. *England's Thousand Best Houses*, Penguin Books, London, 2004.

Brief introductions to buildings outlining their history, character, tales and giving a personal insight into their atmosphere.

Lee, Pamela M. *Object to Be Destroyed – The Work of Gordon Matta-Clarke*, MIT Press, Cambridge, MA, 1999.

Catalogues the inspirational and unique work of an artist who reinterpreted condemned buildings by slicing through them in order to alter their forms, views and volumes before demolition, as well as describing other fascinating and relevant things.

Pallasmaa, Juhani. *The Eyes of the Skin: Architecture and the Senses*, Wiley-Academy, London, 2005.

A modern classic, this slim volume of essays presents a thoroughly convincing case for assessing buildings for their non-visual merits – and considers the meanings implicit in shadows, taste, the role of the human body, peripheral vision and 'multi-sensory experience'.

Perec, Georges. *Species of Spaces and Other Pieces,* Penguin, London, 1999.

An eclectic series of essays and exercises that describe ways of looking and recording space and architecture. The book is littered with inspirational lists, projects, ideas and imaginings.

Rasmussen, Steen Eiler. *Experiencing Architecture*, MIT Press, Cambridge, MA, 2000.

Covering everything from scale and rhythm to sound and colour, this book subjects buildings to dispassionate analysis and teases out what makes them places worthy of human attention and delight.

Robb, Peter. *Midnight in Sicily*, Harvill Press, London, 1999.

A rich and evocative journey that touches on almost everything, as his sub-title suggests – On Art, Food, History, Travel and Cosa Nostra.

Robbe-Grillet, Alain. *Jealousy*, Grove Press, New York, 1987.

Meticulous observations of time, space, movement and worn surface are described in this drama between characters on a banana plantation. The text is narrated in the present tense by an unknown character with a disorienting cyclical dynamic.

Shonfield, Katherine. *Walls Have Feelings: Architecture, Film and the City*, Routledge, London, 2000.

Very possibly a unique book, this set of intriguing essays is based on a deep understanding of Modern architectural theory, a close reading of classic films (including *Mary Poppins, Rosemary's Baby* and *The Apartment*) and an analysis of the claims made by building product manufacturers in their brochures.

Tanizaki, Junichiro. *In Praise of Shadows*, Vintage, London, 2001.

Another slim volume, this book on aesthetics by the Japanese novelist examines the spatial, textural and material qualities of traditional Japanese buildings, contrasting them with the demands and values of Western (and Modern) design.

Tindall, Gillian. *The House by the Thames and the People Who Lived There*, Chatto & Windus, London, 2006.

One lone house remains from what was once a riverside terrace. Gillian Tindall uses this address to locate her research in a text that explores site, time, occupation and social history.

Woodward, Christopher. *In Ruins*, Vintage, London, 2002.

A highly personal and thoroughly engrossing account of the history of ruins and their cultural meaning.

Zumthor, Peter. *Atmospheres*, Birkhäuser, Basel, 2006.

An illustrated transcript of a lecture delivered by Peter Zumthor on 1 June 2003 in Germany – a touching and personal eclectic mix of inspiration and solution to architectural design.

| 역자 소개 |

이준석

미국 오하이오 주립대학에서 건축을 공부하고, 이후 펜실베니아 대학교에서 건축학 석사를 받은 미국 뉴욕 주 등록건축사이다. 현재 명지대학교 건축대학 교수로 재직 중이며, 건축설계를 비롯한 건축학 전문학위 교육 분야에 관심을 갖고 있다.
건축설계 관련 수상경력으로는 '2005년 경기도 월전시립미술관 현상설계 우수상', '2006년 전곡선사박물관 UIA 국제설계경기 Merit Award', '2012년 뉴욕 Anonymous. d 국제설계경기 장려상' 등이 있다. 저서로는 《현대건축가 111인(2006)》, 《디자인도면(2004, 2012 개정판)》, 《21세기 NEW주택(2008)》 등이 있고 다수의 건축교육 관련 연구논문들이 있다.

신춘규

연세대학교 건축과를 졸업하고, 미국 오하이오 주립대학교에서 건축 석사와 도시계획 석사를 취득했다. 현재 씨지에스 건축사 사무소 대표로 실무를 하고 있으며 연세대학교 건축과 겸임교수로 재직 중이다. 사회활동으로는 대한건축사협회의 국제위원으로 활동하며 국제담당이사를 역임했고, 현재 서울시의 공공건축가로서 서울건축정책위원회 위원 및 국제협력단의 건축전문위원 등으로 활동 중이다. 대표 작품으로는 〈아임삭 오창공장(2008년 건축문화대상 대통령상 수상)〉, 〈청호빌딩 리모델링(2008년 서울시건축상 본상)〉, 〈청강문화산업대학 창작마을〉 등이 있다.

온영태

서울대학교에서 건축을 공부하고, 그 이후 같은 대학교의 환경대학원에서 도시계획학 석사를 받았으며, 미국 펜실베니아 대학교에서 도시계획학 박사를 취득했다. 경희대학교 명예교수이며, 도시 분야의 연구를 계속하고 있다. 분당 신도시 설계를 비롯하여 국내외의 여러 도시를 설계하였다. 역서 및 저서로는 《뉴어바니즘 헌장》, 《건축도시공간디자인의 사조》 등이 있으며, 다수의 논문이 있다.

건축과의 대화

오래된 건물의 목소리를 듣다

초판 1쇄 인쇄 2020년 8월 10일
초판 1쇄 발행 2020년 8월 17일

지은이 데이비드 리틀필드, 사즈키아 루이즈
옮긴이 이준석, 신춘규, 온영태
펴낸이 김호석
펴낸곳 도서출판 대가
편집부 김지운
디자인 박은주
마케팅 오중환
관　리 김소영

등록 제 311-47호
주소 경기도 고양시 일산동구 장항동 776-1 로데오메탈릭타워 405호
전화 02) 305-0210
팩스 031) 905-0221
전자우편 dga1023@hanmail.net
홈페이지 www.bookdaega.com

ISBN 978-89-6285-254-7 (13540)

• 파손 및 잘못 만들어진 책은 교환해 드립니다.
• 이 책의 무단 전재와 불법 복제를 금합니다.

이 도서의 국립중앙도서관 출판예정도서목록(CIP)은 서지정보유통지원시스템 홈페이지(http://seoji.nl.go.kr)와 국가자료종합목록 구축시스템(http://kolis-net.nl.go.kr)에서 이용하실 수 있습니다. (CIP제어번호 : CIP2020030105)